普通高等教育“十一五”国家级规划教材

数学核心教程系列/柴俊　主编

近世代数

（第三版）

华东师范大学数学科学学院　组编

韩士安　林　磊　杜　荣　编著

科学出版社

北　京

内 容 简 介

本书是普通高等教育"十一五"国家级规划教材. 全书系统介绍了群、环、域的基本概念与初步性质, 共分为三个部分. 第一部分讲述群的基本概念与性质, 除了通常的群、子群、正规子群及群同态的基本定理外, 还介绍了群的应用. 第二部分包括环、子环、理想与商环的基本概念与性质, 特别讨论了整环的性质. 第三部分讨论了域的扩张的理论.

本书可作为普通高等院校数学类专业本科生的教材和参考书.

图书在版编目(CIP)数据

近世代数/华东师范大学数学科学学院组编; 韩士安, 林磊, 杜荣编著. —3版. —北京: 科学出版社, 2023.4

普通高等教育"十一五"国家级规划教材. 数学核心教程系列/柴俊主编

ISBN 978-7-03-075312-0

Ⅰ. ①近… Ⅱ. ①华… ②韩… ③林… ④杜… Ⅲ. ①抽象代数-高等学校-教材 Ⅳ. ①O153

中国国家版本馆 CIP 数据核字(2023)第 054474 号

责任编辑: 姚莉丽 贾晓瑞 / 责任校对: 杨聪敏

责任印制: 师艳茹 / 封面设计: 陈 敬

科学出版社出版

北京东黄城根北街 16 号

邮政编码: 100717

http://www.sciencep.com

北京科信印刷有限公司印刷

科学出版社发行 各地新华书店经销

*

2004 年 2 月第 一 版 开本: 720 × 1000 B5

2009 年 7 月第 二 版 印张: 16 3/4

2023 年 4 月第 三 版 字数: 332 000

2025 年 1 月第三十七次印刷

定价: 52.00 元

丛书序

自 20 世纪 90 年代后期, 我国的高等教育改革步伐日益加快. 实行 5 天工作制后, 教学总时数减少, 而新的专业课程却不断出现. 在这样的情况下, 对传统的专业课程应该如何处置, 这样一个不能回避的问题就摆在了我们的面前. 而这时, 教育部师范教育司启动了面向 21 世纪教学改革计划. 在我们进行 "数学专业培养方案" 项目的研究中, 解决这个问题有两种方案可以选择: 一是简单化的做法, 或者削减必修课的数量, 将一些传统的教学课程从必修课中除去, 变为选修课, 或者少讲内容减少课时; 二是对每门课程的教学内容进行优化、整合, 建立一些理论平台, 减少一些烦琐的论证和计算, 以达到削减课时, 同时又保证基本教学内容的目的. 我们选择了第二种方案.

当我们真正进入实质性操作时, 才感到这样做的困难并不少. 第一个困难是教师对数学的认识需要改变. 理论 "平台" 该不该建? 在人们的印象中, 似乎数学课程中不应该有不加证明而承认的定理, 这样做有悖于数学的 "严密性". 其实这种 "平台" 早已有之, 中学数学中的实数就是例子. 第二个困难是哪些内容属于整合对象, 优化从何处下手. 我们希望每门课的内容要精炼, 尽可能反映这门课程的基本思想和方法, 重视数学能力和数学意识的培养, 让学生体会数学知识产生和发展的过程以及应用价值, 而不去过分地追求逻辑体系的严密性.

教材从 1998 年开始编写, 历时 5 年, 经反复试用, 几易其稿. 在这期间, 我们又经历了一些大事. 1999 年, 高校开始大幅度扩大招生规模, 学生情况的变化, 提示我们教材的编写要适应教育形势的变化, 迎接 "大众教育" 的到来. 2001 年, 针对教育发展的新形势, 教育部高等教育司启动了 21 世纪初高等理工科教育教学改革项目, 在项目 "数学专业分层次教学改革实践" 的研究过程中, 对 "大众教育" 的学生状况有了更具体、更直接的了解. 在经历大规模扩招后, 在校学生的差距不断增大, 应该根据学生的具体情况, 实行分层次、多形式的培养模式, 每个培养模式都应该有各自不同的教学和学习要求. 此外, 教材的内容还应该为教师提供多一些选择, 给学生自我学习的空间, 要反映学科的新进展和新应用, 使所有学生都能学到课程的基本内容和思想方法, 使部分优秀学生有进一步提高的空间. 这个指导思想贯穿了本套教材的最后修改稿.

在建立 "理论" 平台与打好数学基础之间如何进行平衡, 也是本套教材编写中重点考虑的问题. 其实任何基础都是随时代的进步而变化的, 面对科学技术的进步, 对基础的看法也要 “与时俱进”, 新的知识充实进来, 一部分老的知识就要被简化、整合, 甚至抛弃. 并且基础应该以创新为目的, 并不是什么都是越深越好、越厚越好. 在现实条件下, 建立一些 “课程平台” 或 “理论平台” 是解决课时偏少的有效手段, 也可以使数学教学的内容加快走向现代化. 不然的话, 100 年以后, 我们的数学基础大概一辈子也学不完了.

本套教材的主要内容适合每周 3 学时, 总共 50 学时左右的教学要求. 同时, 教材留有适量的选学内容, 可以作为优秀学生的课外或课堂学习材料, 教师可以根据学生情况决定是否讲授.

教材的编写和出版得益于国家理科基地的建设和教育部师范教育司、高等教育司教改项目的支持. 我们还要对在本套教材出版过程中提供过帮助的单位和个人表示衷心的感谢. 感谢华东师范大学数学系的广大师生自始至终对教材编写工作的支持, 感谢华东师范大学教务处领导对教材建设的关心. 最后, 感谢张奠宙教授作为教育部两个项目的负责人对本套教材提出的极为珍贵的意见和建议.

尽管我们的教材经过了多次使用, 但其中仍难免有疏漏之处, 恳请广大读者批评指正. 另外, 如对书中内容有不同看法, 欢迎探讨. 真诚希望大家共同努力将我国的高等教育事业推向一个新阶段.

柴　俊

2003 年 7 月于华东师范大学

前　　言

自 2009 年本教材第二版出版以来, 笔者与我系代数组同仁都是用本教材进行教学. 相比于其他的一些同类型的教材, 学生们对本教材认可度很高. 笔者在教学过程中也向韩士安、林磊两位前辈老师学到了不少东西. 由于前两版凝结了两位老师的辛勤汗水, 修订得比较完善, 因此这次修改的内容不是很多, 我们主要做了以下几方面的工作.

(1) 对一些语言方面的表达, 稍作修改.

(2) 主要增加了 2.7 节——自由群与群的表达及课后习题. 因为这部分的内容和拓扑学关系紧密, 是后续学习基础拓扑学的基础, 所以笔者认为有必要先向学生作介绍.

(3) 对 2.6 节西罗定理证明, 去除了一个没有用到的引理.

(4) 对一些基本概念做了详细的阐述, 比如一个非零交换环的极大理想是否一定存在等等.

(5) 合并了一些简单的习题, 适当补充了一些较为容易的基本习题. 习题编排的次序, 按涉及的概念或理论与各节的内容基本同步.

编　者

2022 年 5 月

第二版前言

本教材第一版自 2004 年出版以来, 笔者与我系代数组同仁在使用第一版进行教学的过程中, 发现了一些有待改进之处. 这次修订, 根据这几年的教学经验和反馈的意见, 我们主要做了以下几方面的工作.

(1) 对数学名词的中文译名, 按全国科学技术名词审定委员会审定公布的定名做了核定. 个别没有通用译名的词汇, 则是笔者试译的, 如有不当之处, 欢迎读者指正.

(2) 为便于教学, 我们对个别章节的次序进行了调整. 将原 3.4 节、3.5 节, 以及原 5.3 节、5.4 节分别进行了对调, 同时, 对相关章节的内容也做了适当调整或修改, 还改写了个别定理的表述与证明, 增加了一些例子.

(3) 第 5 章增加了一节——几何作图. 我们认为, 对于一个有志于中学数学教育的读者, 了解一点有关用直尺和圆规作图的背景是有益的.

(4) 删去了个别特别困难的习题, 补充了一些较为容易的基本习题. 习题编排的次序, 按涉及的概念或理论与各节的内容基本同步. 这样, 读者在学完了一节的部分内容后, 就可以试着去做相应的习题, 不必等到学完整节以后再去做习题. 这样, 更有利于理解和掌握知识.

另外, 应读者要求, 与本教材配套的《近世代数习题解答》一书, 不久也将由科学出版社出版发行.

编　者

2009 年 3 月

第一版前言

“近世代数” 是师范院校和综合性大学数学系本科的一门重要专业基础课. “近世代数” 的基本概念、理论和方法, 是每一位数学工作者所必需具备的基本数学素养之一. 随着我国高等教育改革的深入以及多年来进行教学改革的实践, 我们深切感到, 编写一本合适的近世代数教材, 已成当务之急. 我们希望, 学生通过一学期每周 3 至 4 课时的学习, 能理解和掌握 “近世代数” 的基本内容、方法和理论, 初步具备用 “近世代数” 的基本思想和理论处理或解决具体问题的能力, 为他们进一步学习代数的后继课程或从事中学数学教学打下基础. 本教材便是这一要求下的产物. 本教材曾在我系多次试用, 并经反复修改、完善后定稿.

本教材的主要内容包括群、环、域的基本概念与初步性质. 为了适合不同层次学生的教学要求, 给读者和教师有更多的选择余地, 我们将所有的内容分为 5 章. 前 4 章包含了群、环的基本内容, 第 5 章讨论域的扩张. 我们认为: 除了带 $*$ 的部分, 学完前 4 章这些内容, 已达基本要求. 但对于要求较高的学生, 特别是希望将来报考代数研究生的学生, 则要求他们必须学完所有的 5 章和带 $*$ 的部分. 这估计需要每周 4 学时的课时.

在讲解抽象概念和理论的过程中, 我们注意避免 “定义—性质—定理” 这样一种过于刻板的模式. 我们总是尽可能地用一个简单的易于理解的例子来引出一个新的概念和结论, 并且也用尽可能多的例子来说明新的概念和结论的具体意义及应用. 结合教学内容, 我们还介绍了有关的历史回顾和有关数学家的生平, 以拓展学生的知识面.

选择好习题也是我们关注的重点. 本教材每小节后都附有适量的习题, 大部分习题是比较基本的, 解决这部分习题所需要的方法与技巧可在相应章节的例题中找到, 学生在理解了教材的有关内容后就可以完成. 小部分习题是对教材内容的补充. 少量习题是为部分程度较好的学生准备的 (大多带 $*$), 解决这部分习题需要较高的技巧和对有关知识的深刻理解, 初学时可以不做.

本教材的编写得到了数学系的支持和帮助. 特别是我系代数教研室同仁为本教材的编写倾注了极大的热情. 陈志杰教授对本教材的编写提出了许多指导性的意见, 吴允升副教授做了不少前期准备工作, 时俭益教授、胡乃红教授、芮和兵教授和瞿森荣老师在试用本教材的初稿进行教学的过程中, 提出了许多建设性的修改意见. 所有这一切, 都使本教材增色不少. 借此机会对他们表示衷心的感谢.

最后, 限于编者水平, 书中定有许多不妥之处, 恳请使用本教材的教师和读者指正. 编者的 E-mail 地址为: sahan@math.ecnu.edu.cn(韩士安), llin@math.ecnu.edu.cn(林磊).

编　者
2003 年 7 月于华东师范大学

目　　录

第 1 章 群

近世代数的主要研究对象是具有代数运算的集合, 这样的集合称为代数系. 群是具有一个代数运算的代数系. 群的理论是近代代数学的一个重要分支, 它在物理学、化学、信息学等许多领域都有广泛的应用.

本章和第 2 章介绍群的初步理论. 本章的 1.1 节讨论等价关系和集合的分类以及它们之间的联系. 1.1 节的内容虽然不属于群论的范畴, 但等价关系和集合的分类却是近世代数中经常出现的两个基本概念, 所以先作一个介绍. 1.2 节 ~1.4 节介绍群、子群、群同构的概念及有关性质. 这是了解群的第一步. 1.5 节和 1.6 节较为详细地讨论了两类最常见的群——循环群与置换群. 学习这部分内容可以熟悉群的运算和性质, 加深对群的理解. 1.7 节是选学内容, 介绍置换群的某些应用, 初学时可以略去, 并不影响后面的学习.

1.1 等价关系与集合的分类

在数学研究中, 常常要对一个集合的元素加以比较, 希望通过元素之间的联系去了解整个集合. 另一方面, 也常常要把一个集合分成若干个子集, 以便对各个子集进行分类研究, 或对其中某些特殊子集加以讨论, 从而了解整个集合的性质. 例如, 在实数集中, 任意两个实数 a 与 b 之间就有 a 大于 b 或 a 不大于 b 两种情况. 同时, 根据一个实数是否大于零, 可以把整个实数集合分解为正实数集 $\mathbf{R}^+$, 负实数集 $\mathbf{R}^-$ 和单独一个数 0 组成的集合 $\{0\}$ 这三个子集合. 又如, 在数域 F 上的一元多项式环 $F[x]$ 中, 对任意两个多项式 $f(x)$ 与 $g(x)$, 有 $f(x)$ 可被 $g(x)$ 整除或 $f(x)$ 不可被 $g(x)$ 整除两种情况. 根据一个多项式被一个非零多项式 $g(x)$ 所除的余式, 可以把整个多项式环 $F[x]$ 分解为许多个子集, 不同的子集没有公共元素, 同一个子集中的多项式在被 $g(x)$ 除时余式都相同.

将上面两个例子中所涉及的概念加以推广, 就得到集合上一般的关系的概念和集合的分类的概念. 本节的主要目的就是介绍这两个概念以及它们之间的联系.

定义 1.1.1 *设 S 是一个非空集合, $\mathcal{R}$ 是关于 S 的元素的一个条件. 如果对 S 中任意一个有序元素对 (a,b), 我们总能确定 a 与 b 是否满足条件 $\mathcal{R}$, 就称 $\mathcal{R}$ 是 S 的一个***关系** (relation). *如果 a 与 b 满足条件 $\mathcal{R}$, 则称 a 与 b 有关系 $\mathcal{R}$, 记作 $a\mathcal{R}b$; 否则称 a 与 b 无关系 $\mathcal{R}$. 关系 $\mathcal{R}$ 也称为二元关系.*

上面提到的实数集中元素之间的大于和 $F[x]$ 中多项式的整除都是关系.

例 1 设 S 是一个非空集合, S 的所有子集组成的集合记为 $\mathcal{P}(S)$. 因为对 S 的任意两个子集 A, B, $A \subseteq B$ 或 $A \nsubseteq B$ 有且仅有一个成立, 所以集合的包含关系 "$\subseteq$" 是 $\mathcal{P}(S)$ 的一个关系. 进一步讨论可以发现, 这个关系还具有下面两条性质:

(1) 反身性, 即对 S 的任一子集 A, 有 $A \subseteq A$;

(2) 传递性, 即对 S 的任意子集 A, B, C, 如果 $A \subseteq B$, $B \subseteq C$, 则有 $A \subseteq C$.

例 2 在整数集 $\mathbf{Z}$ 中, 规定 $a \mathcal{R} b \Longleftrightarrow a | b$. 因为 $a | b$ 与 $a \nmid b$ 有且仅有一个成立, 所以 "$|$" 是 $\mathbf{Z}$ 的一个关系. 这个关系也具有反身性和传递性.

例 3 在整数集 $\mathbf{Z}$ 中, 规定 $a \mathcal{R} b \Longleftrightarrow (a, b) = 1$(即 a 与 b 互素). 因为 $(a, b) = 1$ 与 $(a, b) \neq 1$ 有且仅有一个成立, 所以是 $\mathbf{Z}$ 的一个关系. 这个关系既不满足反身性也不满足传递性, 但却满足所谓的对称性, 即对任意两个整数 a, b, 由 $(a, b) = 1$ 可推出 $(b, a) = 1$.

同时具有反身性、对称性和传递性三条性质的关系是我们特别感兴趣的.

定义 1.1.2 设 $\mathcal{R}$ 是非空集合 S 的一个关系, 如果 $\mathcal{R}$ 满足

(E1) 反身性, 即对任意的 $a \in S$, 有 $a \mathcal{R} a$;

(E2) 对称性, 即若 $a \mathcal{R} b$, 则 $b \mathcal{R} a$;

(E3) 传递性, 即若 $a \mathcal{R} b$, 且 $b \mathcal{R} c$, 则 $a \mathcal{R} c$,

则称 $\mathcal{R}$ 是 S 的一个**等价关系** (equivalence relation), 并且如果 $a \mathcal{R} b$, 则称 a 等价于 b, 记作 $a \sim b$.

定义 1.1.3 如果 $\sim$ 是集合 S 的一个等价关系, 对 $a \in S$, 令

$$[a] = \{x \in S \mid x \sim a\}.$$

称子集 $[a]$ 为 S 的一个**等价类** (equivalence class). S 的全体等价类的集合称为集合 S 在等价关系下的**商集** (quotient set), 记 $S/\sim$.

例 4 三角形的全等、相似, 数域 K 上 n 阶方阵的等价、相似、相合等都是等价关系, 而例 1 $\sim$ 例 3 及本节开头所述的关系都不是等价关系.

例 5 设 m 是正整数, 在整数集 $\mathbf{Z}$ 中, 规定

$$a \mathcal{R} b \Longleftrightarrow m \mid a - b, \quad \forall a, b \in \mathbf{Z},$$

则

(1) 对任意整数 a, 有 $m \mid a - a$;

(2) 若 $m \mid a - b$, 则 $m \mid b - a$;

(3) 若 $m \mid a - b$, $m \mid b - c$, 则 $m \mid a - c$.

所以 $\mathcal{R}$ 是 $\mathbf{Z}$ 的一个等价关系. 显然 a 与 b 等价当且仅当 a 与 b 被 m 除有相同的余数, 因此称这个关系为**同余关系** (congruence relation), 并记作 $a \equiv b \pmod m$(读作 "a 同余于 b, 模 m"). 整数的同余关系及其性质是初等数论的基础 [1].

设 $a \in \mathbf{Z}$, 则

$$\begin{aligned}[a] &= \{x \in \mathbf{Z} \mid x \equiv a \,(\mathrm{mod}\ m)\} \\ &= \{x \in \mathbf{Z} \mid m|x - a\} \\ &= \{a + mz \mid z \in \mathbf{Z}\},\end{aligned}$$

$[a]$ 称为整数集 $\mathbf{Z}$ 的一个 (与 a 同余的) 模 m 剩余类, 在数论中, $[a]$ 常记作 $\overline{a}$, 而相应的商集称为 $\mathbf{Z}$ 的模 m 剩余类集, 记作 $\mathbf{Z}_m$.

由

$$\overline{a} = \overline{b} \Longleftrightarrow m \mid a - b,$$

易得

$$\begin{aligned}&\overline{0} = \{\cdots, -2m, -m, 0, m, 2m, \cdots\}, \\ &\overline{1} = \{\cdots, -2m+1, -m+1, 1, m+1, 2m+1, \cdots\}, \\ &\cdots\cdots \\ &\overline{m-1} = \{\cdots, -2m-1, -m-1, -1, m-1, 2m-1, \cdots\}\end{aligned}$$

是模 m 的全体不同的剩余类, 所以

$$\mathbf{Z}_m = \{\overline{0}, \overline{1}, \overline{2}, \cdots, \overline{m-1}\}.$$ □

集合的等价关系常和下面的概念联系在一起.

定义 1.1.4 如果非空集合 S 是它的某些两两不相交的非空子集的并, 则称这些子集为集合 S 的一种**分类** (partition), 其中每个子集称为 S 一个**类** (class). 如果 S 的子集族 $\{S_i \,|\, i \in I\}$ 构成 S 的一种分类, 则记作 $\mathcal{P} = \{S_i \,|\, i \in I\}$.

由此定义可知, 集合 S 的子集族 $\{S_i \,|\, i \in I\}$ 构成 S 的一种分类当且仅当

(P1) $S = \bigcup\limits_{i \in I} S_i$;

(P2) $S_i \cap S_j = \varnothing$, $i \neq j$.

(P1) 说明 $\{S_i\}$ 这些子集无遗漏地包含了 S 的全部元素; (P2) 说明两个不同的子集无公共元素. 从而 S 的元素属于且仅属于一个子集. 这表明, S 的一个分类必须满足不漏不重的原则.

例 6 设 M 为数域 F 上全体 n 阶方阵的集合, 令 M_r 表示所有秩为 r 的 n 阶方阵构成的子集, 则有

(1) $M = \bigcup_{i=0}^{n} M_i$;

(2) $M_i \cap M_j = \varnothing$, $i \neq j$.

所以 $\{M_i \mid i = 0, 1, \cdots, n\}$ 是 M 的一种分类.

例 7　$\mathbf{Z}_m = \{\overline{a} \mid a = 0, 1, 2, \cdots, m-1\}$ 是整数集 $\mathbf{Z}$ 的一种分类.

例 8　对实数集 $\mathbf{R}$, 令子集 $\mathbf{R}_i = [i, i+1]$, $i \in \mathbf{Z}$. 由于 $i \in \mathbf{R}_i$, 且 $i \in \mathbf{R}_{i-1}$, 同一元素在两个子集中重复出现, 所以 $\{[i, i+1] \mid i \in \mathbf{Z}\}$ 不是 $\mathbf{R}$ 的一种分类.

下面的定理揭示了集合的等价关系与集合的分类这两个概念之间的联系.

定理 1.1.1　*集合 S 的任何一个等价关系都确定了 S 的一种分类, 且其中每一个类都是集合 S 的一个等价类. 反之, 集合 S 的任何一种分类也都给出了集合 S 的一个等价关系, 且相应的等价类就是原分类中的那些类.*

证明　首先, 设 $\sim$ 为集合 S 的一个等价关系, 则

(1) 对任意的 $a \in S$, 由反身性知 $a \in [a]$, 所以 $S = \bigcup_{a \in S} [a]$.

(2) 如果 $[a] \cap [b] \neq \varnothing$, 则有 $c \in [a] \cap [b]$. 于是 $c \sim b$, $c \sim a$, 从而由对称性知 $b \sim c$, 再由传递性知 $b \sim a$. 又对任意的 $b' \in [b]$, 则 $b' \sim b$, 同样由传递性得 $b' \sim a$. 于是 $b' \in [a]$, 因此 $[b] \subseteq [a]$. 同理可证 $[a] \subseteq [b]$. 于是 $[a] = [b]$. 所以不同的类没有公共元素.

从而由 (P1), (P2) 知, 全体等价类形成 S 的一种分类, 显然每一个类都是 S 的等价类.

其次, 如果已知集合 S 的一种分类 $\mathcal{P}$, 在 S 中规定关系 “$\sim$”:

$$a \sim b \Longleftrightarrow a \text{ 与 } b \text{ 属于同一类}, \quad a, b \in S.$$

对任意的 $a \in S$, 由于 a 属于其本身所在的类, 所以 $a \sim a$. 如果 $a \sim b$, 即 a 与 b 属于同一类, 自然 b 与 a 也属于同一类, 所以 $b \sim a$. 最后, 如果 $a \sim b$, $b \sim c$, 即 a 与 b 属于同一类, b 与 c 属于同一类, 因而 a 与 c 同在 b 所在的类中, 所以 $a \sim c$. 因此 “$\sim$” 是 S 的一个等价关系. 显然, 由此等价关系得到的等价类就是原分类中的那些类. □

定理 1.1.1 说明, 一个集合的分类可以通过等价关系来描述. 试比较例 4、例 5 及例 6、例 7, 可以看出, 这样做在很多情况下是方便的. 另一方面, 等价关系也可以用集合的分类来表示. 通过对集合的各种分类的了解, 我们能够对集合的不同等价关系及其相互联系进行研究. 不过, 本书不准备对此进行深入的讨论. 仅以下面的例子来说明集合的分类对研究集合的等价关系的作用.

例 9　设 $S = \{a, b, c\}$, 试确定集合 S 的全部等价关系.

解　由定理 1.1.1 知, 只要求出 S 的全部分类, 即求出 S 的所有可能的子集分划即可.

(1) 如果 S 仅分划为一个子集, 则有 $\mathcal{P}_1=\{S\}$;

(2) 如果 S 分划为两个子集, 则有

$$\mathcal{P}_2=\{\{a\},\{b,c\}\},\quad \mathcal{P}_3=\{\{b\},\{a,c\}\},\quad \mathcal{P}_4=\{\{c\},\{a,b\}\};$$

(3) 如果 S 分划为三个子集, 则有 $\mathcal{P}_5=\{\{a\},\{b\},\{c\}\}$.

因此, 集合 S 共有五个不同的等价关系, 它们是

$$\sim_1=\{a\sim a,b\sim b,c\sim c,a\sim b,b\sim a,a\sim c,c\sim a,b\sim c,c\sim b\};$$

$$\sim_2=\{a\sim a,\ b\sim b,\ c\sim c,\ b\sim c,\ c\sim b\};$$

$$\sim_3=\{a\sim a,\ b\sim b,\ c\sim c,\ a\sim c,\ c\sim a\};$$

$$\sim_4=\{a\sim a,\ b\sim b,\ c\sim c,\ a\sim b,\ b\sim a\};$$

$$\sim_5=\{a\sim a,\ b\sim b,\ c\sim c\}.$$

注 如果用 $B(n)$ 表示一个具有 n 个元素的集合上的不同等价关系的个数, 则有下列的递推公式:

$$B(n+1)=\sum_{k=0}^{n}\mathrm{C}_n^kB(k),\quad n\geqslant 1,\tag{1.1.1}$$

其中 C_n^k 为二项式系数, 并规定 $B(0)=1$, $B(1)=1$. 这个公式的证明以及对数 $B(n)$ 的性质的讨论, 已超出本书的范围. 有兴趣的读者可参考组合数学方面的书籍 (如文献 [2]).

习 题 1-1

1. 试分别举出满足下列条件的关系:

(1) 有对称性, 传递性, 但无反身性;

(2) 有反身性, 传递性, 但无对称性;

(3) 有反身性, 对称性, 但无传递性.

2. 找出下列证明中的错误:

有人断言, 若 S 的关系 $\mathcal{R}$ 有对称性和传递性, 则必有反身性. 这是因为, 对任意的 $a\in S$, 由对称性, 如果 $a\,\mathcal{R}\,b$, 则 $b\,\mathcal{R}\,a$. 再由传递性, 得 $a\,\mathcal{R}\,a$, 所以 $\mathcal{R}$ 有反身性.

3. 证明: 在数域 F 上全体 n 阶方阵的集合 M 中, 矩阵的等价、相合和相似都是等价关系.

4. 设 ϕ 是集合 A 到 B 的映射, $a,b\in A$, 规定关系 “$\sim$”:

$$a\sim b\iff \phi(a)=\phi(b).$$

证明: $\sim$ 是 A 的一个等价关系, 并求其等价类.

5. 设 $A=\{1,2,3,4\}$, 在 $\mathcal{P}(A)$ 中规定关系 “$\sim$”:

$$S_1 \sim S_2 \iff S_1 \text{ 与 } S_2 \text{ 含有相同个数的元素}.$$

证明: $\sim$ 是 $\mathcal{P}(A)$ 的一个等价关系, 并求商集 $\mathcal{P}(A)/\sim$.

6. 在有理数集 $\mathbf{Q}$ 中, 规定关系 “$\sim$”:

$$a \sim b \iff a - b \in \mathbf{Z}.$$

证明: $\sim$ 是 $\mathbf{Q}$ 的一个等价关系, 并求出所有的等价类.

7. 在复数集 $\mathbf{C}$ 中, 规定关系 “$\sim$”:

$$a \sim b \Longleftrightarrow |a| = |b|.$$

证明: $\sim$ 是 $\mathbf{C}$ 的一个等价关系, 试确定相应的商集 $\mathbf{C}/\sim$, 并给出每个等价类的一个代表元素.

8. 设集合

$$S = \{(a,\, b) \mid a, b \in \mathbf{Z}, b \neq 0\},$$

在集合 S 中, 规定关系 “$\sim$”:

$$(a,\, b) \sim (c,\, d) \iff ad = bc.$$

证明: $\sim$ 是 S 的一个等价关系.

*9. 设 $A = \{a,\, b,\, c,\, d\}$, 试写出集合 A 的所有不同的等价关系.

*10. 不用公式 (1.1.1), 直接算出集合 $A = \{1,\, 2,\, 3,\, 4,\, 5\}$ 的不同的分类数.

参考文献及阅读材料

[1] 闵嗣鹤, 严士健. 初等数论. 2 版. 北京: 高等教育出版社, 1990.

本书第 1 章有关于整数整除性的详细讨论, 第 3 章则介绍了同余的概念及其性质.

[2] Aigner M. Combinatorial Theory. Berlin, Heidelberg, New York: Springer-Verlag, 1979.

1.2 群的概念

代数最初主要研究的是数, 以及由数所衍生出来的对象. 例如, 代数方程的求根. 初等代数主要研究的就是数以及数的运算. 中学数学虽然有所谓代数式的概念, 但这些概念本质上代表的仍然是数. 高等代数虽引入了行列式、矩阵等概念, 但还是离不开数. 数的一个基本特征是可以进行加法、乘法等运算. 这些运算的共同特点是对任意两个数, 通过某个法则 (如加法法则或乘法法则等), 可唯一求得第三个数. 数学家们发现, 许多抽象的对象也都具有类似于数的这一特征, 于是对它们的结构和性质进行了研究, 并且应用它们解决了许多重大的数学问题和实际问题. 这就导致了近世代数的产生和发展. 近世代数拓展了代数的研究领域, 它所研究的已不再仅仅是数, 而是具有某种运算的代数系统, 这其中最基本的就是群、环和域.

本节的主要目的就是介绍群的基本概念和简单性质. 为此, 首先要对运算这一概念给出明确的定义.

定义 1.2.1 设 A 是一个非空集合, 若对 A 中任意两个元素 a, b, 通过某个法则 "$\cdot$", 有 A 中唯一确定的元素 c 与之对应, 则称法则 "$\cdot$" 为集合 A 上的一个**代数运算** (algebraic operation). 元素 c 是 a, b 通过运算 "$\cdot$" 作用的结果, 将此结果记为 $a \cdot b = c$.

例 1 有理数的加法、减法和乘法都是有理数集 $\mathbf{Q}$ 上的代数运算, 但除法不是 $\mathbf{Q}$ 上的代数运算. 如果只考虑所有非零有理数的集合 $\mathbf{Q}^*$, 则除法是 $\mathbf{Q}^*$ 上的代数运算.

例 2 设 m 为大于 1 的正整数, $\mathbf{Z}_m$ 为 $\mathbf{Z}$ 的模 m 剩余类集. 对 $\overline{a}, \overline{b} \in \mathbf{Z}_m$, 规定

$$\overline{a} + \overline{b} = \overline{a+b},$$
$$\overline{a} \cdot \overline{b} = \overline{ab},$$

则 $+$ 与 $\cdot$ 都是 $\mathbf{Z}_m$ 上的代数运算.

证明 只要证明上面规定的运算与剩余类的代表元的选取无关即可. 设

$$\overline{a} = \overline{a'}, \quad \overline{b} = \overline{b'},$$

则

$$m \mid a - a', \quad m \mid b - b',$$

于是

$$m \mid (a - a') + (b - b') = (a + b) - (a' + b'),$$
$$m \mid (a - a')b + (b - b')a' = (ab) - (a'b'),$$

从而

$$\overline{a+b} = \overline{a'+b'}, \quad \overline{ab} = \overline{a'b'},$$

所以 "+" 与 "·" 都是 $\mathbf{Z}_m$ 上的代数运算. □

分析上面几个例子中的代数运算发现, 这些代数运算不仅仅给出运算的结果, 而且还具有一些相似的运算性质. 比如说, 结合律、交换律等. 在比较理想的情况下 (就像在 $\mathbf{Q}^*$ 中), 还有单位元、可逆元和逆元. 将这些加以综合与推广, 就得到群的概念.

定义 1.2.2 设 G 是一个非空集合, " $\cdot$ " 是 G 上的一个代数运算, 即对所有的 $a, b \in G$, 有 $a \cdot b \in G$. 如果 G 的运算还满足

(G1) 结合律, 即对所有的 $a, b, c \in G$, 有 $(a \cdot b) \cdot c = a \cdot (b \cdot c)$;

(G2) G 中有元素 e, 使对每个 $a \in G$, 有 $e \cdot a = a \cdot e = a$;

(G3) 对 G 中每个元素 a, 存在元素 $b \in G$, 使 $a \cdot b = b \cdot a = e$,
则称 G 关于运算 “$\cdot$” 构成一个**群** (group), 记作 $(G, \cdot)$. 在不致引起混淆的情况下, 也称 G 为群.

注 (1) (G2) 中的元素 e 称为群 G 的**单位元** (unit element) 或**恒等元** (identity); (G3) 中的元素 b 称为 a 的**逆元** (inverse). 我们将证明, 群 G 的单位元 e 和每个元素的逆元都是唯一的. G 中元素 a 的唯一的逆元通常记作 a^{-1}.

(2) 如果群 G 的运算还满足交换律, 即对任意的 $a, b \in G$, 有 $a \cdot b = b \cdot a$, 则称 G 是一个**交换群** (commutative group) 或**阿贝尔群** (Abelian group).

(3) 群 G 中元素的个数称为群 G 的**阶** (order), 记为 $|G|$. 如果 $|G|$ 是有限数, 则称 G 为**有限群** (finite group), 否则称 G 为**无限群** (infinite group).

例 3 整数集 $\mathbf{Z}$ 关于数的加法构成群. 这个群称为整数加群.

证明 对任意的 $a, b \in \mathbf{Z}$, 有 $a + b \in \mathbf{Z}$, 所以 “$+$” 是 $\mathbf{Z}$ 上的一个代数运算. 同时, 对任意的 $a, b, c \in \mathbf{Z}$, 有

$$(a + b) + c = a + (b + c),$$

所以结合律成立. 另一方面, $0 \in \mathbf{Z}$, 且对每个 $a \in \mathbf{Z}$, 有

$$a + 0 = 0 + a = a,$$

所以 0 为 $\mathbf{Z}$ 的单位元. 又对每个 $a \in \mathbf{Z}$, 有

$$a + (-a) = (-a) + a = 0,$$

所以 $-a$ 是 a 的逆元, 从而 $\mathbf{Z}$ 关于 “$+$” 构成群, 显然这是一个交换群. □

当群 G 的运算用加号 “$+$” 表示时, 通常将 G 的单位元记作 0, 并称 0 为 G 的零元; 将 $a \in G$ 的逆元记作 $-a$, 并称 $-a$ 为 a 的负元. 习惯上, 只有当群为交换群时, 才用 “$+$” 来表示群的运算, 并称这个运算为**加法**, 把运算的结果叫做**和**, 同时称这样的群为**加群**. 相应地, 将不是加群的群称为**乘群**, 并把乘群的运算叫做**乘法**, 运算的结果叫做**积**. 在运算过程中, 乘群的运算符号通常省略不写. 今后, 如不作特别说明, 总假定群的运算是乘法. 当然, 所有关于乘群的结论对加群也成立 (必要时作一些相关的记号和术语上的改变).

例 4 全体非零有理数的集合 $\mathbf{Q}^*$, 关于数的乘法构成交换群, 这个群的单位元是数 1, 非零有理数 $\dfrac{a}{b}$ 的逆元是 $\dfrac{a}{b}$ 的倒数 $\dfrac{b}{a}$. 同理, 全体非零实数的集合 $\mathbf{R}^*$、全体非零复数的集合 $\mathbf{C}^*$ 关于数的乘法也构成交换群.

例 5 实数域 $\mathbf{R}$ 上全体 n 阶方阵的集合 $M_n(\mathbf{R})$, 关于矩阵的加法构成一个交换群. 全体 n 阶可逆方阵的集合 $GL_n(\mathbf{R})$ 关于矩阵的乘法构成群, 群 $GL_n(\mathbf{R})$ 中

的单位元是单位矩阵 E_n, 可逆方阵 $A\in GL_n(\mathbf{R})$ 的逆元是 A 的逆矩阵 A^{-1}. 当 $n>1$ 时, $GL_n(\mathbf{R})$ 是一个非交换群.

例 6 集合 $\{1,-1,\mathrm{i},-\mathrm{i}\}$ 关于数的乘法构成交换群.

例 7 全体 n 次单位根组成的集合

$$U_n=\{x\in\mathbf{C}\,|\,x^n=1\}$$
$$=\left\{\cos\frac{2k\pi}{n}+\mathrm{i}\sin\frac{2k\pi}{n}\;\middle|\;k=0,1,2,\cdots,n-1\right\}$$

关于数的乘法构成一个 n 阶交换群.

事实上, 对任意的 $x,y\in U_n$, 因为 $x^n=1,y^n=1$, 所以

$$(xy)^n=x^ny^n=1\cdot1=1,$$

因此 $xy\in U_n$. 因为数的乘法满足交换律和结合律, 所以 U_n 的乘法也满足交换律和结合律.

由于 $1\in U_n$, 且对任意的 $x\in U_n$, $1\cdot x=x\cdot1=x$, 所以 1 为 U_n 的单位元. 又由于对任意的 $x\in U_n$, $x^{n-1}\in U_n$ 且

$$x\cdot x^{n-1}=x^{n-1}\cdot x=x^n=1,$$

所以 x 有逆元 x^{n-1}. 因此, U_n 关于数的乘法构成一个群. 通常称这个群为 **n 次单位根群**, 显然 U_n 是一个具有 n 个元素的交换群.

例 8 设 m 是大于 1 的正整数, 则 $\mathbf{Z}_m$ 关于剩余类的加法构成加群. 这个群称为 $\mathbf{Z}$ 的**模 m 剩余类加群**.

证明 由例 2 知, 剩余类的加法 "+" 是 $\mathbf{Z}_m$ 的代数运算.

(1) 对任意的 $\overline{a},\overline{b},\overline{c}\in\mathbf{Z}_m$,

$$(\overline{a}+\overline{b})+\overline{c}=\overline{a+b}+\overline{c}=\overline{(a+b)+c}$$
$$=\overline{a+(b+c)}=\overline{a}+\overline{b+c}$$
$$=\overline{a}+(\overline{b}+\overline{c}),$$

所以结合律成立.

(2) 对任意的 $\overline{a},\overline{b}\in\mathbf{Z}_m$,

$$\overline{a}+\overline{b}=\overline{a+b}=\overline{b+a}=\overline{b}+\overline{a},$$

所以交换律成立.

(3) 对任意的 $\overline{a} \in \mathbf{Z}_m$,

$$\overline{a} + \overline{0} = \overline{a+0} = \overline{a},$$
$$\overline{0} + \overline{a} = \overline{0+a} = \overline{a},$$

所以 $\overline{0}$ 为 $\mathbf{Z}_m$ 的零元.

(4) 对任意的 $\overline{a} \in \mathbf{Z}_m$,

$$\overline{a} + \overline{-a} = \overline{a+(-a)} = \overline{0},$$
$$\overline{-a} + \overline{a} = \overline{(-a)+a} = \overline{0},$$

所以 $\overline{-a}$ 为 $\overline{a}$ 的负元.

从而知, $\mathbf{Z}_m$ 关于剩余类的加法构成加群. □

当 $m > 1$ 时, $\mathbf{Z}_m$ 关于剩余类的乘法不构成群. 下面的例子说明, $\mathbf{Z}_m$ 的部分元素关于剩余类的乘法是可以构成群的.

例 9 设 m 是大于 1 的正整数, 记

$$U(m) = \{\overline{a} \in \mathbf{Z}_m \mid (a, m) = 1\},$$

则 $U(m)$ 关于剩余类的乘法构成群.

证明 (1) 对任意的 $\overline{a}, \overline{b} \in U(m)$, 有 $(a, m) = 1$, $(b, m) = 1$, 于是 $(ab, m) = 1$, 从而 $\overline{ab} \in U(m)$. 所以剩余类的乘法 “$\cdot$” 是 $U(m)$ 的代数运算.

(2) 对任意的 $\overline{a}, \overline{b}, \overline{c} \in U(m)$,

$$\begin{aligned}(\overline{a} \cdot \overline{b}) \cdot \overline{c} &= \overline{ab} \cdot \overline{c} = \overline{(ab)c} = \overline{a(bc)} \\ &= \overline{a} \cdot \overline{bc} = \overline{a} \cdot (\overline{b} \cdot \overline{c}),\end{aligned}$$

所以结合律成立.

(3) 因为 $(1, m) = 1$, 从而 $\overline{1} \in U_m$, 且对任意的 $\overline{a} \in U(m)$,

$$\overline{a} \cdot \overline{1} = \overline{a \cdot 1} = \overline{a},$$
$$\overline{1} \cdot \overline{a} = \overline{1 \cdot a} = \overline{a},$$

所以 $\overline{1}$ 为 $U(m)$ 的单位元.

(4) 对任意的 $\overline{a} \in U(m)$, 有 $(a, m) = 1$. 由整数的性质可知, 存在 $u, v \in \mathbf{Z}$, 使

$$au + mv = 1.$$

显然 $(u, m) = 1$, 所以 $\overline{u} \in U(m)$, 且

$$\overline{a} \cdot \overline{u} = \overline{au}$$

$$
\begin{aligned}
&= \overline{au+mv} \quad (\text{因为}\ m \mid mv = (au+mv) - au) \\
&= \overline{1}, \\
\overline{u}\cdot\overline{a} &= \overline{ua} = \overline{au} = \overline{1},
\end{aligned}
$$

所以 $\overline{u}$ 为 $\overline{a}$ 的逆元. 从而知, $U(m)$ 的每个元素在 $U(m)$ 中都可逆.

这就证明了, $U(m)$ 关于剩余类的乘法构成群. □

群 $(U(m),\cdot)$ 称为 $\mathbf{Z}$ 的**模 m 单位群**, 显然这是一个交换群. 当 p 为素数时, $U(p)$ 常记作 $\mathbf{Z}_p^*$. 易知

$$\mathbf{Z}_p^* = \left\{\overline{1}, \overline{2}, \cdots, \overline{p-1}\right\}.$$

注 (4) 由初等数论可知, $U(m)$ 的阶等于 $\phi(m)$, 这里 $\phi(m)$ 是欧拉函数 [1], 如果

$$m = p_1^{r_1} p_2^{r_2} \cdots p_s^{r_s},$$

其中 $p_1, p_2, \cdots, p_s$ 为 m 的不同素因子, 那么

$$
\begin{aligned}
\phi(m) &= (p_1^{r_1} - p_1^{r_1-1})(p_2^{r_2} - p_2^{r_2-1})\cdots(p_s^{r_s} - p_s^{r_s-1}) \\
&= m\prod_{i=1}^{s}\left(1 - \frac{1}{p_i}\right).
\end{aligned}
$$

例 10 具体写出 $\mathbf{Z}_5^*$ 中任意两个元素的乘积以及每一个元素的逆元素. 易知

$$\mathbf{Z}_5^* = \left\{\overline{1}, \overline{2}, \overline{3}, \overline{4}\right\}.$$

直接计算, 可得表 1.2.1.

表 1.2.1

$1\cdot 1 = 1$	$1\cdot 2 = 2$	$1\cdot 3 = 3$	$1\cdot 4 = 4$
$2\cdot 1 = 2$	$2\cdot 2 = 4$	$2\cdot 3 = 1$	$2\cdot 4 = 3$
$3\cdot 1 = 3$	$3\cdot 2 = 1$	$3\cdot 3 = 4$	$3\cdot 4 = 2$
$4\cdot 1 = 4$	$4\cdot 2 = 3$	$4\cdot 3 = 2$	$4\cdot 4 = 1$

在表 1.2.1 中, 我们把 $\overline{1}, \overline{2}, \overline{3}, \overline{4}$ 简记为 1, 2, 3, 4. 这在进行 $\mathbf{Z}_m$ 中的运算时是经常这样做的. 由表中很容易看出:

$$\overline{1}^{-1} = \overline{1}, \quad \overline{2}^{-1} = \overline{3}, \quad \overline{3}^{-1} = \overline{2}, \quad \overline{4}^{-1} = \overline{4}.$$

观察表 1.2.1, 发现可以把表 1.2.1 表示为更加简单的形式 (表 1.2.2).

形如表 1.2.2 的表通常称为群的**乘法表** (multiplication table), 也称**群表** (group table) 或**凯莱表** (Cayley table). 人们常用群表来表示有限群的运算. 一般的群表如表 1.2.3 所示.

表 1.2.2

	1	2	3	4
1	1	2	3	4
2	2	4	1	3
3	3	1	4	2
4	4	3	2	1

表 1.2.3

$\circ$	e	$\cdots$	b	$\cdots$
e	e	$\cdots$	b	$\cdots$
$\vdots$	$\vdots$	$\ddots$	$\vdots$	$\ddots$
a	a	$\cdots$	$a \circ b$	$\cdots$
$\vdots$	$\vdots$	$\ddots$	$\vdots$	$\ddots$

在一个群表中, 表的左上角列出了群的运算符号 (有时省略), 表的最上面一行则依次列出群的所有元素 (通常单位元列在最前面), 表的最左列按同样的次序列出群的所有元素. 表中的其余部分则是最左列的元素和最上面一行的元素的乘积. 注意, 在乘积 $a \circ b$ 中, 左边的因子 a 是左列上的元素, 右边的因子 b 是最上面一行的元素. 由群表很容易确定一个元素的逆元素. 又如果一个群的群表是对称的, 则可以肯定, 这个群一定是交换群.

在对群有了初步的认识以后, 下面来讨论群的一些简单性质.

定理 1.2.1 设 G 为群, 则有

(1) 群 G 的单位元是唯一的;

(2) 群 G 的每个元素的逆元是唯一的;

(3) 对任意的 $a \in G$, 有 $(a^{-1})^{-1} = a$;

(4) 对任意的 $a, b \in G$, 有 $(ab)^{-1} = b^{-1}a^{-1}$;

(5) 在群中消去律成立, 即设 $a, b, c \in G$, 如果 $ab = ac$, 或 $ba = ca$, 则 $b = c$.

证明 (1) 如果 e_1, e_2 都是 G 的单位元, 则

$$e_1 \cdot e_2 = e_2, \quad (\text{因为 } e_1 \text{ 是 } G \text{ 的单位元})$$
$$e_1 \cdot e_2 = e_1, \quad (\text{因为 } e_2 \text{ 是 } G \text{ 的单位元})$$

因此,

$$e_2 = e_1 \cdot e_2 = e_1,$$

所以单位元是唯一的.

(2) 设 b, c 都是 $a \in G$ 的逆元, 则

$$ab = ba = e, \quad ac = ca = e,$$

于是

$$c = c \cdot e = c(ab) = (ca)b = e \cdot b = b,$$

所以 a 的逆元是唯一的.

(3) 因为 a^{-1} 是 a 的逆元, 所以

$$a^{-1}a = aa^{-1} = e.$$

从而由逆元的定义知, a 是 a^{-1} 的逆元. 又由逆元的唯一性得

$$(a^{-1})^{-1} = a.$$

(4) 直接计算可得

$$(ab) \cdot (b^{-1}a^{-1}) = a(bb^{-1})a^{-1} = aea^{-1} = aa^{-1} = e$$

及

$$(b^{-1}a^{-1}) \cdot (ab) = b^{-1}(a^{-1}a)b = b^{-1}eb = b^{-1}b = e,$$

从而由逆元的唯一性得

$$(ab)^{-1} = b^{-1}a^{-1}.$$

(5) 如果 $ab = ac$, 则

$$b = eb = (a^{-1}a)b = a^{-1}(ab) = a^{-1}(ac) = (a^{-1}a)c = ec = c,$$

同理可证另一消去律. □

定理 1.2.2 设 G 是群, 那么对任意的 $a, b \in G$, 方程

$$ax = b \quad 及 \quad ya = b$$

在 G 中都有唯一解.

证明 取 $x = a^{-1}b$, 则

$$a(a^{-1}b) = (aa^{-1})b = eb = b,$$

所以方程 $ax = b$ 有解 $x = a^{-1}b$.

又如, $x = c$ 为方程 $ax = b$ 的任一解, 即 $ac = b$, 则

$$c = ec = (a^{-1}a)c = a^{-1}(ac) = a^{-1}b,$$

这就证明了唯一性.

同理可证另一个方程也有唯一解. □

群的定义中的结合律表明, 群中三个元素 a, b, c 的乘积与运算的顺序无关, 因此可以简单地写成: abc. 进一步可知, 在群 G 中, 任意 k 个元素 $a_1, a_2, \cdots, a_k$ 的乘积与运算的顺序无关, 因此可以写成 $a_1 a_2 \cdots a_k$.

据此, 可以定义群的元素的**方幂**:

对任意的正整数 n, 定义

$$a^n = \underbrace{a \cdot a \cdots a}_{n\text{个}a},$$

再约定

$$a^0 = e,$$
$$a^{-n} = (a^{-1})^n \quad (n \text{ 为正整数}),$$

则 a^n 对任意整数 n 都有意义. 并且不难证明, 对任意的 $a \in G$, $m, n \in \mathbf{Z}$, 有下列的**指数法则**:

(1) $a^n \cdot a^m = a^{n+m}$;

(2) $(a^n)^m = a^{nm}$;

(3) 如果 G 是交换群, 则 $(ab)^n = a^n b^n$.

注意, 如果群 G 不是交换群, 则

$$(ab)^n = a^n b^n$$

一般是不成立的.

当 G 是加群时, 元素的方幂则应改写为**倍数**:

$$na = \underbrace{a + a + \cdots + a}_{n\text{个}a},$$

$$0a = 0,$$
$$(-n)a = n(-a).$$

相应地, 指数法则变为**倍数法则**:

(1) $na + ma = (n + m)a$;

(2) $m(na) = (mn)a$;

(3) $n(a + b) = na + nb$.

因为加群是交换群, 所以 (3) 总是成立的.

下面两个定理给出了判别一个非空集合关于所给的运算是否构成群的另一途径.

定理 1.2.3 设 G 是一个具有代数运算的非空集合, 则 G 关于所给的运算构成群的充分必要条件是

(1) G 的运算满足结合律;

(2) G 中有一个元素 e (称为 G 的左单位元), 使对任意的 $a \in G$, 有 $ea = a$;

(3) 对 G 的每一个元素 a, 存在 $a' \in G$ (称为 a 的左逆元), 使 $a'a = e$. 这里 e 是 G 的左单位元.

证明 **必要性**. 由群的定义, 这是显然的.

充分性. 只需证: e 是 G 的单位元, a' 是 a 的逆元即可.

设 $a \in G$, 由 (3) 知, 存在 $a' \in G$, 使

$$a'a = e.$$

又由 (3) 知, 存在 $a'' \in G$, 使

$$a''a' = e.$$

于是

$$aa' = e(aa') = (a''a')(aa') = a''(a'a)a' = a''(ea') = a''a' = e,$$

且

$$ae = a(a'a) = (aa')a = e \cdot a = a.$$

又联系到条件 (2) 和 (3) 知, e 是 G 的单位元, a' 是 a 的逆元. 进而再由条件 (1) 知, G 为群. □

定理 1.2.3 说明, 一个具有乘法运算的非空集合 G, 只要满足结合律, 有左单位元, 每个元素有左逆元, 就构成一个群.

同理可证, 一个具有乘法运算的非空集合 G, 如果满足结合律, 有右单位元, 且 G 中每个元素有右逆元, 则 G 也构成群 (见本节习题 15).

定理 1.2.4 设 G 是一个具有乘法运算且满足结合律的非空集合, 则 G 构成群的充分必要条件是对任意的 $a, b \in G$, 方程

$$ax = b \quad 与 \quad ya = b$$

在 G 中都有解.

证明 **必要性**. 已证 (见定理 1.2.2).

充分性. 任取 $b \in G$, 由条件知, $yb = b$ 有解, 设为 e, 则 $eb = b$. 又对任意的 $a \in G$, $bx = a$ 有解, 设为 c. 于是

$$ea = e(bc) = (eb)c = bc = a,$$

从而知 e 是 G 的左单位元.

其次, 对每个 $a \in G$, $ya = e$ 有解, 设为 a'. 于是

$$a'a = e,$$

从而知 a 有左逆元.

于是由定理 1.2.3 知, G 构成群. □

最后, 作为定理 1.2.4 的一个应用, 下面来证明下述结论.

例 11　设 G 是一个具有乘法运算的非空有限集合, 如果 G 满足结合律, 且两个消去律成立, 则 G 构成群.

证明　设

$$G = \{a_1, a_2, \cdots, a_n\}.$$

对任意的 $a, b \in G$, 考察 aa_i 与 aa_j. 如果 $aa_i = aa_j$, 则由左消去律得 $a_i = a_j$, 于是 $i = j$. 这说明, $aa_1, aa_2, \cdots, aa_n$ 是 G 中 n 个互不相同的元素. 因为 $|G| = n$, 所以

$$\{aa_1, aa_2, \cdots, aa_n\} = G = \{a_1, a_2, \cdots, a_n\},$$

由于 $b \in G$, 因此必存在 $a_i \in G$, 使 $aa_i = b$. 这说明方程 $ax = b$ 在 G 中有解. 同理可证, 方程 $ya = b$ 在 G 中也有解. 从而由定理 1.2.4 知 G 构成群. □

要注意的是, 如果没有有限的条件, 一个具有代数运算的集合, 仅仅满足结合律和两个消去律, 并不一定构成群.

习　题　1-2

1. 证明: 实数域 $\mathbf{R}$ 上全体 n 阶方阵的集合 $M_n(\mathbf{R})$, 关于矩阵的加法构成一个交换群.

2. 证明: 实数域 $\mathbf{R}$ 上全体 n 阶可逆方阵的集合 $GL_n(\mathbf{R})$ 关于矩阵的乘法构成群. 这个群称为 n 阶**一般线性群**.

3. 证明: 实数域 $\mathbf{R}$ 上全体 n 阶正交矩阵的集合 $O_n(\mathbf{R})$, 关于矩阵的乘法构成一个群. 这个群称为 n 阶**正交群**.

4. 证明: 所有行列式等于 1 的 n 阶整数矩阵组成的集合 $SL_n(\mathbf{Z})$, 关于矩阵的乘法构成群.

5. 在整数集 $\mathbf{Z}$ 中, 规定运算 "$\oplus$" 如下:

$$a \oplus b = a + b - 2, \quad \forall a, b \in \mathbf{Z}.$$

证明: ($\mathbf{Z}$, $\oplus$) 构成群.

6. 分别写出下列各群的乘法表.

(1) 例 6 中的群;

(2) 群 U_7;

(3) 群 $\mathbf{Z}_7^*$;

(4) 群 $U(18)$.

7. 设 $G = \left\{ \begin{pmatrix} a & a \\ a & a \end{pmatrix} \middle| \, a \in \mathbf{R}, a \neq 0 \right\}$. 证明: G 关于矩阵的乘法构成群.

8. 证明: 所有形如 $2^m 3^n (m, n \in \mathbf{Z})$ 的有理数的集合关于数的乘法构成群.

9. 证明: 所有形如

$$\begin{pmatrix} 1 & a & b \\ 0 & 1 & c \\ 0 & 0 & 1 \end{pmatrix}$$

的 3×3 实矩阵关于矩阵的乘法构成一个群. 这个群以诺贝尔物理学奖获得者海森伯格 (Werner Hessenberg) 的名字命名, 称为**海森伯格群** (Hessenberg group).

10. 设 G 是群, $a_1, a_2, \cdots, a_r \in G$. 证明:

$$(a_1 a_2 \cdots a_r)^{-1} = a_r^{-1} a_{r-1}^{-1} \cdots a_1^{-1}.$$

11. 设 G 是群, $a, b \in G$. 证明: 如果 $ab = e$, 则 $ba = e$.

12. 设 G 是群. 证明: 如果对任意的 $x \in G$, 都有 $x^2 = e$, 则 G 是一个交换群.

13. 设 G 是群. 证明: G 是交换群的充分必要条件是对任意的 $a, b \in G$, $(ab)^2 = a^2 b^2$.

14. 设 G 是一个具有乘法运算的非空有限集合. 证明: 如果 G 满足结合律, 有左单位元, 且右消去律成立, 则 G 是一个群.

15. 证明: 一个具有乘法运算的非空集合 G, 如果满足结合律, 有右单位元 (即有 $e \in G$, 使对任意的 $a \in G$, 有 $ae = a$), 且 G 中每个元素有右逆元 (即对每个 $a \in G$, 有 $a' \in G$, 使 $aa' = e$), 则 G 构成群.

16. 设 G 是有限群. 证明: G 中使 $x^3 = e$ 的元素 x 的个数是奇数.

*17. 设 p, q 是两个不同的素数. 假设 H 是整数集的真子集, 且 H 关于加法是群, H 恰好包含集合 $\{p, p+q, pq, p^q, q^p\}$ 中的三个元素. 试确定以下各组元素中哪一组是 H 中的这三个元素?

(A) pq, p^q, q^p; (B) p, $p+q$, pq; (C) p, pq, p^q; (D) $p+q$, pq, p^q; (E) p, p^q, q^p.

*18. 已知下表是一个群的乘法表. 试填出未列出的元.

	e	a	b	c	d
e	e	—	—	—	—
a	—	b	—	—	e
b	—	c	d	e	—
c	—	d	—	a	b
d	—	—	—	—	—

参考文献及阅读材料

[1] 潘承洞, 潘承彪. 初等数论. 北京: 北京大学出版社, 1998.

[2] 《中国大百科全书》编辑委员会. 中国大百科全书 · 数学. 北京, 上海: 中国大百科全书出版社, 1988.

[3] 《数学百科全书》编译委员会. 数学百科全书 (第二卷). 北京: 科学出版社, 1995.

文献 [2] 和 [3] 中有关于群, 特别是群的起源及其发展的较详细的介绍. 文献 [3] 是根据苏联大百科全书出版社出版的, 由著名数学家维诺格拉多夫主编、几百位数学家共同撰写的同名大型数学工具书, 经由中国数学会组织编译而成的巨著, 全书共五卷.

群论的起源

群的概念在数学史上出现是在 19 世纪的上半叶, 但是其思想的萌芽在古希腊欧几里得 (Euclid, 约公元前 330～前 275) 的《几何原本》中就已经出现了. 此后, 群的概念以运动和变换作为基础潜在地形成. 到了 19 世纪后期, 它才正式出现, 不久就在整个数学中占有重要的地位, 成为现代数学的基础之一.

有意识地开辟通向群的概念的道路始于 18 世纪末, 当时, 拉格朗日 (J. L. Lagrange, 1736～1813), 范德蒙德 (A. T. Vandermonde, 1735～1796), 鲁菲尼 (P. Ruffini, 1765～1822) 等试图发现高次代数方程的代数解法, 因研究方程诸根之间的置换而注意到了群的概念. 基于这种思考方式, 阿贝尔 (N. H. Abel, 1802～1829) 证明了 5 次以上的一般的代数方程没有根式解. 而置换群与代数方程之间的关系的完全描述是由伽罗瓦 (E. Galois, 1811～1832) 在 1830 年左右作出的 (现称为伽罗瓦理论), 这一工作后来在若尔当 (C. Jordan, 1838～1921) 的名著《置换和代数方程论》中得到了很好的介绍和发展. 置换群是最终形成抽象群的第一个主要来源.

群的思想也以独立的方式产生于几何学. 19 世纪中叶, 几何学的研究重点逐渐转移到研究几何图形的变换以及它们的分类上. 默比乌斯 (A. Möbius, 1790～1868) 对此广泛地进行了研究. 以凯莱 (A. Cayley, 1821～1895) 为首的不变量理论的英国学派给出了几何学的更为系统的分类. 凯莱明确地使用了 "群" 这个术语. 这个发展的最后阶段是克莱因 (C. F. Klein, 1849～1925) 在 1872 年提出的著名的 "埃尔朗根纲领". 他指出: 几何的分类可以通过变换群来实现.

数论是群的概念的第三个来源. 早在 1761 年, 欧拉 (L. Euler, 1707～1783) 就使用了同余式和由此产生的同余类. 这在群论的语言中就意味着把一个群分解成子群的陪集. 高斯 (C. F. Gauss, 1777～1855) 则研究了分圆方程, 并且实际上确定了它们的伽罗瓦群的子群. 戴德金 (J. W. R. Dedekind, 1831～1916) 于 1858 年

和克罗内克 (L. Kronecker, 1823~1891) 于 1870 年在他们各自的代数数论的研究中也引入了有限交换群以至有限群.

到了 19 世纪 80 年代, 综合上述三个主要来源, 数学家们终于成功地概括出了抽象群论的公理系统. 大约在 1890 年这一公理系统得到公认.

1.3 子　群

认识一件事物, 通常有三种途径: 一是由局部到整体, 二是由整体到局部, 三是从一事物与同类事物的联系与比较中去了解事物. 近世代数中也常采用这样的方法. 而当对一件事物或其同类的事物还知之甚少时, 采用局部到整体的方法就比较方便. 比如, 在讨论集合时, 引入了子集的概念; 在线性空间中, 引入了子空间的概念. 在进行群的研究时, 也常常要了解群的某些子集的性质. 特别使我们感兴趣的是群的这样一些子集: 它们本身按群的运算也构成群. 这就导致了群的子群的概念.

定义 1.3.1 设 G 是一个群, H 是 G 的一个非空子集. 如果 H 关于 G 的运算也构成群, 则称 H 为 G 的一个**子群** (subgroup), 记作 $H < G$.

例 1 对任意群 G, G 本身以及只含单位元 e 的子集 $H = \{e\}$ 是 G 的子群, 这两个子群称为 G 的**平凡子群** (trivial subgroup). 群 G 的其他子群称为 G 的**非平凡子群** (nontrivial subgroup); 群 G 的不等于它自身的子群称为 G 的**真子群** (proper subgroup).

例 2 设 m 是一个整数, 令

$$H = \{mz \mid z \in \mathbf{Z}\},$$

则 H 为整数加群 $\mathbf{Z}$ 的子群. 这个群称为由 m 所生成的子群, 常记作 $m\mathbf{Z}$ 或 $\langle m \rangle$.

证明 (1) 因为 $0 = m \times 0 \in H$, 所以 H 非空.

(2) 对任意的 $mx, my \in H$, 有

$$mx + my = m(x + y) \in H,$$

所以 H 关于 $\mathbf{Z}$ 的运算封闭.

(3) 因为结合律对 $\mathbf{Z}$ 成立, 所以对 H 也成立.

(4) 因为 $0 \in H$, 且对任意的 $mx \in H$,

$$0 + mx = mx + 0 = mx,$$

所以 0 为 H 的零元.

(5) 对 $mx \in H$, 有 $-mx = m(-x) \in H$, 且

$$(-mx) + mx = mx + (-mx) = 0,$$

所以 $-mx$ 为 mx 的负元.

从而由子群的定义知, $H < G$. □

由于群 G 的运算满足结合律, 所以结合律在 G 的任何关于 G 的运算封闭的非空子集 H 上都成立. 于是, 由群的定义知, 如果群 G 的非空子集 H 满足下列条件:

(1) H 在群的运算下封闭;

(2) H 有单位元;

(3) H 包含它的每个元素的逆元,

则 H 是群 G 的子群.

H 作为群 G 的子群, 有单位元, 而 G 也有单位元. 同时, H 中的元素 a 在 H 中有逆元, 而 a 又是 G 的元素, 它在 G 中也有逆元. 自然要问, 两者有何关系? 在例 2 中我们发现, $m\mathbf{Z}$ 的单位元 (即零元) 就是 $\mathbf{Z}$ 的单位元 (即零元), $m\mathbf{Z}$ 的元素 mx 的逆元 (即负元) $-mx$ 就是 mx 在 $\mathbf{Z}$ 中的逆元 (即负元). 事实上, $m\mathbf{Z}$ 的这一性质对一般的群也都成立.

定理 1.3.1 设 G 为群, H 是 G 的子群, 则

(1) 群 G 的单位元 e 是 H 的单位元;

(2) 对任意的 $a \in H$, a 在 G 中的逆元 a^{-1} 就是 a 在 H 中的逆元.

证明 (1) 以 e' 表示 H 的单位元, e' 当然也是 G 的元素, 则

$$e' \cdot e' = e' = e' \cdot e,$$

由群 G 的消去律得 $e' = e$.

(2) 以 a' 表示 a 在 H 中的逆元, 则

$$a \cdot a' = e' = e = a \cdot a^{-1}.$$

同样由 G 的消去律得 $a' = a^{-1}$. □

有了定理 1.3.1, 可以把上面判别子群的三个条件分别等价地用下面两个定理来叙述.

定理 1.3.2 设 G 为群, H 是群 G 的非空子集, 则 H 成为群 G 的子群的充分必要条件是

(1) 对任意 $a, b \in H$, 有 $ab \in H$;

(2) 对任意 $a \in H$, 有 $a^{-1} \in H$.

证明　必要性. 如果 $H < G$, 则条件 (1) 自然成立. 又由定理 1.3.1 知, 条件 (2) 也成立.

充分性. 由条件 (1) 知, G 的乘法是 H 的代数运算. 乘法结合律对 G 的所有元素都成立, 自然对 H 的元素也成立. 对任意的 $a \in H$, 由条件 (2), $a^{-1} \in H$, 再由条件 (1), $e = a^{-1}a \in H$. 显然 e 是 H 的单位元, 且 a^{-1} 是 a 在 H 中的逆元. 这就证明了 H 是 G 的子群. □

上面验证子群的两个条件也可以用一个条件来代替.

定理 1.3.3　*设 G 为群, H 是群 G 的非空子集, 则 H 成为 G 的子群的充分必要条件是对任意的 $a, b \in H$, 有 $ab^{-1} \in H$.*

证明　必要性. 设 H 是 G 的子群, 则对任意的 $b \in H$, 有 $b^{-1} \in H$. 又对任意的 $a \in H$, 因 H 关于 G 的运算封闭, 所以 $ab^{-1} \in H$.

充分性. 如果对任意的 $a, b \in H$, 有 $ab^{-1} \in H$, 则对 $a \in H$, 有

$$e = aa^{-1} \in H.$$

于是又得

$$a^{-1} = ea^{-1} \in H,$$

从而定理 1.3.2 的条件 (2) 成立.

又对任意的 $a, b \in H$, 由前段所证, 知 $b^{-1} \in H$, 所以

$$ab = a(b^{-1})^{-1} \in H,$$

从而定理 1.3.2 的条件 (1) 也成立.

因此 H 是 G 的子群. □

例 3　$GL_n(\mathbf{R})$ 表示所有 n 阶可逆实矩阵关于矩阵的乘法构成的群. 记

$$SL_n(\mathbf{R}) = \{A \in M_n(\mathbf{R}) \mid \det(A) = 1\},$$

则 $SL_n(\mathbf{R})$ 是 $GL_n(\mathbf{R})$ 的子群.

证明　(1) 显然, 对单位方阵 $E_n \in M_n(\mathbf{R})$, 有 $\det(E_n) = 1$, 故 $E_n \in SL_n(\mathbf{R})$. 且对每个 $A \in SL_n(\mathbf{R})$, 由于 $\det(A) = 1$, 故 A 可逆, 从而 $A \in GL_n(\mathbf{R})$, 所以 $SL_n(\mathbf{R})$ 是 $GL_n(\mathbf{R})$ 的非空子集.

(2) 对任意的 $A, B \in SL_n(\mathbf{R})$, $\det(A) = \det(B) = 1$, 于是 B 可逆, $AB^{-1} \in M_n(\mathbf{R})$. 且

$$\det(AB^{-1}) = \det(A) \cdot \det(B)^{-1} = 1 \cdot 1^{-1} = 1,$$

所以 $AB^{-1} \in SL_n(\mathbf{R})$.

从而 $SL_n(\mathbf{R})$ 是 $GL_n(\mathbf{R})$ 的子群 (群 $SL_n(\mathbf{R})$ 称为 **特殊线性群**). □

例 4 设 G 为群, 记

$$C(G) = \{g \in G \mid gx = xg, \forall x \in G\},$$

则 $C(G)$ 是 G 的子群. 称 $C(G)$ 为 G 的**中心** (center).

证明 (1) 对任意的 $x \in G$, 有 $ex = xe$, 故 $e \in C(G)$, 所以, $C(G)$ 是 G 的非空子集.

(2) 如果 $a, b \in C(G)$, 则对任意的 $x \in G$, 有

$$(ab)x = a(bx) = a(xb) = (ax)b = (xa)b = x(ab),$$

所以 $ab \in C(G)$. 从而定理 1.3.2 的条件 (1) 成立.

(3) 如果 $a \in C(G)$, 则对任意的 $x \in G$, 有

$$ax = xa,$$

上式两边同时左乘和右乘 a^{-1} 得

$$a^{-1}axa^{-1} = a^{-1}xaa^{-1},$$

化简得 $xa^{-1} = a^{-1}x$, 所以 $a^{-1} \in C(G)$. 从而定理 1.3.2 的条件 (2) 也成立.

于是由定理 1.3.2 知, $C(G)$ 为 G 的子群. □

例 5 设 $G = \mathbf{Z}_7^*$, 令

$$H = \{1, 2, 4\} \subseteq G.$$

H 的乘法表见表 1.3.1.

表 1.3.1

·	1	2	4
1	1	2	4
2	2	4	1
4	4	1	2

由表 1.3.1 可以看出, H 关于 $\mathbf{Z}_7^*$ 的乘法封闭, 且 H 包含它的每个元素的逆元素. 由定理 1.3.2 知 H 是 $\mathbf{Z}_7^*$ 的子群. □

定理 1.3.4 *群 G 的任意两个子群的交集还是 G 的子群.*

证明 设 H_1, H_2 是群 G 的两个子群.

(1) 因 G 的单位元 $e \in H_1 \cap H_2$, 所以 $H_1 \cap H_2$ 是 G 的非空子集.

(2) 对任意 $a, b \in H_1 \cap H_2$, 有 $a, b \in H_1$, $a, b \in H_2$, 而 H_1, H_2 都是 G 的子群, 所以 $ab^{-1} \in H_1$, $ab^{-1} \in H_2$. 于是 $ab^{-1} \in H_1 \cap H_2$, 从而由定理 1.3.3 知 $H_1 \cap H_2$ 是 G 的子群. □

注　一般地可以证明, 群 G 的任意 (有限或无限) 多个子群 $\{H_i \,|\, i \in I\}$ 的交集

$$\bigcap_{i \in I} H_i$$

仍是 G 的子群 (见本节习题 16).

例 6　在整数加群 $\mathbf{Z}$ 中,

$$H_1 = \{2z \,|\, z \in \mathbf{Z}\}$$

和

$$H_2 = \{3z \,|\, z \in \mathbf{Z}\}$$

都是 $\mathbf{Z}$ 的子群. 令

$$H = H_1 \cup H_2 = \{2z_1, 3z_2 \,|\, z_1, z_2 \in \mathbf{Z}\}.$$

易知, $2 \in H_1$, $3 \in H_2$, 但 $2 + 3 = 5$ 既不是 2 的倍数, 也不是 3 的倍数, 所以

$$2 + 3 \notin H_1 \cup H_2.$$

由此可知, $H_1 \cup H_2$ 对加法不封闭. 所以 $H_1 \cup H_2$ 关于 $\mathbf{Z}$ 的加法不构成群.

例 6 说明, 群 G 的两个子群 H_1, H_2 的并集 $H_1 \cup H_2$ 不一定是 G 的子群.

在群的研究中, 常常要考虑那些包含特定元素的子群.

设 S 是群 G 的一个非空子集, 令 M 表示 G 中所有包含 S 的子群所组成的集合, 即

$$M = \{H < G \,|\, S \subseteq H\},$$

G 本身显然包含 S, 所以 $G \in M$, 从而 M 非空. 令

$$K = \bigcap_{H \in M} H,$$

则 K 是 G 的子群, 称 K 为群 G 的由子集 S 所生成的子群, 简称生成子群, 记作 $\langle S \rangle$, 即

$$\langle S \rangle = \bigcap_{S \subseteq H < G} H,$$

子集 S 称为 $\langle S \rangle$ 的生成元组.

如果 $S=\{s_1,s_2,\cdots,s_r\}$ 为有限集, 则记

$$\langle S\rangle=\langle s_1,s_2,\cdots,s_r\rangle.$$

下面的定理给出了生成子群的基本特征.

定理 1.3.5 设 S 是群 G 的非空子集, 则

(1) $\langle S\rangle$ 是 G 的包含 S 的最小子群;

(2) $\langle S\rangle=\{a_1^{l_1}a_2^{l_2}\cdots a_k^{l_k}\,|\,a_i\in S,l_i=\pm1,i=1,2,\cdots,k,k\in\mathbf{N}\}$.

证明 (1) 设 H 是 G 的子群. 如果 $S\subseteq H$, 由于 $\langle S\rangle$ 是 G 的所有包含 S 的子群的交, 所以 $\langle S\rangle\subseteq H$, 且 $S\subseteq\langle S\rangle$. 这就证明了 (1).

(2) $\langle S\rangle$ 是包含 S 的子群, 所以对任意的 $a\in S$, $a^{-1}\in\langle S\rangle$. 从而对任意的 $a_i\in S$ 及任意的 $l_i=\pm1$ $(i=1,2,\cdots,k)$,

$$a_1^{l_1}a_2^{l_2}\cdots a_k^{l_k}\in\langle S\rangle.$$

令

$$T=\{a_1^{l_1}a_2^{l_2}\cdots a_k^{l_k}\,|\,a_i\in S,l_i=\pm1,i=1,2,\cdots,k,k\in\mathbf{N}\},$$

则 $T\subseteq\langle S\rangle$.

现证, $T=\langle S\rangle$. 因为形式为

$$a_1^{l_1}a_2^{l_2}\cdots a_k^{l_k}$$

的元素的乘积仍为这一形式, 所以 T 对乘法封闭. 又每个这种形式的元素的逆也是这种形式的元素, 所以 T 中每个元素的逆元仍在 T 中, 从而 T 是 G 的子群. 又因为显然有 $S\subseteq T$, 所以又得 $\langle S\rangle\subseteq T$. 于是 $\langle S\rangle=T$. 从而 (2) 得证. □

例 7 当 S 只包含群 G 的一个元素 a 时, 由于

$$a^{l_1}a^{l_2}\cdots a^{l_k}=a^{\sum_{i=1}^k l_i},$$

所以

$$\langle a\rangle=\{a^r\,|\,r\in\mathbf{Z}\}.$$

这种由一个元素 a 生成的子群称为由 a 生成的**循环群** (cyclic group).

例 8 如果 $S=\{a,b\}$, 且 $ab=ba$, 则

$$\langle a,\,b\rangle=\{a^mb^n\,|\,m,n\in\mathbf{Z}\}.$$

例 9 设 $S=\{a,b\}$, 且 a,b 满足关系

(1) $a^2=b^3=e$;

(2) $ba=ab^2$.

试列出群 $\langle a,b\rangle$ 的所有元素以及 $\langle a,b\rangle$ 的乘法表.

解 由关系 (1) 得

$$a^{-1}=a,\quad b^{-1}=b^2.$$

从而由定理 1.3.5 知, $\langle a,b\rangle$ 中的每个元素都是一些形如

$$a^k,\quad b^l\quad (k=0,1;\ l=0,1,2)$$

的元素的乘积. 应用关系 (2) 可得

$$b^k a=ab^{2k},$$

所以对每一个由 a^{k_i} 与 b^{l_j} 所组成的乘式, 总可以连续地应用关系 (2), 最终将所有的因子 a^{k_i} 移至乘式的左端, 而把因子 b^{l_j} 置于乘式的右端. 所以

$$\langle a,\,b\rangle=\{a^kb^l\mid k,l\in\mathbf{N}\cup\{0\}\}.$$

再应用关系 (1) 得

$$\langle a,b\rangle=\{e,\,a,\,b,\,b^2,\,ab,\,ab^2\}.$$

进一步应用关系 (1) 和 (2) 可得 $\langle a,b\rangle$ 的乘法表如表 1.3.2.

表 1.3.2

	e	a	b	b^2	ab	ab^2
e	e	a	b	b^2	ab	ab^2
a	a	e	ab	ab^2	b	b^2
b	b	ab^2	b^2	e	a	ab
b^2	b^2	ab	e	b	ab^2	a
ab	ab	b^2	ab^2	a	e	b
ab^2	ab^2	b	a	ab	b^2	e

对于子群, 我们在 2.1 节和 2.2 节中还要作进一步讨论.

习 题 1-3

1. 群 $U_4=\{1,\,-1,\,\mathrm{i},\,-\mathrm{i}\}$ 的下列子集是否构成群 U_4 的子群?

(1) $\{1,\,-1\}$;　　(2) $\{\mathrm{i},\,-\mathrm{i}\}$;

(3) $\{1,\,\mathrm{i}\}$;　　(4) $\{1,\,-\mathrm{i}\}$.

2. 设 $H=\{a+b\mathrm{i}\in\mathbf{C}\mid a,b\in\mathbf{R},a^2+b^2=1,\mathrm{i}^2=-1\}$. 证明: H 关于数的乘法构成 $\mathbf{C}^*$ 的子群 (见 1.2 节例 4). 试描述 H 中元素的几何性质.

3. 在 $\mathbf{Z}_{10}$ 中, 令

$$H=\{\overline{2},\,\overline{4},\,\overline{6},\,\overline{8}\}.$$

证明: H 关于剩余类的乘法构成群. H 是 $(\mathbf{Z}_{10}, \cdot)$ 的子群吗? 为什么?

4. 设 $G = GL_2(\mathbf{R})$, $H = \{A \in G \mid \det(A)$是 3 的整数次幂$\}$. 证明: H 是 G 的子群.

5. 设 G 是交换群, m 是固定的整数. 令

$$H = \{a \in G \,|\, a^m = e\}.$$

证明: H 是 G 的子群.

6. 设 H 是群 G 的子群. 证明: 对任意的 $g \in G$, 集合

$$gHg^{-1} = \{ghg^{-1} \mid h \in H\}$$

是 G 的子群.

7. 设 a 是群 G 的元素. 定义 a 在 G 中的**中心化子** (centralizer) 为

$$C(a) = \{g \in G \mid ga = ag\}.$$

证明: $C(a)$ 是 G 的子群.

8. 设 G 是群. 证明: $C(G) = \bigcap\limits_{a \in G} C(a)$ (即 G 的中心是所有形如 $C(a)$ 的子群的交).

9. 设 G 是群, $a \in G$. 证明: $C(a) = C(a^{-1})$.

10. 设群 $G = GL_2(\mathbf{R})$. $A = \begin{pmatrix} 1 & 0 \\ 0 & 2 \end{pmatrix}$, $B = \begin{pmatrix} 0 & 1 \\ 1 & 0 \end{pmatrix}$, 求 $C(A)$ 和 $C(B)$.

11. 设群 $G = GL_2(\mathbf{R})$, 求 $C(G)$.

12. 设 H 是群 G 的子群, 定义 H 的中心化子为

$$C(H) = \{g \in G \mid gh = hg, \text{ 对所有 } h \in H\}.$$

证明: $C(H)$ 是 G 的子群.

13. 设 S 是群 G 的非空子集. 证明: G 中与 S 的每个元素可交换的元素构成 G 的子群.

14. 设 H 是群 G 的非空子集. 证明: H 是 G 的子群的充分必要条件是对任意的 $a, b \in H$, 有 $a^{-1}b \in H$.

15. 设 H 是群 G 的非空有限子集. 证明: H 是 G 的子群的充分必要条件是 H 关于 G 的运算封闭.

16. 证明: 群 G 的任意多个子群的交仍是 G 的子群.

17. 设 H, K 是群 G 的两个子群. 证明: 当且仅当 $H \subseteq K$ 或 $K \subseteq H$ 时, $H \cup K$ 是 G 的子群. 利用此结论证明, 群 G 不能被它的两个真子群所覆盖. G 能被它的三个真子群所覆盖吗?

18. 在整数加群 $\mathbf{Z}$ 中, 设 $m, n \in \mathbf{Z}$, d 为 m 与 n 的最大公因数. 证明: $\langle m, n\rangle = \langle d\rangle$.

19. 在整数加群 $\mathbf{Z}$ 中, 证明: $\langle m\rangle = \langle n\rangle$ 当且仅当 $m = \pm n$.

20. 设 $\mathbf{Q}$ 是有理数加群, $\mathbf{Q}^*$ 是非零有理数集关于数的乘法构成的群.

(1) 在 $\mathbf{Q}$ 中列出 $\left\langle \dfrac{1}{2} \right\rangle$ 中的元素;

(2) 在 $\mathbf{Q}^*$ 中列出 $\left\langle \dfrac{1}{2} \right\rangle$ 中的元素.

21. 在群 $\mathbf{Z}_{13}^*$ 中, 分别列出子群 $\langle 8\rangle$ 和 $\langle 4\rangle$ 中的元素和每个子群的乘法表.

22. 设群 K 由元素 a, b 和关系 $a^2 = b^2 = e$, $ab = ba$ 所定义. 试列出群 K 的乘法表.

参考文献及阅读材料

[1] White J E. Introduction to group theory for chemists. J. of Chemical Education, 1967, 44: 128~135.

对化学感兴趣的读者会发现这篇文章是非常值得一读的. 文章首先列举了群的一些简单例子, 然后介绍了群在化学中的应用.

阿贝尔 小传

阿贝尔 (Niels Henrik Abel) 是 19 世纪最伟大的数学家之一. 他 1802 年 8 月 5 日出生于挪威. 16 岁时, 他就开始学习牛顿、欧拉、拉格朗日和高斯的经典数学著作. 在他 18 岁那年, 他父亲去世, 生活的重担从此就压在了他的身上. 阿贝尔一边当私塾老师, 并接一些杂活, 一边还继续作他的数学研究. 19 岁时, 他解决了一个让一些著名数学家烦恼了数百年的难题. 他证明了虽然一元二次、三次甚至四次方程都有求根公式, 但是对于一般的五次方程却不存在这样的求根公式!

虽然阿贝尔在近世代数的许多研究领域建立起来之前就早早地过世了, 但是他对于五次方程求解问题的解决为这些研究领域做出了基础性的工作. 此外, 他还在椭圆函数论、椭圆积分、阿贝尔积分以及无穷级数等方面作出过杰出的贡献. 正当他的工作开始受到他所应受到的重视时, 阿贝尔染上了肺结核, 于 1829 年 4 月 6 日不幸逝世, 年仅 27 岁. 1872 年, 若尔当 (Camille Jordan) 引入了阿贝尔群这一术语, 以纪念这位英年早逝的天才数学家.

1.4 群的同构

设想有两位学生, 一位是中国学生, 一位是英国学生, 在一起作计算. 当中国学生数"一, 二, 三, 四 ……"时, 英国学生却说"one, two, three, four ⋯". 虽然他们说的是不同的语言, 但我们知道, 他们所做的是同一件事——数数. 同样, 当中国学生在纸上写下: 一加一等于二, 英国学生在纸上写下: One plus one equals two 时, 虽然他们使用的是不同的文字, 但我们知道, 他们也在做同一件事: 进行数的加法, 并且计算的是同一个算式. 为什么知道他们做的是同样的事呢? 那是因为, 我们在中文和英文之间建立了一种一一对应的关系, 比如说: 一对应 one, 二对应 two, 三对应 three, 四对应 four, 以及加对应 plus, 等于对应 equal 等. 而且每一对中的两个词所表示的是同一个概念. 根据这个对应, 可以把中文的句子同义地翻译为英文的句子. 不仅如此, 还可以借助一种语言来完成原来要求在另一种语言下完成的工作. 比如, 一旦英国学生完成了算式: two plus three equals five, 中国学生不用计算就可以知道: 二加三一定等于五. 这就是说, 上述对应关系不仅建立了中文的词与英文的词之间的联系, 而且当用词组合成句子时, 这种联系依然保持不变. 两者的区别也仅仅在于对同一个概念使用了不同的术语和记号. 类似的情况也出现在群论中. 经常会遇到这样一些群, 它们表面上看起来很不相同: 它们的元素不同, 运算也不同. 但却可以在它们的元素之间建立起一一对应的关系, 而且这种对应关系还保持元素间的运算关系. 由于群的性质是由它的元素和元素之间的运算所唯一确定的, 这样, 借助于这种一一对应的关系, 就可以把在一个群中所证明的结论翻译为另一个群的相应结论, 而不必在这个群中再另证一遍. 换言之, 这两个群有完全相同的结构, 所不同的仅仅是表述它们的元素及运算的术语和记号. 这样做的意义当然是十分明显的. 把这一情况综合起来, 就得到群的同构的概念.

定义 1.4.1 设 G 与 G' 是两个群, ϕ 是 G 到 G' 的一一对应, 使

$$\phi(a \cdot b) = \phi(a) \cdot \phi(b), \quad \forall\, a, b \in G,$$

则称 ϕ 为群 G 到 G' 的一个**同构映射** (isomorphism), 简称同构, 并称群 G 与 G' **同构** (isomorphic), 记作

$$\phi : G \cong G'.$$

群 G 到它自身的同构映射称为群 G 的**自同构** (automorphism).

注 在群同构的定义中, 虽然使用了同一个符号 “·” 表示群 G 与 G' 的运算, 但这仅仅是为了方便. 事实上, $a \cdot b$ 与 $\phi(a) \cdot \phi(b)$ 分别是在群 G 与群 G' 中进行的运算, 一般来说它们是不相同的. 在讨论具体的群时, 应该把 “·” 用它们各自的运算符号来代替.

例 1 设 G 是群, ι 是 G 的恒等映射:

$$\begin{aligned} \iota:\ G &\longrightarrow G, \\ a &\longmapsto a, \quad \forall\, a \in G, \end{aligned}$$

显然 ι 是一一对应. 又对任意的 $a, b \in G$,

$$\iota(ab) = ab = \iota(a)\iota(b),$$

所以, ι 是 G 的一个自同构, 这个同构称为恒等同构.

例 2 设 $\mathbf{R}$ 是全体实数组成的加法群, $\mathbf{R}^+$ 表示全体正实数组成的乘法群, 则群 $\mathbf{R}$ 与 $\mathbf{R}^+$ 同构.

证明 (1) 对任意的 $x \in \mathbf{R}$, 令

$$\phi(x) = 2^x,$$

则 ϕ 是 $\mathbf{R}$ 到 $\mathbf{R}^+$ 的映射.

(2) 设 $x, y \in \mathbf{R}$, 如果 $\phi(x) = \phi(y)$, 即 $2^x = 2^y$, 则 $x = y$. 所以 ϕ 是 $\mathbf{R}$ 到 $\mathbf{R}^+$ 的单映射.

(3) 对任意的 $r \in \mathbf{R}^+$, 令 $x = \log_2 r$, 则 $x \in \mathbf{R}$, 且

$$\phi(x) = 2^x = 2^{\log_2 r} = r,$$

所以 ϕ 是 $\mathbf{R}$ 到 $\mathbf{R}^+$ 的满映射.

(4) 对任意的 $x, y \in \mathbf{R}$,

$$\phi(x+y) = 2^{x+y} = 2^x \cdot 2^y = \phi(x) \cdot \phi(y),$$

所以 ϕ 保持运算.

这就证明了 ϕ 是 $\mathbf{R}$ 到 $\mathbf{R}^+$ 的同构映射, 从而

$$\phi : \mathbf{R} \cong \mathbf{R}^+. \qquad \square$$

易知, 对任一正实数 $a \neq 1$, 映射 $\phi(x) = a^x (x \in \mathbf{R})$ 也是 $\mathbf{R}$ 到 $\mathbf{R}^+$ 的同构映射. 这说明, 同构的群之间可以有不止一个同构映射.

从这个例子可以看出, 证明群之间的同构, 一般有四个步骤:

第一步 构作群 G 与群 G' 的元素间的对应关系 ϕ, 并证明 ϕ 是 G 到 G' 的映射;

第二步 证明 ϕ 是 G 到 G' 的单映射, 即对任意的 $x, y \in G$, 证明由 $\phi(x) = \phi(y)$ 可推出 $x = y$;

第三步 证明 ϕ 是 G 到 G' 的满映射, 即对任意的 $x' \in G'$, 证明存在 $x \in G$, 使 $\phi(x) = x'$;

第四步 证明 ϕ 保持运算, 即对任意的 $x, y \in G$, 证明 $\phi(xy) = \phi(x)\phi(y)$.

由同构的定义, 易得同构的下列性质.

定理 1.4.1 设 ϕ 是群 G 到 G' 的同构映射, e 与 e' 分别是 G 与 G' 的单位元, a 是 G 的任一元素, 则

(1) $\phi(e) = e'$;

(2) $\phi(a^{-1}) = (\phi(a))^{-1}$;

(3) ϕ 是可逆映射, 且 ϕ 的逆映射 ϕ^{-1} 是群 G' 到群 G 的同构映射.

证明 (1) 对任意 $a \in G$, 有 $ea = a$, 则

$$\phi(e)\phi(a) = \phi(ea) = \phi(a) = e'\phi(a),$$

由消去律得 $\phi(e) = e'$.

(2) 因

$$\phi(a^{-1})\phi(a) = \phi(a^{-1}a) = \phi(e) = e',$$

所以 $\phi(a^{-1})$ 为 $\phi(a)$ 的逆元. 从而由逆元的唯一性知

$$\phi(a^{-1}) = (\phi(a))^{-1}.$$

(3) ϕ 是群 G 到 G' 的一一对应, 所以 ϕ 是可逆的映射, 且其逆映射 ϕ^{-1} 是 G' 到 G 的一一对应. 下面证明 ϕ^{-1} 保持运算.

对任意的 $a', b' \in G'$, 由于可逆映射是满映射, 所以存在 $a, b \in G$, 使

$$\phi(a) = a', \quad \phi(b) = b'.$$

于是, $\phi^{-1}(a') = a$, $\phi^{-1}(b') = b$, 且

$$\begin{aligned}
\phi^{-1}(a' \cdot b') &= \phi^{-1}\left(\phi(a) \cdot \phi(b)\right) \\
&= \phi^{-1}\left(\phi(a \cdot b)\right) \\
&= \left(\phi^{-1} \circ \phi\right)(a \cdot b) \\
&= a \cdot b \\
&= \phi^{-1}(a') \cdot \phi^{-1}(b'),
\end{aligned}$$

这就证明了 ϕ^{-1} 是 G' 到 G 的同构映射. □

这个定理说明, 群的同构映射把单位元变为单位元, 把逆元变为逆元. 由同构的定义, 还容易证明:

设群 G 与 G' 同构. 如果 G 是交换群, 则 G' 也是交换群; 如果 G 是有限群, 则 G' 也是有限群, 且 $|G| = |G'|$.

定理 1.4.2 *群的同构是一个等价关系, 即*

(1) $G \cong G$(反身性);

(2) 若 $G \cong G'$, 则 $G' \cong G$(对称性);

(3) 若 $G \cong G', G' \cong G''$, 则 $G \cong G''$(传递性),

其中 G, G', G'' 都是群.

证明 (1), (2) 已证 (见本节例 1 及定理 1.4.1(3)). 现证 (3).

设 ϕ 是 G 到 G' 的同构映射, ψ 是 G' 到 G'' 的同构映射, 则 $\psi \circ \phi$ 是 G 到 G'' 的一一对应. 又对任意的 $x, y \in G$,

$$\begin{aligned}(\psi\circ\phi)(xy)&=\psi(\phi(xy))\\&=\psi(\phi(x)\phi(y))\\&=\psi(\phi(x))\psi(\phi(y))\\&=(\psi\circ\phi)(x)(\psi\circ\phi)(y),\end{aligned}$$

所以 $\psi\circ\phi$ 是 G 到 G'' 的同构映射, 从而 $G\cong G''$. 这就证明了 (3). □

例 3 设群 $U_4=\{1,-1,\mathrm{i},-\mathrm{i}\}$ 是 4 次单位根群 (见 1.2 节例 7), $K=\{e,a,b,ab\}$ 是由元素 a,b 及关系 $a^2=b^2=e$ 和 $ab=ba$ 所定义的群 (见习题 1-3 的 22 题). 问 U_4 与 K 是否同构, 为什么?

解 如果 U_4 与 K 同构, 设 ϕ 是 U_4 到 K 的同构映射. 令 $\phi(\mathrm{i})=x$. 易知, $x^2=e$. 从而

$$\phi(-1)=\phi(\mathrm{i}^2)=(\phi(\mathrm{i}))^2=x^2=e.$$

另一方面, $\phi(1)=e$. 由于 ϕ 是单映射, 所以 $-1=1$. 这是一个矛盾. 从而知 U_4 与 K 不同构.

群同构的定义表明: 在同构映射之下, 对应的元素在各自的运算之下有相同的关系. 从而, 同构的群具有完全相同的群性质. 因此, 当研究一个群时, 可以撇开群的元素的个性以及运算的具体含义不管, 而且由一个群所得到的一切性质, 对任意一个与之同构的群都适用. 反之, 为了研究一个抽象的群, 可以转而去研究一个具体的与之同构的群. 如果这个具体的群的性质搞清楚了, 那么就可以借助于群同构, 把这个群的性质转化为原来那个抽象的群的性质了.

在所有的群中, 最早研究的一类群是和集合的可逆变换联系在一起的. 这类群通常称为变换群. 而一般群的概念正是从变换群的概念抽象出来的. 本节的剩余部分就来简单讨论一下这类群.

设 X 是任一非空集合, 令 S_X 是 X 的全体可逆变换所组成的集合. 如果 σ, τ 是 X 的任意两个可逆变换, 则变换的合成

$$\begin{aligned}\tau\circ\sigma:\ X&\longrightarrow X,\\x&\longmapsto\tau(\sigma(x)),\quad\forall x\in X\end{aligned}$$

仍是 X 的可逆变换. 所以 $\circ$ 是 S_X 的代数运算. 以下, 把 $\circ$ 简记为 $\cdot$, 并用 $\tau\sigma$ 表示 $\tau\circ\sigma$.

(1) 由于映射的合成满足结合律, 所以 S_X 的运算也满足结合律.

(2) 设 ι 是 X 的恒等变换, 则 $\iota\in S_X$ 且对任意的 $\sigma\in S_X$, $x\in X$,

$$(\iota\sigma)(x)=\iota(\sigma(x))=\sigma(x),$$

$$(\sigma\iota)(x)=\sigma(\iota(x))=\sigma(x),$$

所以

$$\iota\sigma = \sigma = \sigma\iota.$$

由此知, ι 是 S_X 的单位元.

(3) 设 σ 是 X 的任一可逆变换, 则 σ 的逆变换 σ^{-1} 也是可逆的, 并且

$$\sigma\sigma^{-1} = \iota = \sigma^{-1}\sigma,$$

所以 S_X 的每一个元素在 S_X 中都有逆元.

从而由群的定义知, S_X 关于变换的合成构成群.

定义 1.4.2 非空集合 X 的全体可逆变换关于变换的合成所构成的群 S_X 称为集合 X 的**对称群** (symmetric group), S_X 的任一子群称为 X 的一个**变换群** (transformation group).

下面的定理揭示了变换群和一般群之间的联系.

定理 1.4.3 (凯莱定理 (Cayley, 1854)) 每一个群都同构于一个变换群.

证明 设 G 是群, $a \in G$, 定义 ϕ_a 如下:

$$\phi_a(x) = ax, \quad \forall x \in G,$$

则 ϕ_a 是 G 的一个变换 (称为左乘变换). 令

$$G_l = \{\phi_a \mid a \in G\}.$$

现在来证明 G_l 关于变换的合成构成群 S_G 的一个子群.

设 e 是 G 的单位元, 则 ϕ_e 是 G 的恒等变换, 即 $\phi_e = \iota \in S_G$. 又对任意的 $x \in G$,

$$(\phi_a\phi_b)(x) = \phi_a(\phi_b(x)) = \phi_a(bx) = abx = \phi_{ab}(x),$$

所以 $\phi_a\phi_b = \phi_{ab}$. 于是

$$\phi_a\phi_{a^{-1}} = \phi_{a^{-1}}\phi_a = \phi_e = \iota,$$

即每个 ϕ_a 都是 G 的可逆变换, 且 $(\phi_a)^{-1} = \phi_{a^{-1}}$. 从而, G_l 是 S_G 的非空子集, 且对任意的 $\phi_a, \phi_b \in G_l$, 有

$$\phi_a\phi_b = \phi_{ab} \in G_l, \quad (\phi_a)^{-1} = \phi_{a^{-1}} \in G_l.$$

由定理 1.3.2 知 G_l 是 S_G 的子群, 因而是一个变换群.

下面证明 G 与 G_l 同构.

令

$$\begin{aligned} \rho: \quad G &\longrightarrow G_l, \\ a &\longmapsto \phi_a, \quad \forall a \in G, \end{aligned}$$

显然 ρ 是 G 到 G_l 的映射.

(1) 设 $a, b \in G$, 如果 $\rho(a) = \rho(b)$, 即 $\phi_a = \phi_b$, 从而

$$\phi_a(e) = \phi_b(e),$$

即 $ae = be$, 于是 $a = b$. 所以 ρ 是 G 到 G_l 的单映射.

(2) 对任意的 $\phi_a \in G_l$, 有 $a \in G$, 使 $\rho(a) = \phi_a$. 所以 ρ 是 G 到 G_l 的满映射.

(3) 对任意的 $a, b \in G$, 有

$$\rho(ab) = \phi_{ab} = \phi_a\phi_b = \rho(a)\rho(b),$$

所以 ρ 是 G 到 G_l 的同构映射, 即

$$\rho : G \cong G_l.$$

□

变换群 G_l 称为 G 的**左正则表示** (left regular representation), 变换 ϕ_a 称为由元素 a 所确定的**左平移** (left translation).

如果定义 $\psi_a(x) = xa^{-1}$, 那么同样可以证明,

$$G_r = \{\psi_a \,|\, a \in G\}$$

也是群 G 的一个变换群, 称为 G 的右正则表示, 同时也有 $G \cong G_r$.

关于有限集的对称群, 将在 1.6 节中作进一步讨论.

习 题 1-4

1. 证明: 整数加群 $\mathbf{Z}$ 与偶数加群 $2\mathbf{Z}$ 同构.
2. 证明: 任意二阶群与乘法群 $\{1, -1\}$ 同构.
3. 设 G 是群. 证明: G 是交换群的充分必要条件是映射

$$\phi : x \longmapsto x^{-1}$$

是 G 的同构映射.

4. 设 G 是群, $a \in G$. 规定映射

$$\phi : x \longmapsto axa^{-1}, \quad \forall x \in G.$$

证明: ϕ 是 G 到 G 的同构映射 (称为由 a 导出的**内自同构** (inner automorphism)).

5. 对有理数加群 $\mathbf{Q}$, 取定非零有理数 a, 规定映射

$$\phi : x \longmapsto ax, \quad \forall x \in \mathbf{Q}.$$

证明: ϕ 是 $\mathbf{Q}$ 的一个自同构.

6. 试举出两个群 G 与 H, 使 G 同构于 H 的一个真子群, 且 H 也同构于 G 的一个真子群.

7. 证明: 群 G 的所有自同构关于变换的乘法构成一个群, 记作 $\mathrm{Aut}(G)$. 这个群称为 G 的**自同构群** (group of automorphisms).

8. 设群 $G=(\mathbf{R},+)$. 证明: 对于 G 中任意两个非零元 a, b, 存在 $\phi\in\mathrm{Aut}(G)$, 使得 $\phi(a)=b$.

9. 求整数加群 $\mathbf{Z}$ 的自同构群 $\mathrm{Aut}(\mathbf{Z})$.

10. 求有理数加群 $\mathbf{Q}$ 的自同构群 $\mathrm{Aut}(\mathbf{Q})$.

11. 设 g 是群 G 的固定元素, H 是 G 的子群. 证明: 群 H 与群 gHg^{-1} 同构 (见习题 1-3 的 6 题).

12. 设 G 是群, 记 $\mathrm{Inn}(G)$ 为 G 的所有内自同构的集合.

(1) 证明: $\mathrm{Inn}(G)$ 是 G 的自同构群 $\mathrm{Aut}(G)$ 的子群;

(2) 如果 $C(G)=\{e\}$, 证明: G 与 $\mathrm{Inn}(G)$ 同构.

13. 求 U_4 的自同构群 $\mathrm{Aut}(U_4)$(见本节例 3).

14. 证明: 映射 $\phi: a+b\mathrm{i}\mapsto a-b\mathrm{i}(a,b\in\mathbf{R})$ 是复数加群 $\mathbf{C}$ 的一个自同构.

15. 证明: 整数加群 $\mathbf{Z}$ 不与有理数加群 $\mathbf{Q}$ 同构.

16. 设 $G=\{a+b\sqrt{2}\mid a,b\in\mathbf{Q}\}$,

$$H=\left\{\begin{pmatrix}a & 2b\\ b & a\end{pmatrix}\middle|\ a,b\in\mathbf{Q}\right\}.$$

证明: (1) G 与 H 关于加法运算同构; (2) G 和 H 关于乘法封闭. 你给出的同构也保持乘法运算吗?

17. 设 $G=\{0,\pm2,\pm4,\pm6,\cdots\}$, $H=\{0,\pm5,\pm10,\pm15,\cdots\}$. 证明: 加法群 G 与 H 同构.

凯莱　小传

凯莱 (Arthur Cayley), 1821 年 8 月 16 日出生在英格兰. 父亲在俄国经商, 凯莱的童年在那里度过. 8 岁时随父母返回英国. 14 岁入国王学校学习, 即显露数学才华, 擅长大数运算. 17 岁考入剑桥大学三一学院, 20 岁不到就发表了他的第一篇论文, 第二年又发表了 8 篇论文.

从三一学院毕业后他留校任教了三年. 25 岁时他开始了 14 年的律师生涯. 任职期间又发表了近 200 篇数学论文, 其中的大部分现已成为经典的数学内容.

1863 年凯莱应邀返回剑桥任数学教授, 直至去世. 他最大的非数学方面的贡献是由于他的影响使剑桥向妇女开放了. 凯莱和他的好友西尔维斯特 (J. J. Sylvester) 是不变量理论的奠基人, 而不变量理论在以后相对论的研究中起了重要的作用. 他引入了抽象群、群代数以及矩阵等概念, 并对几何与线性代数作出了主要的贡献, 其中包括: 发明了表示行列式的两竖符号, 建立行列式的乘法定理等.

凯莱一生中仅出版过一本专著《椭圆函数论》(*An Elementary Treatise on Elliptic Functions*, 1876), 但发表了近一千篇论文. 他的论文选集有 13 卷之多, 每卷长达 600 多页.

凯莱于 1895 年 1 月 26 日卒于剑桥.

1.5 循 环 群

在 1.3 节中, 把由一个元素生成的群称为循环群. 循环群是一类非常简单的群, 是能够对其作出精确刻画的少数几类群之一. 同时, 循环群也是一类非常重要的群, 许多数学分支, 如数论、有限域论等, 都和循环群有着密切的联系. 另一方面, 循环群也是一类非常基本的群, 由循环群所构成的有限生成阿贝尔群具有重要的理论意义和实际应用 [1]. 本节的主要目的就是要对循环群作较为详细的讨论. 作为准备, 先给出群的元素的阶的概念和有关的性质.

定义 1.5.1 设 G 是一个群, e 是 G 的单位元, $a \in G$. 如果存在正整数 r, 使 $a^r = e$, 则称 a 是有限阶的, 否则称 a 是无限阶的. 使 $a^r = e$ 的最小正整数 r 称为元素 a 的**阶** (order), 记作 $\operatorname{ord} a = r$. 如果 a 是无限阶的, 则记作 $\operatorname{ord} a = \infty$.

由此定义立即可得, 在任何一个群中, 单位元的阶总是 1.

例 1 在 $\mathbf{Z}_6$ 中, 计算每个元素的阶.

解 $\mathbf{Z}_6 = \{\overline{0}, \overline{1}, \overline{2}, \overline{3}, \overline{4}, \overline{5}\}$. 因为

$$1 \cdot \overline{2} = \overline{2}, \quad 2 \cdot \overline{2} = \overline{4}, \quad 3 \cdot \overline{2} = \overline{6} = \overline{0},$$

所以 $\operatorname{ord} \overline{2} = 3$. 类似地, 可得

$$\operatorname{ord} \overline{0} = 1, \quad \operatorname{ord} \overline{1} = 6, \quad \operatorname{ord} \overline{3} = 2, \quad \operatorname{ord} \overline{4} = 3, \quad \operatorname{ord} \overline{5} = 6.$$

例 2 在 $\mathbf{Z}_5^*$ 中, 计算每个元素的阶.

解 $\mathbf{Z}_5^* = \{1, 2, 3, 4\}$①. 直接计算可得

① 为了简便起见, 从现在开始, 在不致误解的情况下, 我们将把 $\mathbf{Z}_m$ 中的元素 $\overline{a}$ 简记为 a. 在运算过程中, 读者必须首先分清, a 所表示的究竟是数 a, 还是剩余类 $\overline{a}$.

$$
\begin{aligned}
&1^1 = 1;\\
&2^1 = 2; \quad 2^2 = 4; \quad 2^3 = 3; \quad 2^4 = 1;\\
&3^1 = 3; \quad 3^2 = 4; \quad 3^3 = 2; \quad 3^4 = 1;\\
&4^1 = 4; \quad 4^2 = 1.
\end{aligned}
$$

由此得 $\operatorname{ord} 1 = 1$, $\operatorname{ord} 2 = 4$, $\operatorname{ord} 3 = 4$, $\operatorname{ord} 4 = 2$.

例 3 在整数加群 $\mathbf{Z}$ 中, 除零元 0 外, 每个元素都是无限阶的.

例 4 在群 $GL_2(\mathbf{R})$ 中,

$$A = \begin{pmatrix} 0 & -1 \\ 1 & -1 \end{pmatrix}, \quad B = \begin{pmatrix} 0 & -1 \\ 1 & 0 \end{pmatrix}.$$

试计算 A, B, AB 的阶.

解 直接计算可得

$$A^2 = \begin{pmatrix} -1 & 1 \\ -1 & 0 \end{pmatrix}, \quad A^3 = E,$$

$$B^2 = -E, \quad B^3 = -B, \quad B^4 = E,$$

其中 E 为单位矩阵. 由此知, $\operatorname{ord} A = 3$, $\operatorname{ord} B = 4$.

下面讨论 AB 的阶. 有

$$AB = \begin{pmatrix} -1 & 0 \\ -1 & -1 \end{pmatrix}.$$

容易算出, AB 的特征多项式

$$f(\lambda) = |\lambda E - AB| = (\lambda + 1)^2.$$

显然, $f(\lambda)$ 也是 AB 的极小多项式. 如果 AB 是有限阶的, 则存在 $n \in \mathbf{N}$, 使 $(AB)^n = E$. 从而 $\lambda^n - 1$ 是 AB 的零化多项式. 于是应有

$$f(\lambda) \mid \lambda^n - 1. \tag{1.5.1}$$

另一方面, $f(\lambda)$ 有重根 $\lambda = -1$, 而 $\lambda = -1$ 至多是 $\lambda^n - 1$ 的单根, 所以

$$f(\lambda) \nmid \lambda^n - 1,$$

与 (1.5.1) 式矛盾. 这说明 AB 不可能是有限阶的, 即 $\operatorname{ord}(AB) = \infty$.

上面的例子说明, 在一个群中, $\operatorname{ord} a$, $\operatorname{ord} b$ 与 $\operatorname{ord}(ab)$ 之间的关系是非常复杂的, 一般不能由 a 与 b 的阶直接得到 ab 的阶 (比较下列定理 1.5.1(4)).

下面是有关群元素的阶的几个常用性质.

定理 1.5.1 设 G 为群, e 为 G 的单位元.

(1) 对任意的 $a \in G$, 有 $\operatorname{ord} a = \operatorname{ord} a^{-1}$;

(2) 设 $\operatorname{ord} a = n$, 如果有 $m \in \mathbf{Z}$, 使 $a^m = e$, 则 $n \mid m$;

(3) 设 $\operatorname{ord} a = n$, 则对任意的 $m \in \mathbf{Z}$, $\operatorname{ord} a^m = \dfrac{n}{(n,m)}$;

(4) 设 $\operatorname{ord} a = n$, $\operatorname{ord} b = m$, 如果 $ab = ba$, 且 $\gcd(n,m) = 1$, 则 $\operatorname{ord}(ab) = mn$.

证明 (1) 和 (3) 作为练习 (见本节习题 14), 这里仅证 (2) 和 (4).

对于 (2), 因为 $n \neq 0$, 所以存在 $q, r \in \mathbf{Z}$, 使

$$m = nq + r,$$

其中 $0 \leqslant r < n$. 如果 $r > 0$, 则

$$a^r = a^{m-nq} = a^m \cdot (a^n)^{-q} = e \cdot e = e,$$

与 n 的选取矛盾. 从而 $r = 0$. 由此得 $n \mid m$.

对于 (4), 设 $\operatorname{ord}(ab) = r$, 则

$$\begin{aligned} a^{rm} &= a^{rm} \cdot b^{rm} \qquad (\text{因为} \operatorname{ord} b = m) \\ &= (ab)^{rm} = e, \end{aligned}$$

所以 $n \mid rm$. 又因为 $\gcd(n,m) = 1$, 所以 $n \mid r$. 同理可证 $m \mid r$. 由 $\gcd(n,m) = 1$, 进一步可得

$$mn \mid r. \tag{1.5.2}$$

另一方面,

$$(ab)^{mn} = a^{mn} \cdot b^{mn} = e \cdot e = e,$$

所以又有

$$r \mid mn. \tag{1.5.3}$$

将 (1.5.2) 式和 (1.5.3) 式结合起来, 即得

$$r = mn.$$

这就是所要证明的. □

注意在 (4) 中, 如果没有 $\gcd(n,m) = 1$, 一般不能得到 $\operatorname{ord}(ab) = [n,m]$(见本节习题 16).

定理 1.5.2 设 G 是一个有限群, $|G| = n$, 则对任意的 $a \in G$, a 是有限阶的, 且 $\mathrm{ord}\, a \mid |G|$, 即有限群的任何一个元素的阶都是群阶数的因子.

这个定理的证明将在 2.1 节中给出.

下面讨论循环群.

定义 1.5.2 设 G 是群, 如果存在 $a \in G$, 使得 $G = \langle a \rangle$, 则称 G 为一个**循环群** (cyclic group), 并称 a 为 G 的一个**生成元** (generator). 当 G 的元素个数无限时, 称 G 为**无限循环群**; 当 G 的元素个数为 n 时, 称 G 为 n **阶循环群**.

注 由循环群的定义容易推出

(1) $\langle a^{-1} \rangle = \langle a \rangle$;

(2) 如果 G 是有限群, 则 $G = \langle a \rangle \Longleftrightarrow |G| = \mathrm{ord}\, a$;

(3) 如果 G 为无限循环群, 则

$$G = \{e, a, a^{-1}, a^2, a^{-2}, a^3, a^{-3}, \cdots\},$$

且对 $k, l \in \mathbf{Z}$, 由 $a^k = a^l$, 必可推出 $k = l$;

(4) 如果 G 为 n 阶循环群, 则

$$G = \{e, a, a^2, a^3, \cdots, a^{n-1}\},$$

且对 $k, l \in \mathbf{Z}$,

$$a^k = a^l \Longleftrightarrow n \mid k - l.$$

由上面的注可以知道, 在无限循环群中, 当 $k \neq l$ 时, 一定有 $a^k \neq a^l$, 所以 $\langle a \rangle$ 的每个元素对应唯一的形式 a^k. 而在 n 阶循环群中就不同了, 因为 $a^n = e$, 所以有

$$a^k = a^{k+n} = a^{k+2n} = \cdots,$$

因而 $\langle a \rangle$ 的每个元素 a^k 可表为 a 的无限多种乘幂的形式. 这一点, 在对有限循环群进行讨论时, 要给予充分的重视.

例 5 整数加群 $\mathbf{Z}$ 是无限循环群.

证明 显然, $\mathbf{Z}$ 是无限群. 又因为

$$\mathbf{Z} = \{n \cdot 1 \,|\, n \in \mathbf{Z}\},$$

所以 $\mathbf{Z} = \langle 1 \rangle$. 容易看出, $\mathbf{Z} = \langle -1 \rangle$, 所以 1 与 -1 都是 $\mathbf{Z}$ 的生成元. 并且对任意的 $d \in \mathbf{Z}, d \neq \pm 1$, 显然有 $1 \notin \langle d \rangle$, 所以 $\langle d \rangle \neq \mathbf{Z}$. 从而知, 1 与 -1 是群 $\mathbf{Z}$ 的仅有的两个生成元. □

例 6 设 m 为正整数, 则模 m 剩余类加群

$$\begin{aligned}\mathbf{Z}_m &= \{\overline{0},\overline{1},\overline{2},\cdots,\overline{m-1}\}\\ &= \{0\cdot\overline{1},1\cdot\overline{1},2\cdot\overline{1},\cdots,(m-1)\cdot\overline{1}\}=\langle\overline{1}\rangle,\end{aligned}$$

所以 $\mathbf{Z}_m$ 是 m 阶循环群.

例 7 对 n 次单位根群

$$U_n=\left\{\cos\frac{2k\pi}{n}+\mathrm{i}\sin\frac{2k\pi}{n}\;\middle|\; k=0,1,2,\cdots,n-1\right\}.$$

令

$$\omega=\cos\frac{2\pi}{n}+\mathrm{i}\sin\frac{2\pi}{n},$$

则

$$U_n=\langle\omega\rangle=\{1,\omega,\omega^2,\cdots,\omega^{n-1}\},$$

所以 U_n 是一个 n 阶循环群. 直接验证可知, 当 $(k,n)=1$ 时, ω^k 都是 U_n 的生成元.

例 8 由例 2 可知, 在 $\mathbf{Z}_5^*$ 中,

$$\operatorname{ord}2=\operatorname{ord}3=|\mathbf{Z}_5^*|=4,$$

所以 $\mathbf{Z}_5^*$ 是 4 阶循环群, 且 2 与 3 是 $\mathbf{Z}_5^*$ 的两个生成元 (显然是 $\mathbf{Z}_5^*$ 的两个仅有的生成元).

一般地, 可以证明下述结论.

定理 1.5.3 *设 p 为素数, 则 $\mathbf{Z}_p^*$ 是 $p-1$ 阶循环群.*

这个定理的证明已超出本书的范围, 将不在这里给出, 有兴趣的读者可参看初等数论方面的书籍 (参见文献 [2]). 对于循环群 $\mathbf{Z}_p^*$, 如果 $\overline{a}$ 是 $\mathbf{Z}_p^*$ 的生成元, 则称数 a 是 $\mathbf{Z}$ 的一个**模 p 原根** (primitive root modulo p).

例 9 $U(15)$ 是否是循环群?

解 $U(15)=\{1,2,4,7,8,11,13,14\}$. 容易算出

$$2^4=4^4=7^4=8^4=11^4=13^4=14^4=1,$$

所以 $U(15)$ 中每一个元素的阶都小于 $U(15)$ 的阶 8, 从而由注 (2) 知, $U(15)$ 不是循环群.

定理 1.5.4 *设 $G=\langle a\rangle$ 为循环群, 则*

(1) 如果 $|G|=\infty$, 则 a 与 a^{-1} 是 G 的两个仅有的生成元;

(2) 如果 $|G| = n$, 则 G 恰有 $\phi(n)$ 个生成元, 且 a^r 是 G 的生成元的充分必要条件是 $(n, r) = 1$, 其中, $\phi(n)$ 是欧拉函数.

证明 (1) 显然, a 与 a^{-1} 都是 G 的生成元. 又如, a^k 是 G 的任一生成元, 则存在 $n \in \mathbf{Z}$, 使

$$(a^k)^n = a^{kn} = a.$$

由注 (3) 得 $kn = 1$, 从而 $k = \pm 1$. 这就证明了 (1).

(2) 由定理 1.5.1(3), $\operatorname{ord} a^r = \dfrac{n}{(n, r)}$, 从而

$$\begin{aligned} a^r \text{ 为 } G \text{ 的生成元} &\iff \operatorname{ord} a^r = n \\ &\iff \frac{n}{(n, r)} = n \\ &\iff (n, r) = 1, \end{aligned}$$

故由欧拉函数的定义 (见 1.2 节) 知 G 的生成元的个数为 $\phi(n)$. □

例 10 求 $\mathbf{Z}_{12}$ 的全部生成元.

解 因 $\mathbf{Z}_{12} = \langle \overline{1} \rangle$, 所以 $\overline{r} = r \cdot \overline{1}$ 是 $\mathbf{Z}_{12}$ 的生成元的充分必要条件是

$$(r, 12) = 1, \quad \text{且} \quad 0 < r < 12.$$

由此得 $\mathbf{Z}_{12}$ 的全部生成元为

$$\overline{1}, \quad \overline{5}, \quad \overline{7}, \quad \overline{11}.$$

在群论中, 一个重要而有意义的问题是找出已知群的所有子群. 对于循环群来说, 这个问题是比较容易解决的. 因为有下面的结论.

定理 1.5.5 *循环群的任一子群也是循环群.*

证明 设 $G = \langle a \rangle$ 为循环群, H 为 G 的一个子群.

如果 $H = \{e\}$, 则 $H = \langle e \rangle$ 是循环群.

如果 $H \neq \{e\}$, 则 H 必含有某个 a^k, $k \neq 0$, 因而 H 也含有 a^{-k}, 从而 H 必含有 a 的某些正整数幂. 设 r 是使 $a^r \in H$ 的最小正整数, 下面证明

$$H = \langle a^r \rangle.$$

对任意的 $a^k \in H$, $k \in \mathbf{Z}$, 存在 $s, t \in \mathbf{Z}$, $0 \leqslant t < r$, 使

$$k = sr + t,$$

则

$$a^t = a^{k-sr} = a^k \cdot (a^r)^{-s} \in H.$$

因为 $t < r$, 所以由 r 的选取知 $t = 0$. 于是

$$a^k = a^{sr} = (a^r)^s \in \langle a^r \rangle.$$

又显然有 $\langle a^r \rangle \subseteq H$, 所以

$$H = \langle a^r \rangle$$

为循环群. □

由定理 1.5.5 的证明, 还可以得到下述结论.

推论 1 设 $\operatorname{ord} a = n$, r 是任一整数. 如果 $(n, r) = d$, 则

$$\langle a^r \rangle = \langle a^d \rangle.$$

证明作为练习 (见本节习题 17).

推论 2 设 $G = \langle a \rangle$ 为循环群,

(1) 如果 $|G| = \infty$, 则 G 的全部子群为

$$\{\langle a^d \rangle \mid d = 0, 1, 2, \cdots\};$$

(2) 如果 $|G| = n$, 则 G 的全部子群为

$$\{\langle a^d \rangle \mid d \text{ 为 } n \text{ 的正因子}\}.$$

证明作为练习 (见本节习题 18).

例 11 求 $\mathbf{Z}_{12}$ 的全部子群.

解 因 12 的全部正因子为

$$1, \quad 2, \quad 3, \quad 4, \quad 6, \quad 12,$$

所以 $\mathbf{Z}_{12}$ 的子群共有以下 6 个:

$$\begin{aligned}
\langle \overline{1} \rangle &= \mathbf{Z}_{12}, \\
\langle \overline{2} \rangle &= 2\mathbf{Z}_{12} = \{\overline{0}, \overline{2}, \overline{4}, \overline{6}, \overline{8}, \overline{10}\}, \\
\langle \overline{3} \rangle &= 3\mathbf{Z}_{12} = \{\overline{0}, \overline{3}, \overline{6}, \overline{9}\}, \\
\langle \overline{4} \rangle &= 4\mathbf{Z}_{12} = \{\overline{0}, \overline{4}, \overline{8}\}, \\
\langle \overline{6} \rangle &= 6\mathbf{Z}_{12} = \{\overline{0}, \overline{6}\},
\end{aligned}$$

$$\langle \overline{12} \rangle = 12\mathbf{Z}_{12} = \{\overline{0}\}.$$

最后, 给出循环群的基本定理.

定理 1.5.6 (循环群的结构定理)　设 G 为循环群.

(1) 如果 $G=\langle a\rangle$ 是无限循环群, 则 $G\cong(\mathbf{Z},+)$;

(2) 如果 $G=\langle a\rangle$ 是 n 阶循环群, 则 $G\cong(\mathbf{Z}_n,+)$.

证明　(1) 令

$$\begin{aligned} \phi:\ \mathbf{Z} &\longrightarrow G, \\ k &\longmapsto a^k, \quad \forall\, k\in\mathbf{Z}. \end{aligned}$$

(i) 显然 ϕ 是 $\mathbf{Z}$ 到 G 的映射;

(ii) 设 $k,l\in\mathbf{Z}$, 如果 $a^k=a^l$, 则由注 (3) 得, $k=l$, 所以 ϕ 为 $\mathbf{Z}$ 到 G 的单映射;

(iii) 对任意的 $a^k\in G$, 有 $k\in\mathbf{Z}$, 使 $\phi(k)=a^k$, 所以 ϕ 是 $\mathbf{Z}$ 到 G 的满映射;

(iv) 对任意的 $k,l\in\mathbf{Z}$,

$$\phi(k+l)=a^{k+l}=a^k\cdot a^l=\phi(k)\cdot\phi(l),$$

所以 ϕ 是 $\mathbf{Z}$ 到 G 的同构映射. 因此, $G\cong(\mathbf{Z},+)$.

(2) 令

$$\begin{aligned} \phi:\ \mathbf{Z}_n &\longrightarrow G, \\ \overline{k} &\longmapsto a^k, \quad \forall\, \overline{k}\in\mathbf{Z}_n. \end{aligned}$$

(i) 设 $\overline{k}=\overline{l}$, 则 $n\,|\,k-l$, 于是 $a^{k-l}=e$, 从而 $a^k=a^l$, 所以 ϕ 是 $\mathbf{Z}_n$ 到 G 的映射;

(ii) 设 $\overline{k},\overline{l}\in\mathbf{Z}_n$, 如果 $\phi(\overline{k})=\phi(\overline{l})$, 即 $a^k=a^l$, 则 $n\,|\,k-l$, 从而 $\overline{k}=\overline{l}$, 所以 ϕ 是 $\mathbf{Z}_n$ 到 G 的单映射;

(iii) 对任意的 $a^k\in G$, 有 $\overline{k}\in\mathbf{Z}_n$, 使 $\phi(\overline{k})=a^k$, 所以 ϕ 是 $\mathbf{Z}_n$ 到 G 的满映射;

(iv) 对任意的 $\overline{k},\overline{l}\in\mathbf{Z}_n$, 有

$$\phi(\overline{k}+\overline{l})=\phi(\overline{k+l})=a^{k+l}=a^k\cdot a^l=\phi(\overline{k})\cdot\phi(\overline{l}),$$

所以 ϕ 是 $\mathbf{Z}_n$ 到 G 的同构映射. 因此 $G\cong(\mathbf{Z}_n,+)$.

这就证明了结论. □

由这个定理可以知道, 从同构的观点看, 循环群仅有两类, 即整数加群 $(\mathbf{Z},+)$ 和模 n 剩余类加群 $(\mathbf{Z}_n,+)$, 所以掌握了这两类群, 也就等于把一切循环群都弄清楚了.

习 题 1-5

1. 对 n 的不同值, 分别求出群 $\mathbf{Z}_n$ 的每个元素的阶.

(1) 7; (2) 8;

(3) 10; (4) 14;

(5) 15; (6) 18.

2. 对 n 的不同值, 分别求出群 $U(n)$ 的每个元素的阶.

(1) 8; (2) 10;

(3) 15; (4) 24;

(5) 18; (6) 30.

3. 在群 $GL_2(\mathbf{R})$ 中, 设

$$A=\begin{pmatrix}1 & 1\\ -1 & -2\end{pmatrix},\quad B=\begin{pmatrix}1 & 1\\ -2 & -1\end{pmatrix}.$$

试求 A, B, AB, BA 的阶.

4. 对 n 的不同值, 分别求出循环群 $\mathbf{Z}_n$ 的所有生成元和所有子群.

(1) 7; (2) 8;

(3) 10; (4) 14;

(5) 15; (6) 18.

5. 对 n 的不同值, 确定群 $U(n)$ 是否是循环群. 对于循环群, 找出其所有的生成元.

(1) 8; (2) 9;

(3) 10; (4) 13;

(5) 14; (6) 21.

6. 求群 $U(20)$ 的所有循环子群.

7. 求群 $U(20)$ 的所有子群.

8. 在群 $G=GL_2(\mathbf{R})$ 中确定由元素

$$A=\begin{pmatrix}2 & 3\\ -1 & -1\end{pmatrix}$$

所生成的循环群 H 的所有元素.

9. 对素数 p 的不同值, 找出循环群 $\mathbf{Z}_p^*$ 的一个生成元, 并将每个元素表示成生成元的方幂的形式.

(1) 7; (2) 11;

(3) 13; (4) 17;

(5) 19; (6) 23.

10. 对素数 p 的不同值, 找出循环群 $\mathbf{Z}_p^*$ 的所有生成元和所有子群.

(1) 7; (2) 11;

(3) 13; (4) 17;

(5) 19; (6) 23.

11. 设 $\operatorname{ord} a=18$. 求 $\langle a^{14}\rangle\cap\langle a^{10}\rangle$ 的生成元.

12. 设 G 是群, $a, g\in G$. 证明: gag^{-1} 与 a 有相同的阶.

13. 设 G 是群, $a, b\in G$. 证明: ab 与 ba 有相同的阶.

14. 证明定理 1.5.1(1) 和 (3).

15. 设 ϕ 是群 G 到 G' 的同构映射, $a \in G$. 证明:

$$\operatorname{ord} a = \operatorname{ord} \phi(a).$$

16. 设 G 是群, $a, b \in G$, $\operatorname{ord} a = m$, $\operatorname{ord} b = n$. 证明: 如果 $ab = ba$ 且 $\langle a \rangle \cap \langle b \rangle = \{e\}$, 则 $\operatorname{ord}(ab) = [m, n]$.

17. 证明定理 1.5.5 的推论 1.

18. 证明定理 1.5.5 的推论 2.

19. 证明: 循环群是交换群.

20. 设正整数 n 的标准分解式为

$$n = p_1^{r_1} p_2^{r_2} \cdots p_s^{r_s},$$

其中 $p_1, p_2, \cdots, p_s$ 是 n 的不同素因子. 证明: n 阶循环群 G 的子群的个数为

$$r = (r_1 + 1)(r_2 + 1) \cdots (r_s + 1).$$

21. 证明: 群 G 仅有平凡子群的充分必要条件是 $G = \{e\}$ 或 G 是素数阶循环群.

22. 设 p 是素数. 证明每一个 p 阶群都是循环群, 且以每一个非单位元的元素作为它的生成元.

23. 证明: 任一偶数阶群必含有阶为 2 的元素.

参考文献及阅读材料

[1] Hungerford T W. 代数学. 冯克勤, 译. 长沙: 湖南教育出版社, 1985.

[2] 潘承洞, 潘承彪. 初等数论. 北京: 北京大学出版社, 1998.

欧拉　小传

欧拉 (Léonard Euler), 瑞士数学家、物理学家、天文学家. 他 1707 年 4 月 15 日生于瑞士巴塞尔. 1722 年在巴塞尔获学士学位, 第二年又获硕士学位. 对数学有浓厚的兴趣, 并得到约翰 · 伯努利的指导, 18 岁起开始发表论文. 1727 年应邀到俄国圣彼得堡, 1731 年任圣彼得堡科学院物理教授, 1733 年又任该院院士和数学教授. 大量的写作使他在 1735 年右眼因眼疾而失明. 1741 年他应普鲁士腓特烈大帝的邀请到柏林科学院任物理数学研究所所长, 长达 25 年之久. 1766 年回圣彼得堡. 1771 年的一场大病使他的左眼也完全失明. 然而他仍凭着惊人的记忆力和心算技巧进行研究, 通过口授完成了大量的论著. 他的全集有 74 卷之多, 他的《无穷小分析引论》《微分学原理》《积分学原理》已成为数学中的经典著作. 他

的研究几乎涉及数学的每个分支. 数学中有许多定理和公式都是以欧拉的名字命名的, 如: 关于多面体的欧拉定理、数论中的欧拉函数、复变函数中的欧拉公式以及微分方程中的欧拉方程等. 欧拉早在 1761 年时就给出了群 $U(n)$ 的例子. 他最突出的数学贡献是扩展了微积分的领域, 为分析学的一些重要分支与微分几何的产生和发展奠定了基础. 他还在代数、数论、组合数学等许多数学领域中有所创建, 如发现了实系数多项式的分解定理; 给出费马小定理的三个证明, 并引入了数论中重要的欧拉函数; 解决了著名的哥尼斯堡七桥问题等. 现在的许多数学符号也起源于欧拉, 如用 $\sum$ 来表示求和 (1755 年), 用 i 表示虚数单位 (1777 年), 用 e 表示自然对数的底 (1736 年) 等. 法国天文学家、物理学家阿拉戈 (D. F. J. Arago) 称赞欧拉道: “欧拉计算起来轻松自如, 就像人们呼吸, 鹰在空中飞翔.”

欧拉于 1783 年 9 月 18 日卒于俄国圣彼得堡.

1.6　置换群与对称群

本节要对置换与置换群作较详细的讨论.

在 1.4 节中, 证明了非空集合 X 的全体可逆变换关于映射的合成构成集合 X 的对称群 S_X, 并且把 S_X 的任一子群叫做 X 的一个变换群. 如果 X 是由 n 个元素组成的有限集合, 则通常把 X 的一个可逆变换叫做一个 n 阶**置换** (permutation), 称 S_X 为 ***n* 次对称群** (symmetric group of degree n), 并把 S_X 记作 S_n, 同时称 S_n 的子群为**置换群** (permutation group). 这样, 由定理 1.4.3 立即可得如下定理.

定理 1.6.1　*每一个有限群都同构于一个置换群.*

由于集合 X 的元素本身与我们所讨论的问题无关, 所以可不妨记

$$X = \{1, 2, 3, \cdots, n\}.$$

以下, 总假定 X 就代表这个集合. 设 σ 为 X 的任一置换, 如果 σ 把 1 映成 k_1, 2 映成 $k_2, \cdots, n$ 映成 k_n, 则可以把这个置换记作

$$\sigma = \begin{pmatrix} 1 & 2 & 3 & \cdots & n \\ k_1 & k_2 & k_3 & \cdots & k_n \end{pmatrix}, \tag{1.6.1}$$

其中第一行表示集合 X 的 n 个元素, 第二行的元素 k_i 表示第一行的元素 i 在映射 σ 的作用下所对应的象. 由于集合 X 的元素的次序与映射 σ 无关, 因此也可把 σ 表示成

$$\sigma = \begin{pmatrix} 2 & 1 & 3 & \cdots & n \\ k_2 & k_1 & k_3 & \cdots & k_n \end{pmatrix} \quad 或 \quad \sigma = \begin{pmatrix} 2 & 3 & 1 & \cdots & n \\ k_2 & k_3 & k_1 & \cdots & k_n \end{pmatrix} \tag{1.6.2}$$

等, 只要在 σ 下两行的元素上下对应就可以了.

观察 (1.6.1) 式发现, 如果固定第一行元素的次序, 则第二行就是 $1, 2, \cdots, n$ 的一个排列, 且每一个置换都唯一对应了一个这样的排列. 反之, 每一个 n 阶排列也可按 (1.6.1) 式得到唯一的一个 n 阶置换. 由于 n 个数共有 $n!$ 个 n 阶排列, 所以 n 个元素的集合共有 $n!$ 个 n 阶置换. 这样, 我们就证明了以下定理.

定理 1.6.2 *n 次对称群 S_n 的阶是 $n!$.*

由此定理可以知道, S_3 有 $3! = 6$ 个元素, S_4 有 $4! = 24$ 个元素, S_5 有 $5! = 120$ 个元素等.

例 1 写出 S_3 的全部元素.

解 按 (1.6.1) 式, 我们只要在每个置换的第一行按顺序写上 $1,2,3$, 再在第二行分别写上 $1,2,3$ 的全部 6 个排列即可. 据此得到 S_3 的 6 个元素为

$$\begin{pmatrix} 1 & 2 & 3 \\ 1 & 2 & 3 \end{pmatrix}, \quad \begin{pmatrix} 1 & 2 & 3 \\ 1 & 3 & 2 \end{pmatrix}, \quad \begin{pmatrix} 1 & 2 & 3 \\ 3 & 2 & 1 \end{pmatrix},$$
$$\begin{pmatrix} 1 & 2 & 3 \\ 2 & 1 & 3 \end{pmatrix}, \quad \begin{pmatrix} 1 & 2 & 3 \\ 3 & 1 & 2 \end{pmatrix}, \quad \begin{pmatrix} 1 & 2 & 3 \\ 2 & 3 & 1 \end{pmatrix}.$$

例 2 设置换 σ 将 1 变为 3, 2 变为 5, 3 变为 2, 4 变为 4, 5 变为 1, 即 $\sigma(1) = 3, \sigma(2) = 5, \sigma(3) = 2, \sigma(4) = 4, \sigma(5) = 1$, 则

$$\sigma = \begin{pmatrix} 1 & 2 & 3 & 4 & 5 \\ 3 & 5 & 2 & 4 & 1 \end{pmatrix}.$$

按 (1.6.2) 式, 还可以把这个置换写成

$$\sigma = \begin{pmatrix} 2 & 1 & 4 & 3 & 5 \\ 5 & 3 & 4 & 2 & 1 \end{pmatrix} \quad \text{或} \quad \sigma = \begin{pmatrix} 5 & 3 & 1 & 4 & 2 \\ 1 & 2 & 3 & 4 & 5 \end{pmatrix}$$

等.

两个置换 σ, τ 的乘积 $\sigma \cdot \tau$ 是按通常映射合成的法则进行的, 即

$$(\sigma \cdot \tau)(i) = \sigma(\tau(i)), \quad i = 1, 2, \cdots, n,$$

它是先用 τ 作用于 i, 再用 σ 作用于 $\tau(i)$. 例如,

$$\sigma = \begin{pmatrix} 1 & 2 & 3 \\ 3 & 1 & 2 \end{pmatrix}, \quad \tau = \begin{pmatrix} 1 & 2 & 3 \\ 3 & 2 & 1 \end{pmatrix},$$

则

$$\sigma\tau=\begin{pmatrix}1&2&3\\3&1&2\end{pmatrix}\begin{pmatrix}1&2&3\\3&2&1\end{pmatrix}=\begin{pmatrix}1&2&3\\2&1&3\end{pmatrix}.$$

上式右边的置换是这样得到的: 首先在第一行上写上 1,2,3. 然后, 为了找到 1 所对应的元素, 先在 τ 的第二行上找到 1 所对应的元素 3, 再在 σ 的第二行上找到 3 所对应的元素 2, 这就是 $\sigma\tau(1)$ 的值, 也就是第二行上 1 所对应的元素. 类似地, 可得第二行上其他的元素. 上述乘积也可这样得到: 按 (1.6.2) 式改写 σ, 使 σ 的第一行元素与 τ 的第二行元素的排列次序相同, 则改写后的 τ 的第一行就是乘积的第一行, 改写后的 σ 的第二行就是乘积的第二行. 如下所示:

$$\begin{array}{cl}\tau: & \begin{array}{ccc}1&2&3\\3&2&1\end{array}\begin{array}{l}\longleftarrow \text{乘积的第一行,}\\ \end{array}\\[2ex] \sigma: & \begin{array}{ccc}3&2&1\\2&1&3\end{array}\begin{array}{l} \\ \longleftarrow \text{乘积的第二行.}\end{array}\end{array}$$

用同样的方法可得

$$\tau\sigma=\begin{pmatrix}1&2&3\\3&2&1\end{pmatrix}\begin{pmatrix}1&2&3\\3&1&2\end{pmatrix}=\begin{pmatrix}1&2&3\\1&3&2\end{pmatrix}.$$

由于 $\sigma\tau\neq\tau\sigma$, 所以 S_3 不是交换群. 类似可以知道, 当 $n\geqslant 3$ 时, S_n 都不是交换群.

注 由于置换的乘法本质上是映射的合成, 所以置换的乘法习惯上总是按**从右到左**的顺序进行的. 但在有的教科书上, 也有按从左到右的顺序进行的. 这一点, 读者在阅读或进行置换的乘法时要特别注意. 在本教材中, 总是按从右到左的顺序计算置换的乘法.

由置换的定义容易知道, 在 n 阶置换中, 恒等置换

$$e=\begin{pmatrix}1&2&\cdots&n\\1&2&\cdots&n\end{pmatrix}$$

是群 S_n 的单位元, 置换

$$\sigma=\begin{pmatrix}1&2&\cdots&n\\i_1&i_2&\cdots&i_n\end{pmatrix}$$

的逆元为其逆置换

$$\sigma^{-1}=\begin{pmatrix}i_1&i_2&\cdots&i_n\\1&2&\cdots&n\end{pmatrix}.$$

下面的公式是进行置换的运算时经常要用到的:

(F1) 设置换

$$\tau = \begin{pmatrix} 1 & 2 & \cdots & n \\ k_1 & k_2 & \cdots & k_n \end{pmatrix},$$

则对任一 n 阶置换 σ,

$$\sigma\tau\sigma^{-1} = \begin{pmatrix} \sigma(1) & \sigma(2) & \cdots & \sigma(n) \\ \sigma(k_1) & \sigma(k_2) & \cdots & \sigma(k_n) \end{pmatrix}. \tag{1.6.3}$$

证明　首先, 由于置换是一一对应, 所以

$$\{\sigma(1), \sigma(2), \cdots, \sigma(n)\}$$

恰好包含了集合 $X = \{1, 2, \cdots, n\}$ 中的 n 个数. 又对任意的 $\sigma(i) \in X$,

$$\sigma\tau\sigma^{-1}(\sigma(i)) = \sigma\tau(i) = \sigma(k_i),$$

所以 $\sigma\tau\sigma^{-1}$ 将 $\sigma(i)$ 映到 $\sigma(k_i)$ $(i = 1, 2, \cdots, n)$, 即

$$\sigma\tau\sigma^{-1} = \begin{pmatrix} \sigma(1) & \sigma(2) & \cdots & \sigma(n) \\ \sigma(k_1) & \sigma(k_2) & \cdots & \sigma(k_n) \end{pmatrix}.$$ □

下面, 我们给出置换的另一种表示法.

定义 1.6.1　设 σ 是一个 n 阶置换. 如果存在 1 到 n 中的 r 个不同的数 $i_1, i_2, \cdots, i_r$, 使

$$\sigma(i_1) = i_2, \sigma(i_2) = i_3, \cdots, \sigma(i_{r-1}) = i_r, \sigma(i_r) = i_1,$$

并且 σ 保持其余的元素不变, 则称 σ 是一个长度为 r 的**轮换** (cycle), 简称 r 轮换, 记作

$$\sigma = (i_1\ i_2\ \cdots\ i_r).$$

2 轮换称为**对换** (transposition).

由定义容易知道, 1 轮换 (a) 就是恒等置换, 并且显然有

$$(1) = (2) = \cdots = (n).$$

由定义还可以知道, 轮换的表示一般不是唯一的. 例如, 置换

$$\sigma = \begin{pmatrix} 1 & 2 & 3 & 4 & 5 & 6 & 7 \\ 2 & 4 & 3 & 6 & 5 & 1 & 7 \end{pmatrix}$$

可分别表示为

$$\begin{aligned}\sigma &= (1\ 2\ 4\ 6)\\ &= (2\ 4\ 6\ 1)\\ &= (4\ 6\ 1\ 2)\\ &= (6\ 1\ 2\ 4).\end{aligned}$$

这可用图 1.6.1 来表示.

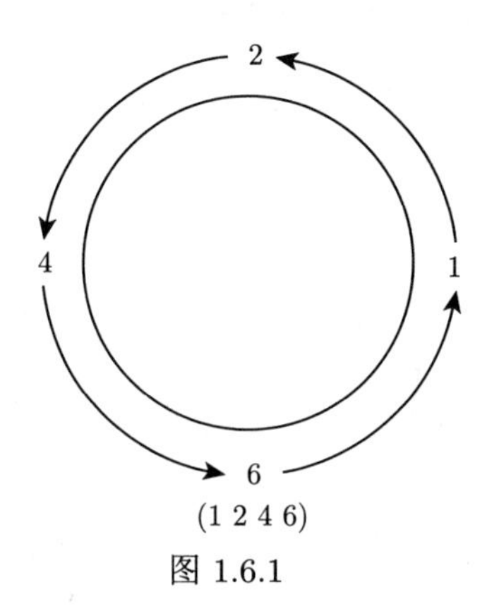

(1 2 4 6)

图 1.6.1

定义 1.6.2 设 $\sigma = (i_1\ i_2\ \cdots\ i_r)$ 与 $\tau = (j_1\ j_2\ \cdots\ j_s)$ 是两个轮换, 如果

$$i_k \neq j_l, \quad k = 1, 2, \cdots, r;\ l = 1, 2, \cdots, s,$$

则称 σ 与 τ 为两个不相交的轮换.

定理 1.6.3 任何两个不相交轮换的乘积是可以交换的.

证明 设 $\sigma = (i_1\ i_2\ \cdots\ i_r)$ 与 $\tau = (j_1\ j_2\ \cdots\ j_s)$ 是两个不相交的轮换, a 是 X 中的任意一个数.

(1) 如果 $a \neq i_k, j_l (k = 1, 2, \cdots, r; l = 1, 2, \cdots, s)$, 则

$$\begin{aligned}\sigma\tau(a) = \sigma(a) = a,\\ \tau\sigma(a) = \tau(a) = a,\end{aligned}$$

所以 $\sigma\tau(a) = \tau\sigma(a)$.

(2) 如果 $a = i_k (1 \leqslant k \leqslant r)$, 则 $a, \sigma(a) \neq j_l (l = 1, 2, \cdots, s)$. 从而

$$\begin{aligned}\sigma\tau(a) &= \sigma(a),\\ \tau\sigma(a) &= \tau(\sigma(a)) = \sigma(a),\end{aligned}$$

所以 $\sigma\tau(a)=\tau\sigma(a)$.

(3) 同理可证, 如果 $a=j_l(1\leqslant l\leqslant s)$, 也有 $\sigma\tau(a)=\tau\sigma(a)$.

这就证明了结论. □

一个置换不一定就是轮换, 但是有下述结论.

定理 1.6.4 每一个置换可表示为一些不相交轮换的乘积.

证明 对 X 的元素个数 n 用数学归纳法.

当 $n=1$ 时, 1 阶置换只有 $\alpha=(1)$, 已经是轮换, 因此结论对 $n=1$ 成立.

假定结论对 $n-1$ 成立, 考察 n 阶置换

$$\alpha=\begin{pmatrix}1 & 2 & \cdots & n-1 & n\\ i_1 & i_2 & \cdots & i_{n-1} & i_n\end{pmatrix}.$$

(1) 如果 $i_n=n$, 即

$$\alpha=\begin{pmatrix}1 & 2 & \cdots & n-1 & n\\ i_1 & i_2 & \cdots & i_{n-1} & n\end{pmatrix}.$$

令

$$\alpha_1=\begin{pmatrix}1 & 2 & \cdots & n-1\\ i_1 & i_2 & \cdots & i_{n-1}\end{pmatrix},$$

则 α_1 是一个 $n-1$ 阶置换. 由归纳假设, α_1 可表示为一些不相交轮换的乘积

$$\alpha_1=\tau_1\tau_2\cdots\tau_r.$$

将 τ_i 看作 n 阶置换, 即得

$$\alpha=\tau_1\tau_2\cdots\tau_r\cdot(n)=\tau_1\tau_2\cdots\tau_r.$$

(2) 如果 $i_n\neq n$, 则有某个 $k(1\leqslant k\leqslant n-1)$, 使得 $i_k=n$. 令

$$\beta=(i_k\ i_n)\alpha=\begin{pmatrix}1 & 2 & \cdots & k-1 & k & k+1 & \cdots & n-1 & n\\ i_1 & i_2 & \cdots & i_{k-1} & i_n & i_{k+1} & \cdots & i_{n-1} & n\end{pmatrix}.$$

由 (1) 所证, β 可表示为一些不相交轮换的乘积. 设

$$\beta=\alpha_1\alpha_2\cdots\alpha_r,$$

其中, $\alpha_1,\alpha_2,\cdots,\alpha_r$ 为互不相交的轮换, 则

$$\alpha=(i_k\ i_n)\alpha_1\alpha_2\cdots\alpha_r.$$

如果每个 α_i 都不与 $(i_k\ i_n)$ 相交, 则

$$\alpha = (i_k\ i_n)\alpha_1\alpha_2\cdots\alpha_r$$

为不相交轮换的乘积. 如果有某个 α_i 与 $(i_k\ i_n)$ 相交, 则至多有一个 α_i 与 $(i_k\ i_n)$ 相交. 不妨设 $\alpha_1 = (i_n\ a\ \cdots\ b)$, 则

$$\begin{aligned}\alpha &= (i_k\ i_n)(i_n\ a\ \cdots\ b)\alpha_2\alpha_3\cdots\alpha_r\\ &= (i_k\ i_n\ a\ \cdots\ b)\alpha_2\alpha_3\cdots\alpha_r\end{aligned}$$

为不相交轮换的乘积. 从而由归纳法知结论成立. □

进一步可以知道, 将一个置换分解为不相交轮换的乘积, 如果不考虑因子的次序和乘积中 1 轮换的个数, 则这个分解式是唯一的 (见本节习题 23). 一般地, 如果一个置换不是恒等置换, 则在它的分解式中, 常将出现的 1 轮换省略不写.

对于轮换的乘积, 容易证明下面两个有用的等式:

(F2) $(k\ l)(k\ a\ \cdots\ b)(l\ c\ \cdots\ d) = (k\ a\ \cdots\ b\ l\ c\ \cdots\ d)$.

(F3) $(k\ l)(k\ a\ \cdots\ b\ l\ c\ \cdots\ d) = (k\ a\ \cdots\ b)(l\ c\ \cdots\ d)$.

其中 $a, \cdots, b, c, \cdots, d, k, l$ 为互不相同的正整数.

例 3 将 $\sigma = \begin{pmatrix} 1 & 2 & 3 & 4 & 5 & 6 \\ 4 & 3 & 6 & 1 & 5 & 2 \end{pmatrix}$ 表示为不相交轮换的乘积.

解 容易看出, σ 以下列顺序作用于 X 的元素:

$$\begin{aligned}&1 \longmapsto 4 \longmapsto 1,\\ &2 \longmapsto 3 \longmapsto 6 \longmapsto 2,\\ &5 \longmapsto 5.\end{aligned}$$

所以 $\begin{pmatrix} 1 & 2 & 3 & 4 & 5 & 6 \\ 4 & 3 & 6 & 1 & 5 & 2 \end{pmatrix} = (1\,4)(2\,3\,6)(5) = (1\,4)(2\,3\,6)$.

例 4 三次对称群 S_3 的 6 个元素的轮换表示为

$$\begin{aligned}&\sigma_1 = (1); \quad \sigma_2 = (1\,2); \quad \sigma_3 = (1\,3);\\ &\sigma_4 = (2\,3); \quad \sigma_5 = (1\,2\,3); \quad \sigma_6 = (1\,3\,2).\end{aligned}$$

例 5 将下列轮换的乘积表示为不相交轮换的乘积:

$$(3\ 6\ 5\ 4)(3\ 2\ 4\ 1)(3\ 1\ 5\ 2\ 4).$$

解 设 $\sigma=(3\,6\,5\,4)$, $\delta=(3\,2\,4\,1)$, $\eta=(3\,1\,5\,2\,4)$, 则有

$$\sigma\delta\eta:\begin{array}{ccccccc}1&\overset{\eta}{\longmapsto}&5&\overset{\delta}{\longmapsto}&5&\overset{\sigma}{\longmapsto}&4,\\4&\overset{\eta}{\longmapsto}&3&\overset{\delta}{\longmapsto}&2&\overset{\sigma}{\longmapsto}&2,\\2&\overset{\eta}{\longmapsto}&4&\overset{\delta}{\longmapsto}&1&\overset{\sigma}{\longmapsto}&1,\\3&\overset{\eta}{\longmapsto}&1&\overset{\delta}{\longmapsto}&3&\overset{\sigma}{\longmapsto}&6,\\6&\overset{\eta}{\longmapsto}&6&\overset{\delta}{\longmapsto}&6&\overset{\sigma}{\longmapsto}&5,\\5&\overset{\eta}{\longmapsto}&2&\overset{\delta}{\longmapsto}&4&\overset{\sigma}{\longmapsto}&3,\end{array}$$

由此得

$$(3\,6\,5\,4)(3\,2\,4\,1)(3\,1\,5\,2\,4)=(1\,4\,2)(3\,6\,5).$$

注意, 计算的顺序应是从右到左.

在对群的元素进行运算时, 经常要计算元素的阶, 这对于置换是很容易做到的, 有

(F4) 如果 σ 是一个 r 轮换, 则 $\operatorname{ord}\sigma=r$.

(F5) 如果 σ 是一些不相交轮换的乘积

$$\sigma=\sigma_1\sigma_2\cdots\sigma_s,$$

其中 σ_i 是 r_i 轮换, 则 $\operatorname{ord}\sigma=[r_1,r_2,\cdots,r_s]$.

证明作为练习 (见本节习题 17, 18).

例 6 设 σ 是一个 7 阶置换, 已知

$$\sigma^3=(1\,4\,3\,7\,5\,6\,2),$$

试求 σ.

解 1 由已知, σ 是 $1\sim7$ 的一个置换. 因为 σ^3 是一个 7 轮换, 所以 σ 也是一个 7 轮换, 从而 $\operatorname{ord}\sigma=7$. 这样

$$\sigma=\left(\sigma^3\right)^5=(1\,4\,3\,7\,5\,6\,2)^5=(1\,6\,7\,4\,2\,5\,3).$$

解 2 本题也可按下面的方法求解:

同上, σ 是一个 7 轮换. 设

$$\sigma=(i_1\,i_2\,i_3\,i_4\,i_5\,i_6\,i_7),$$

则

$$\sigma^3=(i_1\,i_4\,i_7\,i_3\,i_6\,i_2\,i_5).$$

将这与

$$\sigma^3 = (1\,4\,3\,7\,5\,6\,2)$$

比较, 可得 $i_1 = 1, i_2 = 6, i_3 = 7, i_4 = 4, i_5 = 2, i_6 = 5, i_7 = 3$, 即

$$\sigma = (1\,6\,7\,4\,2\,5\,3).$$

对换是一类最简单的置换, 在置换群的研究中很有用. 下面简单讨论一下对换.

定理 1.6.5 每个置换都可表示为对换的乘积.

证明 首先, 设 $\sigma = (i_1\, i_2\, \cdots\, i_r)$ 是一个 r 轮换, 则

$$\sigma = (i_1\, i_2)(i_2\, i_3)\cdots(i_{r-2}\, i_{r-1})(i_{r-1}\, i_r),$$

所以每个轮换可以表示为对换的乘积. 由于每个置换可以表示为不相交轮换的乘积, 所以每个置换也可以表示为对换的乘积. □

例如,

$$\begin{aligned}\begin{pmatrix}1 & 2 & 3 & 4 & 5 & 6 & 7\\ 7 & 3 & 6 & 2 & 5 & 4 & 1\end{pmatrix} &= (1\,7)(2\,3)(3\,6)(6\,4)\\ &= (7\,1)(3\,6)(2\,5)(6\,4)(4\,5)(2\,5).\end{aligned}$$

这个例子说明, 将一个置换表示为对换的乘积, 表示法一般不唯一. 但有下述结论.

定理 1.6.6 将一个置换表示为对换的乘积, 所用对换个数的奇偶性是唯一的.

证明 设 σ 为任一 n 阶置换, 并设 σ 已表示为 s 个不相交轮换 (包括 1 轮换) 之积 : $\sigma = \tau_1\tau_2\cdots\tau_3$.

令

$$\mathcal{N}(\sigma) = (-1)^{n-s}.$$

显然, $\mathcal{N}(\sigma)$ 由 σ 唯一确定.

设 $(a\,b)$ 为任一对换, 考察乘积

$$(a\,b)\sigma.$$

如果 a, b 处于 σ 的同一个轮换

$$\tau_1 = (a\,c_1\,c_2\cdots c_k\,b\,d_1\,d_2\cdots d_h)$$

中, 则由 (F3) 知

$$(a\,b)\sigma = (a\,c_1\,c_2 \cdots c_k)(b\,d_1\,d_2 \cdots d_h)\tau_2\tau_3 \cdots \tau_s.$$

从而

$$\mathcal{N}((a\,b)\sigma) = (-1)^{n-s-1} = -\mathcal{N}(\sigma).$$

如 a, b 分别处于 σ 的两个不同轮换

$$\tau_1 = (a\,c_1\,c_2 \cdots c_k), \quad \tau_2 = (b\,d_1\,d_2 \cdots d_h)$$

中, 则由 (F2) 知

$$(a\,b)\sigma = (a\,c_1\,c_2 \cdots c_k\,b\,d_1\,d_2 \cdots d_h)\tau_3\tau_4 \cdots \tau_s.$$

从而

$$\mathcal{N}((a\,b)\sigma) = (-1)^{n-s+1} = -\mathcal{N}(\sigma).$$

设 σ 可分别表示为 h 个对换和 k 个对换的乘积

$$\begin{aligned}\sigma &= (a_1\,b_1)(a_2\,b_2)\cdots(a_h\,b_h)\\ &= (c_1\,d_1)(c_2\,d_2)\cdots(c_k\,d_k),\end{aligned}$$

则

$$\begin{aligned}\mathcal{N}(\sigma) &= \mathcal{N}(\sigma\cdot(1))\\ &= \mathcal{N}((a_1\,b_1)(a_2\,b_2)\cdots(a_h\,b_h)\cdot(1))\\ &= (-1)^h\mathcal{N}((1)) = (-1)^h.\end{aligned}$$

同理

$$\mathcal{N}(\sigma) = (-1)^k.$$

因此 $(-1)^h = (-1)^k$, 所以 h 与 k 有相同的奇偶性. □

定义 1.6.3 可表示成偶数个对换的乘积的置换叫**偶置换** (even permutation), 可表示成奇数个对换的乘积的置换叫**奇置换** (odd permutation).

由定义容易知道:

(1) 任何两个偶 (奇) 置换之积是偶置换;

(2) 一个偶置换与一个奇置换之积是奇置换;

(3) 一个偶 (奇) 置换的逆置换仍是一个偶 (奇) 置换 (见本节习题 21).

由此容易推出下述结论.

定理 1.6.7 当 $n>1$ 时, 在全体 n 阶置换中, 奇置换与偶置换各有 $\dfrac{n!}{2}$ 个.

定理 1.6.8 在 S_n 中, 全体偶置换构成 S_n 的子群.

这两个定理的证明留作练习 (见本节习题 26, 27).

定义 1.6.4 由 S_n 的全体偶置换所构成的子群称为 n 次**交错群** (alternative group), 记作 A_n.

例 7 S_3 的交错群

$$A_3=\{(1),(1\,2\,3),(1\,3\,2)\}.$$

最后讨论一个趣味数学的问题.

例 8 设按顺序排列的 13 张红心纸牌

$$\text{A}\ \ 2\ \ 3\ \ 4\ \ 5\ \ 6\ \ 7\ \ 8\ \ 9\ \ 10\ \ \text{J}\ \ \text{Q}\ \ \text{K},$$

经 1 次洗牌后牌的顺序变为

$$3\ \ 8\ \ \text{K}\ \ \text{A}\ \ 4\ \ 10\ \ \text{Q}\ \ \text{J}\ \ 5\ \ 7\ \ 6\ \ 2\ \ 9,$$

问: 再经两次同样方式的洗牌后, 牌的顺序是怎样的?

解 每洗一次牌, 就相当于对牌的顺序进行一次新的置换. 由题意知, 第一次洗牌所对应的置换为

$$\tau=\begin{pmatrix}\text{A} & 2 & 3 & 4 & 5 & 6 & 7 & 8 & 9 & 10 & \text{J} & \text{Q} & \text{K}\\ 3 & 8 & \text{K} & \text{A} & 4 & 10 & \text{Q} & \text{J} & 5 & 7 & 6 & 2 & 9\end{pmatrix},$$

则 3 次同样方式的洗牌所对应的置换为

$$\tau^3=\begin{pmatrix}\text{A} & 2 & 3 & 4 & 5 & 6 & 7 & 8 & 9 & 10 & \text{J} & \text{Q} & \text{K}\\ 9 & 6 & 5 & \text{K} & 3 & \text{Q} & 8 & 10 & \text{A} & 2 & 7 & \text{J} & 4\end{pmatrix}.$$

因此, 再经两次同样方式的洗牌后, 牌的顺序是

$$9\ \ 6\ \ 5\ \ \text{K}\ \ 3\ \ \text{Q}\ \ 8\ \ 10\ \ \text{A}\ \ 2\ \ 7\ \ \text{J}\ \ 4.$$

习　题　1-6

1. 把下列置换写成不相交轮换的乘积, 并计算置换的奇偶性:

(1) $\begin{pmatrix}1&2&3&4&5\\3&4&5&2&1\end{pmatrix}$;　(2) $\begin{pmatrix}1&2&3&4&5\\1&3&2&5&4\end{pmatrix}$;

(3) $\begin{pmatrix}1&2&3&4&5&6&7\\3&1&5&6&7&2&4\end{pmatrix}$;　(4) $\begin{pmatrix}1&2&3&4&5&6&7\\3&4&5&7&6&2&1\end{pmatrix}$;

(5) $\begin{pmatrix}1&2&3&4&5&6&7\\3&4&5&6&1&2&7\end{pmatrix}$;　(6) $\begin{pmatrix}1&2&3&4&5&6&7\\5&1&6&7&4&3&2\end{pmatrix}$;

(7) $\begin{pmatrix}1&2&3&4&5\\1&3&4&5&2\end{pmatrix}\begin{pmatrix}1&2&3&4&5\\3&2&4&1&5\end{pmatrix}$;

(8) $\begin{pmatrix}1&2&3&4&5&6\\1&3&6&5&2&4\end{pmatrix}\begin{pmatrix}1&2&3&4&5&6\\6&2&4&1&5&3\end{pmatrix}$.

2. 计算下列置换的乘积, 把结果写成不相交轮换的乘积, 并计算置换的奇偶性:

(1) $(1\,9\,6\,5)(1\,4\,8\,7)(1\,9\,2\,3)$;

(2) $(1\,2\,9\,3)(2\,4)(6\,7\,9\,8\,5)(4\,7)$;

(3) $(1\,4\,8\,7)(1\,9\,6\,5)(1\,5\,3\,2\,9)$;

(4) $(1\,4\,2\,3\,5)(1\,3\,4\,5)$;

(5) $(1\,3\,5\,4\,2)(1\,4\,3\,5)$;

(6) $(1\,9\,2\,4)(1\,7\,6\,5\,9)(1\,2\,3\,8)$;

(7) $(2\,3\,7)(1\,2)(3\,5\,7\,6\,4)(1\,4)$;

(8) $(4\,9\,6\,7\,8)(2\,6\,4)(1\,8\,7)(3\,5)$.

3. 计算 1、2 两题中各个置换的阶.

4. 把 1、2 两题中各个置换表示为对换的乘积.

5. 对下列各题中的置换 σ 和 τ, 计算 $\tau\sigma\tau^{-1}$.

(1) $\sigma=(1\,2\,4\,3)$,　$\tau=(1\,3\,2)$;

(2) $\sigma=(1\,3\,5\,6)$,　$\tau=(2\,5\,4\,6)$;

(3) $\sigma=(2\,3\,5\,4)$,　$\tau=(1\,3\,2)(4\,5)$;

(4) $\sigma=(1\,4)(2\,3)$,　$\tau=(1\,2\,3)$;

(5) $\sigma=(1\,3\,5)(2\,4)$,　$\tau=(2\,5)(3\,4)$;

(6) $\sigma=(1\,3\,5\,2)(4\,6)$,　$\tau=(1\,3\,6)(2\,4\,5)$.

6. 对下列各题中的置换 σ 和 τ, 求置换 δ, 使 $\delta\sigma\delta^{-1}=\tau$.

(1) $\sigma=(1\,5\,9)$,　$\tau=(2\,6\,4)$;

(2) $\sigma=(1\,3\,5\,7)$,　$\tau=(3\,4\,6\,8)$;

(3) $\sigma=(1\,3\,5)(2\,4)$,　$\tau=(2\,4\,3)(1\,5)$;

(4) $\sigma=(1\,2\,3)(4\,5)$,　$\tau=(1\,3\,4)(2\,6)$;

(5) $\sigma=(1\,4\,7)(2\,5\,8)$,　$\tau=(1\,5\,4)(2\,3\,6)$;

(6) $\sigma=(1\,3\,5)(2\,4\,6)$,　$\tau=(1\,2\,4)(3\,5\,6)$.

7. 设置换 $\sigma=(1\,2\,3\,5\,4\,6\,7)$.

(1) 求置换 δ, 使 $\delta^2=\sigma$;

(2) 求置换 δ, 使 $\delta^4=\sigma^{-1}$;

*(3) 求一个阶为 3 的置换 δ 和一个阶为 2 的置换 τ, 使 $\sigma=\delta\tau$.

8. 写出四次交错群 A_4 的所有置换.

9. 求 A_4 中所有元素的阶.

10. S_6 中有多少个 4 阶元?

11. S_7 中有多少个 6 阶的奇置换?

12. 求 S_3 的所有子群.

13. 设 $\sigma=(1\ 2\ 3\ 4\ 5\ 6)\in S_6$, 求 $\langle\sigma\rangle$.

14. 设 $\alpha=(1\ 3)(2\ 4)$, 求 α 在 A_4 中的中心化子 $C(\alpha)$.

15. 证明: $(i_1\, i_2\ \cdots\ i_r)^{-1}=(i_r\, i_{r-1}\ \cdots\ i_1)$.

16. 设 $\sigma\in S_n$. 证明:

$$\sigma(i_1\, i_2\cdots i_k)\sigma^{-1}=(\sigma(i_1)\,\sigma(i_2)\cdots\sigma(i_k)).$$

17. 证明: 如果 σ 是一个 r 轮换, 则 $\operatorname{ord}\sigma=r$.

18. 证明鲁菲尼定理: 如果 σ 是一些不相交轮换的乘积

$$\sigma=\sigma_1\sigma_2\cdots\sigma_s,$$

其中 σ_i 是 r_i 轮换, 则 $\operatorname{ord}\sigma=[r_1,r_2,\cdots,r_s]$.

19. 证明: k 轮换 $(i_1\, i_2\cdots i_k)$ 是偶置换的充要条件是 k 为奇数.

20. 设 σ 是一个置换, 且 $\operatorname{ord}\sigma$ 是奇数. 证明: σ 是偶置换.

21. 证明: 置换 σ 与 σ^{-1} 具有相同的奇偶性.

22. 设 σ 为一个 n 阶置换, 集合 $X=\{1,\ 2,\ \cdots,\ n\}$. 在 X 中, 规定关系 "$\sim$":

$$k\sim l \Longleftrightarrow \text{存在 } r\in\mathbf{Z},\ \text{使 } \sigma^r(k)=l.$$

(1) 证明: $\sim$ 是 X 的一个等价关系;

(2) 证明: $k\sim l$ 的充分必要条件是 k 与 l 属于 σ 的同一个轮换;

(3) 对于置换

$$\sigma=\begin{pmatrix}1&2&3&4&5&6&7&8&9&10\\3&2&6&8&9&1&7&10&4&5\end{pmatrix},$$

试确定集合 $X=\{1,2,\cdots,10\}$ 的所有等价类.

23. 证明: 将一个置换分解为不相交轮换的乘积, 如果不考虑因子的次序和乘积中 1 轮换的个数, 则这个分解式是唯一的.

24. 设 G 是置换群. 证明: 若 G 中存在奇置换, 则 G 中奇置换的个数与偶置换的个数相同.

25. 设 G 是置换群. 证明: G 中所有偶置换的集合 H 是 G 的子群.

26. 证明定理 1.6.7.

27. 证明定理 1.6.8.

28. 设 $K=\{(1),(1\ 2)(3\ 4),(1\ 3)(2\ 4),(1\ 4)(2\ 3)\}$. 证明: K 是 S_4 的子群.

29. 证明习题 28 中的 4 阶群 K 不同构于 U_4(见 1.2 节例 7).

*30. 证明: S_n 可由 $n-1$ 个对换 $(1\,2), (1\,3), \cdots, (1\,n)$ 生成.

*31. 证明: S_n 可由轮换 $(1\,2\,3\cdots n)$ 和 $(1\,2)$ 生成.

32. 设按顺序排列的 13 张红心纸牌

$$\text{A 2 3 4 5 6 7 8 9 10 J Q K},$$

经两次同样方式的洗牌后, 牌的顺序变为

$$\text{6 10 A Q 9 K J 7 4 8 3 2 5}$$

求第一次洗牌后牌的顺序.

33. 设 G 是群, $x, y \in G$. 如果存在 $g \in G$ 使得 $y = gxg^{-1}$, 则称 x 与 y 共轭, 记作 $x \sim y$. 证明: 共轭关系是群 G 上的一个等价关系.

34. 确定 S_3 中关于共轭关系的等价类.

35. 分别确定 S_4 及 A_4 中关于共轭关系的等价类及每个类中的元素个数.

36. 设 ϕ 是群 G 到 G' 的同构映射, $x, y \in G$. 证明: x 与 y 共轭的充分必要条件是 $\phi(x)$ 与 $\phi(y)$ 共轭 (从而 ϕ 将 G 的共轭类映为 G' 的共轭类).

*37. 求 S_3 的自同构群 $\mathrm{Aut}(S_3)$.

*38. 证明: $\mathrm{Aut}(S_4) = \mathrm{Inn}(S_4)$.

*39. 求 A_4 的自同构群 $\mathrm{Aut}(A_4)$.

参考文献及阅读材料

[1] Boyer C A. A History of Mathematics. New York: Wiley, 1968.

有关代数方程理论历史的更详尽的描述, 可参见该书.

[2] Jacobson N. Basic Algebra (I). 2nd ed. New York: W. H. Freeman and Company, 1985.

该书的第 1 章和第 2 章包含了近世代数的基本内容. 第 4 章则较详细地介绍了方程的伽罗瓦理论, 也包括了三、四次代数方程的根式解. 此外, 对代数方程理论的历史也有较详细的介绍.

置换群的历史回顾

群论的产生最早源于对代数方程求根的研究. 一元二次方程的代数解法早在公元前 2000 年就为古巴比伦人所知道. 一般三次和四次方程的求根公式也在 16 世纪为意大利的数学家费罗 (S. Ferro, 1465~1526)、塔尔塔利亚 (Niccolo Fontana, 1499?~1557, 塔尔塔利亚是其绰号, 意为口吃者)、卡尔达诺 (G. Cardano, 1501~1576) 和费拉里 (L. Ferrari) 所先后获得. 在随后的近三百年间, 数学家们希望能找到五次或更高次的方程的求根公式, 但都徒劳无功. 直到 1770 年, 拉格朗日才第一个宣布“不可能用根式解四次以上方程”, 但他却不能证明这个论断. 1799 年, 鲁菲尼给出了一个证明, 但他的证明是不完整的. 1824 年, 年轻的阿贝尔给出了第一个严格的证明. 阿贝尔在他的工作中, 实际上引入了域的概念, 这是本书第 5 章所要讨论的内容. 阿贝尔虽然证明了“五次及五次以上的一般方程没有根式解”, 但他并没有解决究竟哪些方程可用根式求解. 这一问题最终被天才的伽罗瓦 (E. Galois, 1811~1832) 所解决 (1831 年). 伽罗瓦研究了多项式 $f(x)$ 的根的置换所构成的集合. 由于任何两个根的置换的乘积仍是一个根的置换, 所以多项式的根的置换全体关于置换的乘法构成一个代数系统. 伽罗瓦把这个代数系统叫做群. 伽罗瓦发现, 方程的可解性与多项式 $f(x)$ 的根的某些特殊的置换所构成的群 (今天称它为伽罗瓦群) 之间存在着密切的联系. 他仔细地研究了这个群的结构. 在这过程中, 他引入了众多的概念, 如子群、指数、正规子群、可解群等 (这些都是群论中的经典内容), 并最终揭示了这种联系. 他证明, 一个方程可用根式解的充分必要条件是它的伽罗瓦群是可解群. 伽罗瓦是把群这个概念引入数学的第一人. 当然, 伽罗瓦所说的群不过是一个具体的群——置换群. 置换群不仅在伽罗瓦的理论中扮演着重要的角色, 而且也是研究几何体的对称、晶体的结构等所不可缺少的工具. 今天, 置换群已不仅在数学上, 而且在物理、化学、计算机科学上都有着广泛的应用, 甚至在美学和艺术领域, 也日益发挥着它巨大的影响.

*1.7 置换在对称变换群中的应用

我们都熟悉对称这个概念, 自然界中充满了对称的现象. 而现实世界的这种对称现象总是以某种方式与我们在 1.6 节中所讨论的置换群相联系. 艺术家和科学家们发现, 可以用置换和置换群来很好地刻画他们在艺术创作和科学研究中所遇到的种种对称现象. 艺术家们使用对称与置换来帮助他们设计与构作美妙的图案, 物理学家们使用对称与置换来确定晶体的种类, 化学家们使用对称与置换去研究分子内部的结构. 一个最具说服力的例子是, 1962 年, 物理学家盖尔曼 (Murray Gell-Mann, 1929~2019, 获 1969 年诺贝尔物理学奖) 和尼曼 (Yuval Ne’eman) 应用群的理论预言, 存在着一种被称为 Ω-负粒子的新粒子. 两年之后这个预言在实验室里被证实. 这充分显示了理论对于实践的指导意义. 在本节中, 将通过例子来说明置换在研究对称变换中的应用.

定义 1.7.1 *使图形不变形地变到与自身重合的变换称为这个图形的***对称变换** *(symmetric transformation). 一个图形的一切对称变换关于变换的乘法构成群, 这个群称为这个图形的***对称变换群**.

一个图形的对称变换群常可以用一个置换群来表示, 它能很好地反映图形的对称性质, 是研究图形的对称性质的有力工具.

例 1 求正方形的对称变换群.

由图 1.7.1 不难看出, 正方形的对称变换只有两种:

(1) 分别绕中心点 O 按逆时针方向旋转 $90°$, $180°$, $270°$, $360°$;

(2) 关于直线 L_1, L_2, L_3, L_4 的镜面反射.

为了用置换来表示正方形的对称变换, 用数字 1, 2, 3, 4 来代表正方形的四个顶点 (图 1.7.1). 显然, 正方形的每一个对称变换都导致了这四个顶点的一个置换. 如果对称变换将顶点 i 变为顶点 k_i, 那么用置换

$$\begin{pmatrix} 1 & 2 & 3 & 4 \\ k_1 & k_2 & k_3 & k_4 \end{pmatrix}$$

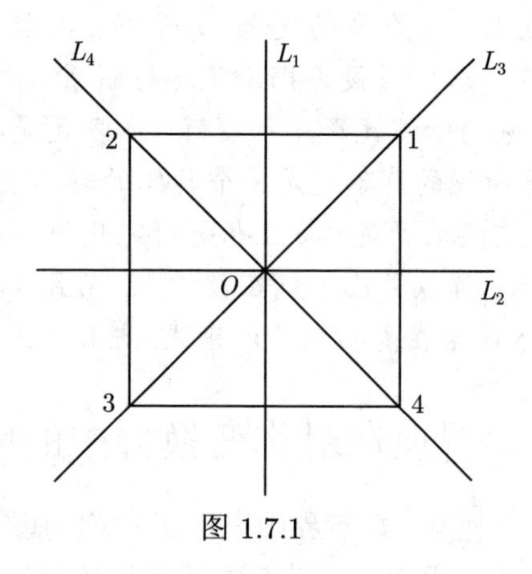

图 1.7.1

来表示这个对称变换. 易知, 由正方形的每一个对称变换都可唯一地确定一个 4 阶置换, 且不同的对称变换对应了不同的置换, 所以, 正方形的每一个对称变换, 都可用唯一的一个 4 阶置换来表示. 表 1.7.1 列出了正方形的对称变换及其相应的置换表示.

表 1.7.1

对称变换	置换表示
c 表示绕中心点 O 旋转 90°	$(1\,2\,3\,4)$
c^2 表示绕中心点 O 旋转 180°	$(1\,3)(2\,4)$
c^3 表示绕中心点 O 旋转 270°	$(1\,4\,3\,2)$
c^4 表示绕中心点 O 旋转 360°(恒等变换)	(1)
v_1 表示关于 L_1 的反射	$(1\,2)(3\,4)$
v_2 表示关于 L_2 的反射	$(1\,4)(2\,3)$
v_3 表示关于 L_3 的反射	$(2\,4)$
v_4 表示关于 L_4 的反射	$(1\,3)$

由表 1.7.1 可知, 两个对称变换的乘积对应于相应的置换的乘积. 所以正方形的对称变换群是 S_4 的一个子群, 记作 D_4. 由表 1.7.1 可知 $|D_4| = 8$.

一般地, 正 n 边形 $(n \geqslant 3)$ 的对称变换群是 S_n 的一个子群, 记作 D_n, 称为二面体群. 易知, 正 n 边形有 n 个旋转 (包括恒等变换) 和 n 个反射, 所以, 二面

体群的阶数是 $2n$. 设 r 是一个旋转, s 是一个反射, 则

$$D_n = \langle r, s\rangle = \{1, r, r^2, \cdots, r^{n-1}; s, sr, \cdots, sr^{n-1}\}.$$

例 2 求正四面体的旋转变换群.

一个正四面体可以内接于一个正方体 (图 1.7.2). 把正四面体的四个顶点标上 1, 2, 3, 4 四个数字, 则正四面体的每一个旋转变换都可用一个 4 阶置换来表示. 因此, 正四面体的旋转变换群是 S_4 的一个子群. 共有 24 个 4 阶置换, 但并非每一个置换都表示正四面体的旋转变换. 如镜面反射 (1 2) 就不是正四面体的旋转变换. 容易看出, 绕任一条过正四面体的一个顶点及其对面中心的轴按逆时针方向旋转 120°, 240° 的旋转是正四面体的旋转变换, 这样的变换有 8 个. 另一方面, 绕任一条过正方体的对面中心的轴旋转 180° 的旋转也是正四面体的旋转变换, 这样的变换有 3 个. 再加上恒等变换, 共 12 个旋转变换. 所以, 正四面体至少有 12 个旋转变换. 又因为镜面反射 (1 2) 不是正四面体的旋转变换, 所以镜面反射 (1 2) 与上述 12 个旋转的乘积也都不是正四面体的旋转变换. 由此可知, 上述 12 个旋转恰是正四面体的全部旋转变换. 这 12 个旋转变换用轮换的形式写出来就是

$$\begin{array}{llllll} (1), & (2\,3\,4), & (2\,4\,3), & (1\,3\,4), & (1\,4\,3), & (1\,2\,4), \\ (1\,4\,2), & (1\,2\,3), & (1\,3\,2), & (1\,2)(3\,4), & (1\,3)(2\,4), & (1\,4)(2\,3). \end{array}$$

因此, 正四面体的旋转变换群就是 4 次交错群 A_4.

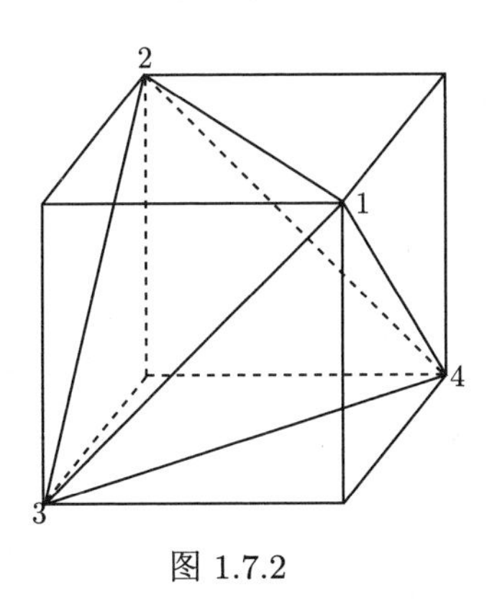

图 1.7.2

正多面体的旋转变换群也称为多面体群. 我们知道, 总共存在五种正多面体, 即正四面体、正六面体、正八面体、正十二面体和正二十面体. 上面已经求得了正四面体群. 利用 2.5 节例 9 的方法, 可以求得其余几个正多面体群的阶数分别是 24, 24, 60, 60, 它们分别是 4 次对称群 S_4 和 5 次交错群 A_5.

设 $f(x_1, x_2, \cdots, x_n)$ 是数域 F 上的一个 n 元多项式. 如果集合 $X = \{x_1, x_2, \cdots, x_n\}$ 的一个置换保持多项式 $f(x_1, x_2, \cdots, x_n)$ 不变, 则称这个置换为多项式 $f(x_1, x_2, \cdots, x_n)$ 的一个对称变换. 易知, 多项式 $f(x_1, x_2, \cdots, x_n)$ 的全体对称变换关于变换的合成构成 S_n 的一个子群, 这个群称为多项式 $f(x_1, x_2, \cdots, x_n)$ 的对称变换群 (见本节习题 3).

例 3 设 $f(x_1, x_2, \cdots, x_n)$ 是数域 F 上的一个 n 元多项式, 则多项式 $f(x_1, x_2, \cdots, x_n)$ 的对称变换群等于 S_n 的充分必要条件是 $f(x_1, x_2, \cdots, x_n)$ 是 n 元对称多项式.

例 4 试求多项式 $x_1 + x_2 - x_3 - x_4$ 的对称变换群.

解 用置换

$$\begin{pmatrix} 1 & 2 & 3 & 4 \\ i_1 & i_2 & i_3 & i_4 \end{pmatrix}$$

表示将 x_k 变到 x_{i_k} 的变换. 易知, 多项式 $x_1 + x_2 - x_3 - x_4$ 的任一对称变换至多只能将 x_1 与 x_2 或 x_3 与 x_4 互换. 所以, 多项式 $x_1 + x_2 - x_3 - x_4$ 的对称变换群 G 是由 $(1\,2)$ 与 $(3\,4)$ 生成的群, 即 $G = \langle (1\,2), (3\,4) \rangle$. 从而, $x_1 + x_2 - x_3 - x_4$ 的对称变换群为

$$G = \{(1), (1\,2), (3\,4), (1\,2)(3\,4)\}.$$

习 题 1-7

1. 试求正三角形的对称变换群. 这个群即为氨分子 NH_3 的对称变换群 (图 1.7.3). (其中 π_1, π_2, π_3 为三个反射对称平面.)

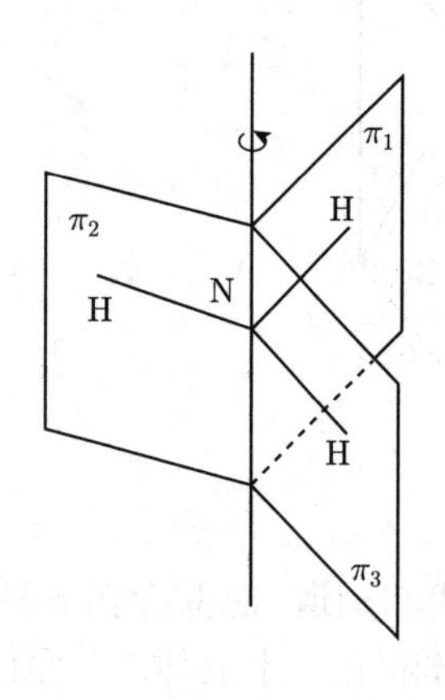

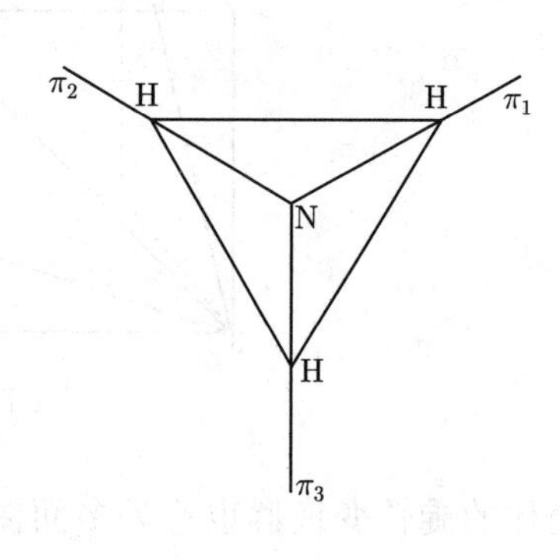

图 1.7.3

2. 试求水分子 H_2O 的对称变换群 (图 1.7.4).

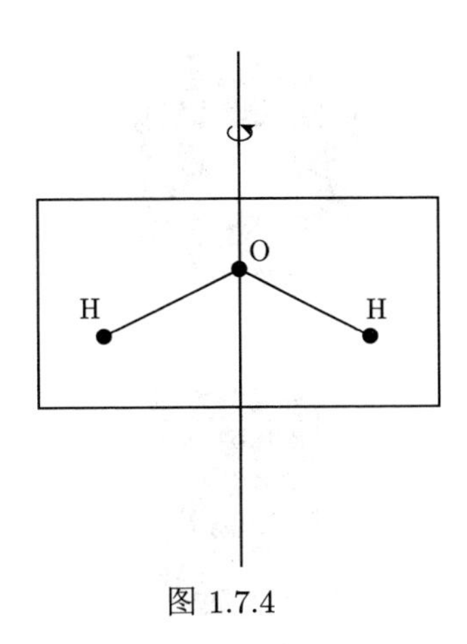

图 1.7.4

3. 在下列置换中, 哪些是多项式

$$f(x_1, x_2, x_3, x_4) = x_1x_3 + x_1x_4 + x_2x_3 + x_2x_4$$

的对称变换?

(1) $(1\,2)(3\,4)$; (2) $(1\,2\,3\,4)$;

(3) $(1\,3\,2\,4)$; (4) $(3\,4)$;

(5) $(1\,3)(2\,4)$; (6) $(1\,2\,3)$.

证明: 表示多项式的对称变换的所有置换的集合构成一个群 (这个群称为多项式的对称变换群).

4. 求下列多项式的对称变换群:

(1) $x_1^2 - 2x_2^2 + x_3^2 \in F[x_1, x_2, x_3]$;

(2) $x_1x_2 + x_2x_3 + x_3x_4 + x_1x_4 \in F[x_1, x_2, x_3, x_4]$;

(3) $x_1x_2 - x_2x_3 + x_3x_4 - x_4x_1 \in F[x_1, x_2, x_3, x_4]$;

(4) $x_1x_2x_3 + x_2x_3x_4 + x_3x_4x_1 \in F[x_1, x_2, x_3, x_4]$.

5. 对于下面所给出的群, 试分别求出一个以所给群为对称变换群的四元多项式.

(1) $G = \langle(1\ 2\ 3\ 4), (2\ 4)\rangle$; (2) $G = \langle(1\ 2\ 3\ 4)\rangle$.

6. 写出正五边形的对称变换群 D_5.

7. 写出正六边形的对称变换群 D_6.

8. 在 D_n 中, 用几何方法说明: 两个旋转的复合是一个旋转, 两个反射的复合是一个旋转, 一个反射与一个旋转的复合是一个反射.

9. 在 D_n 中, 设 r 是一个旋转, s 是一个反射. 证明: $sr = r^{-1}s$.

10. 确定 $D_n(n \geqslant 3)$ 中的元素个数. 问 D_n 中有多少个反射?

11. 证明: D_n 与二阶正交群 $O_2(\mathbf{R})$ 的子群同构 (见习题 1-2 的 3 题). 在此同构下, 旋转对应于行列式为 1 的矩阵, 反射对应于行列式为 -1 的矩阵 (用此也可解释本节习题 8~10).

12. 试求二面体群 D_n 的中心 $C(D_n)$.

13. 对以下各图标, 确定其对称变换群.

14. 证明: 正方形的对称变换群与多项式 $(x_1+x_3)(x_2+x_4)$ 的对称变换群同构.

参考文献及阅读材料

[1] 张奠宙, 等. 科学家大辞典. 上海: 上海辞书出版社, 上海科技教育出版社, 2000.

该书是一本多学科科学家的辞典, 其中有对许多数学家和物理学家的介绍. 在物理学家盖尔曼的生平中也包括了对 Ω-负粒子发现经过的简单介绍.

[2] Discovery of the Omega-minus Particle, 美国 Brookhaven 国家实验室网页, 网址为 http://www.bnl.gov/bnlweb/history/Omega-minus.htm.

伽罗瓦 小传

伽罗瓦 (Évariste Galois), 法国数学家. 1811 年 10 月 25 日生于巴黎近郊布拉伦. 幼年受到良好的家庭教育. 12 岁进入巴黎一所公立中学. 1827 年开始自学勒让德、拉格朗日、高斯和柯西等大师的经典著作和论文. 18 岁时, 他完成了一篇代数方程理论方面的重要论文, 并递交给了法国科学院请求发表. 论文交由柯西审阅, 柯西给予了肯定, 但随后就石沉大海. 以后他投到巴黎科学院的论文又有两次被遗失或退回. 在 1828 至 1830 年期间, 他得到了后来被称为“伽罗瓦理论”的重要结论. 1830 年进入巴黎高等师范学校学习, 由于参加政治斗争, 公开反对国王制度, 被学校除名, 并两次入狱. 1832 年 5 月 30 日, 伽罗瓦由于政治和爱情的纠葛在决斗中被人射中, 第二天就不幸去世, 死时还不满 21 岁. 在伽罗瓦

之前, 数学家们已经找到了一至四次代数方程的求根公式, 而“用根式求解一般的五次方程是不可能的”这一结论直到 1824 年阿贝尔才给出了一个基本正确的证明. 伽罗瓦并不知道阿贝尔的工作. 他深入研究了方程能用根式求解所必须满足的本质条件, 建立了方程与由方程的根所定义的扩域以及根的“容许”置换组成的群之间的关系. 他得到了一个代数方程能用根式解的充要条件是它所对应的群可解. 由此, 他认识到五次及五次以上的方程需要用完全不同于低次方程的方法. 他提出的“伽罗瓦域”、“伽罗瓦群”和“伽罗瓦理论”是近世代数所研究的重要课题. 伽罗瓦的工作是 19 世纪数学中最杰出的成就之一. 伽罗瓦理论是代数学发展中的一个里程碑. 伽罗瓦之前, 代数学研究的中心问题是代数方程的求根问题, 而伽罗瓦之后, 代数学的中心问题渐渐转移到研究群、环、域等代数系统的结构与分类, 代数学从此进入了近世代数的阶段.

伽罗瓦生前并未获得应有的荣誉. 在决斗前夕, 他给好友写了封信, 请求把他的论文公之于世, 但并没有引起人们的注意. 直到 1846 年, 他的附有刘维尔注释的手稿才在《纯粹和应用数学杂志》上发表. 1870 年, 法国数学家若尔当在其著作《置换和代数方程论》中对伽罗瓦理论作了长篇论述. 从此, 伽罗瓦的工作才被完全理解, 同时也确立了他在数学史上的地位.

第 2 章　群的进一步讨论

在对群有了初步的了解以后，本章将对群论中某些重要的概念作专题讨论．我们知道，一个群最基本的是群的运算．应用群的运算，可以很自然地定义并讨论群的子集的运算．由群的子集的运算，可以定义子群的陪集 (2.1 节)．由子群的陪集又可以定义正规子群与商群 (2.2 节)．借助于商群的概念，可以证明群同态基本定理，从而对群的同态象作出系统的描述 (2.3 节)．这部分内容是群论中最基本的内容，是任何一个希望学习群论的读者所必须掌握的．2.4 节给出群的直积的概念，这是研究群的结构不可缺少的工具．2.5 节、2.6 节介绍群的某些应用．2.7 节作为代数拓扑的基础知识，我们介绍自由群与群的表达．

2.1　子群的陪集

子群的陪集的概念是对群进行分析的有力工具．它是由伽罗瓦首先引入群论的 (1830 年)．本节给出子群的陪集的定义并讨论与此相关的性质，然后应用这些性质证明具有重要应用的拉格朗日定理．子群的陪集的概念还为 2.2 节给出正规子群与商群的概念作好准备．为此目的，先要定义群的子集的运算．

定义 2.1.1　设 A 与 B 是群 G 的两个非空子集，称集合

$$AB = \{ab \mid a \in A, b \in B\}$$

为群的子集 A 与 B 的**乘积** (product).

如果 g 为群 G 的一个元素，$A = \{g\}$，则 AB 与 BA 分别简记为

$$gB = \{gb \mid b \in B\} \quad 和 \quad Bg = \{bg \mid b \in B\}.$$

注　当 G 为加群时，上述记号应相应地改为

$$A + B = \{a + b \mid a \in A, b \in B\},$$
$$g + A = \{g + a \mid a \in A\},$$
$$A + g = \{a + g \mid a \in A\},$$

并称 $A + B$ 为 A 与 B 的**和** (sum). 显然有

$$A + B = B + A, \quad g + A = A + g.$$

本节仅对乘法群进行讨论, 但所有有关的概念和结论都可以平行地移植到加群上来.

例 1 在 $G=S_3$ 中, 设

$$A=\{(1\ 2),(1\ 2\ 3)\},\quad B=\{(1\ 3),(2\ 3)\},$$

则

$$\begin{aligned}AB&=\{(1\ 2)(1\ 3),(1\ 2)(2\ 3),(1\ 2\ 3)(1\ 3),(1\ 2\ 3)(2\ 3)\}\\&=\{(1\ 3\ 2),(1\ 2\ 3),(2\ 3),(1\ 2)\},\\BA&=\{(1\ 3)(1\ 2),(1\ 3)(1\ 2\ 3),(2\ 3)(1\ 2),(2\ 3)(1\ 2\ 3)\}\\&=\{(1\ 2\ 3),(1\ 2),(1\ 3\ 2),(1\ 3)\}.\end{aligned}$$

这个例子说明, 当群 G 不是交换群时, AB 与 BA 一般是不相同的. 同时还要特别注意, 即使 $AB=BA$, 也并不意味着对任意的 $a\in A$, $b\in B$, 一定有 $ab=ba$. $AB=BA$ 的意思是, 对任意的 $a\in A$, $b\in B$, 存在 $a'\in A$, $b'\in B$, 使 $ab=b'a'$.

例 2 在 $G=S_3$ 中, 设

$$A=\{(1\ 2\ 3),(1\ 3\ 2)\},\quad B=\{(1\ 3),(2\ 3)\},\quad C=\{(1\ 2),(1\ 3)\},$$

直接计算可得

$$\begin{aligned}AB&=\{(2\ 3),(1\ 2),(1\ 2),(1\ 3)\}\\&=\{(2\ 3),(1\ 2),(1\ 3)\},\\AC&=\{(1\ 3),(2\ 3),(2\ 3),(1\ 2)\}\\&=\{(1\ 3),(2\ 3),(1\ 2)\},\end{aligned}$$

所以 $AB=AC$, 但 $B\neq C$. 这个例子说明, 由 $AB=AC$, 一般不能推出 $B=C$.

这提醒我们, 群的子集的运算与群的元素的运算是不同的. 在讨论群的子集的运算时, 不要随便套用群的运算性质. 但却有下述结论.

定理 2.1.1 设 A, B, C 是群 G 的非空子集, g 是群 G 的一个元素, 则

(1) $A(BC)=(AB)C$;

(2) 如果 $gA=gB$ 或 $Ag=Bg$, 则 $A=B$;

(3) 如果 H 是群 G 的子群, 则 $H\cdot H=H$;

(4) 如果 A, B 是群 G 的两个子群, 则 AB 也是群 G 的子群的充分必要条件是 $AB=BA$.

证明 (1)~(3) 作为练习 (见本节习题 9), 我们仅证 (4).

必要性. 设 AB 为 G 的子群.

对任意的 $ab \in AB$, 其中 $a \in A$, $b \in B$, 有 $(ab)^{-1} \in AB$. 因而存在 $a_1 \in A$, $b_1 \in B$, 使 $a_1b_1 = (ab)^{-1}$. 从而

$$ab = (a_1b_1)^{-1} = b_1^{-1}a_1^{-1} \in BA,$$

所以

$$AB \subseteq BA.$$

反之, 对任意的 $ba \in BA$, 其中 $b \in B$, $a \in A$, 有 $(ba)^{-1} = a^{-1}b^{-1} \in AB$. 于是

$$ba = (a^{-1}b^{-1})^{-1} \in AB,$$

所以

$$BA \subseteq AB.$$

这就证明了 $AB = BA$.

充分性. 对任意的 $a_1b_1, a_2b_2 \in AB$, 其中 $a_i \in A$, $b_i \in B$ $(i = 1, 2)$, 由于 $AB = BA$, 因此有

$$\begin{aligned}a_1b_1(a_2b_2)^{-1} &= a_1b_1b_2^{-1}a_2^{-1} = a_1(b_1b_2^{-1})a_2^{-1}\\ &\in ABA = A(BA) = A(AB) = (AA)B = AB,\end{aligned}$$

由此知, AB 是 G 的子群. □

下面讨论子群的陪集.

定义 2.1.2 设 G 是群, H 是 G 的子群. 对任意的 $a \in G$, 群 G 的子集

$$aH = \{ah \mid h \in H\} \quad 与 \quad Ha = \{ha \mid h \in H\}$$

分别称为 H 在 G 中的**左陪集** (left coset) 和**右陪集** (right coset).

以下主要讨论左陪集, 但所进行的一切讨论也同样适用于右陪集.

例 3 在群 S_3 中, 设

$$H = \{(1), (1\ 2)\},$$

试求 H 在群 S_3 中的所有左陪集和右陪集.

解 有

$$\begin{aligned}&(1)H = (1\ 2)H = H,\\ &(1\ 3)H = \{(1\ 3), (1\ 2\ 3)\},\\ &(2\ 3)H = \{(2\ 3), (1\ 3\ 2)\},\end{aligned}$$

$$(1\,2\,3)H = \{(1\,2\,3), (1\,3)\} = (1\,3)H,$$
$$(1\,3\,2)H = \{(1\,3\,2), (2\,3)\} = (2\,3)H,$$

所以子群 H 在 S_3 中有三个不同的左陪集:

$$H, \quad (1\,3)H, \quad (2\,3)H.$$

类似地可以得到 H 的三个右陪集为

$$H(1) = H(1\,2) = H,$$
$$H(1\,3) = \{(1\,3), (1\,3\,2)\} = H(1\,3\,2),$$
$$H(2\,3) = \{(2\,3), (1\,2\,3)\} = H(1\,2\,3).$$

观察例 3 发现:

(1) H 的一个陪集一般不是 G 的子群;

(2) G 的两个不同的元素可能生成 H 的同一个左陪集;

(3) H 的一个左陪集 aH 一般不等于相应的右陪集 Ha.

这使得我们要问, 在什么情况下, H 的一个左陪集 aH 是 G 的子群? 在什么条件下, G 的两个不同的元素 a 与 b 生成同一个左陪集? 在什么条件下, H 的一个左陪集 aH 等于右陪集 Ha?

下面的定理回答了前两个问题, 第三个问题将在 2.2 节讨论.

定理 2.1.2 设 H 是群 G 的子群, $a, b \in G$, 则

(1) $a \in aH$;

(2) $aH = H$ 的充分必要条件是 $a \in H$;

(3) aH 为子群的充分必要条件是 $a \in H$;

(4) $aH = bH$ 的充分必要条件是 $a^{-1}b \in H$;

(5) aH 与 bH 或者完全相同, 或者无公共元素;

(6) $|aH| = |bH|$.

证明 (1) $a = ae \in aH$.

(2) 如果 $aH = H$, 则 $a \in aH$, 所以 $a \in H$.

反之, 如果 $a \in H$, 则 $a^{-1} \in H$. 从而

$$aH \subseteq H \cdot H = H,$$
$$H = (aa^{-1})H = a(a^{-1}H) \subseteq aH,$$

所以 $aH = H$.

(3) 设 aH 为子群. 因为 $a \in aH$, 所以 $a^{-1} \in aH$, 于是 $e = aa^{-1} \in aH$. 从而存在 $h \in H$, 使 $e = ah$, 所以 $a = eh^{-1} = h^{-1} \in H$.

另一方面, 如果 $a \in H$, 则 $aH = H$ 为子群.

(4) 如果 $aH = bH$, 则

$$a^{-1}bH = a^{-1}aH = H,$$

从而由 (2) 知, $a^{-1}b \in H$.

反之, 如果 $a^{-1}b \in H$, 则又由 (2) 得 $a^{-1}bH = H$, 于是

$$aH = a(a^{-1}bH) = (aa^{-1})bH = ebH = bH.$$

(5) 假设 $aH \cap bH \neq \varnothing$. 任取 $g \in aH \cap bH$, 则存在 $h_1, h_2 \in H$, 使

$$ah_1 = g = bh_2.$$

从而

$$aH = a(h_1H) = (ah_1)H = (bh_2)H = b(h_2H) = bH.$$

(6) 考察映射

$$\begin{aligned} \sigma: \ aH &\longrightarrow bH, \\ ah &\longmapsto bh, \end{aligned}$$

易知 σ 为一一对应, 所以 $|aH| = |bH|$. □

由此定理可以知道, 群 G 可表示成子群 H 的一些互不相交的左陪集之并. 因此, 群 G 的子群 H 的全体左陪集的集合组成群 G 的一个分类, 即

$$G = \bigcup_{g_i \in G} g_iH, \tag{2.1.1}$$

其中 g_i 取遍 H 的不同陪集的代表元素. 特别地, 如果 G 为有限群, 则

$$|G| = \sum_{i=1}^{t} |g_iH| = \sum_{i=1}^{t} |H| = t|H|, \tag{2.1.2}$$

其中 t 为 H 的不同左陪集的个数.

相应的结论对右陪集也成立. 特别地, 相应于定理 2.1.2 (4) 的结论为 (证明见本节习题 10):

$$Ha = Hb \iff ba^{-1} \in H. \tag{2.1.3}$$

用 G/H 与 $H\backslash G$ 分别表示 H 的全体左陪集和全体右陪集组成的集合, 即

$$G/H = \{gH \mid g \in G\},$$

$$H\backslash G = \{Hg \mid g \in G\},$$

则两者间有下述关系.

定理 2.1.3 设 H 为 G 的子群, 则

$$\begin{aligned} \phi: \ G/H &\longrightarrow H\backslash G, \\ aH &\longmapsto Ha^{-1} \end{aligned}$$

是 G/H 到 $H\backslash G$ 的一一对应.

证明 (1) 如果 $aH = bH$, 则由定理 2.1.2 的 (4) 知, $a^{-1}b \in H$, 则

$$Ha^{-1} = Ha^{-1}(bb^{-1}) = H(a^{-1}b)b^{-1} = Hb^{-1}.$$

这说明, ϕ 是 G/H 到 $H\backslash G$ 的映射.

(2) 设 $aH, bH \in G/H$, 如果 $\phi(aH) = \phi(bH)$, 即 $Ha^{-1} = Hb^{-1}$, 则由 (2.1.3) 得: $b^{-1}a \in H$, 于是 $aH = bH$, 所以 ϕ 是 G/H 到 $H\backslash G$ 的单映射.

(3) 对任意的 $Ha \in H\backslash G$, 有 $\phi(a^{-1}H) = Ha$, 所以 ϕ 是 G/H 到 $H\backslash G$ 的满映射.

这就证明了结论. □

由此定理可知, 子群 H 的左陪集和右陪集的个数或者相等, 或者都是无穷大. 由此得到下面的定义.

定义 2.1.3 设 G 是群, H 是 G 的子群. 称子群 H 在群 G 中的左陪集或右陪集的个数 (有限或无限) 为 H 在 G 中的**指数** (index), 记作 $[G:H]$.

将此定义与 (2.1.2) 式联系起来, 可知在 (2.1.2) 式中, $t = [G:H]$, 于是立即得到下列具有重要应用的定理.

定理 2.1.4 (拉格朗日定理) 设 G 是一个有限群, H 是 G 的子群, 则

$$|G| = |H|[G:H].$$

拉格朗日定理说明, 有限群 G 的子群 H 的阶数与它在 G 中的指数, 都是群 G 的阶数的因子.

由拉格朗日定理, 可以得到下面的推论.

推论 1 设 G 是有限群, 则 G 中每一个元素的阶都是 $|G|$ 的因子.

证明 因为 a 的阶就是 $\langle a\rangle$ 的阶, 而 $\langle a\rangle$ 的阶是 $|G|$ 的因子, 所以 a 的阶是 $|G|$ 的因子. □

推论 2 设 G 为有限群, $|G| = n$, 则对任意的 $a \in G$, 有 $a^n = e$.

证明 设 a 的阶为 d, 则有正整数 n_1, 使 $n = dn_1$. 于是

$$a^n = a^{dn_1} = (a^d)^{n_1} = e^{n_1} = e. \qquad \square$$

将推论 2 应用到模 p 单位群 $\mathbf{Z}_p^*$ (p 是素数), 可以得到初等数论中著名的定理.

定理 2.1.5 (费马 (Fermat) 小定理) 设 p 为素数, 则对任意一个与 p 互素的整数 a, 有

$$a^{p-1} \equiv 1 \pmod p.$$

证明 因 p 为素数, 所以 $\mathbf{Z}_p^*$ 关于剩余类的乘法构成群, 且 $\mathbf{Z}_p^*$ 的阶等于 $p-1$. 又因为 a 与 p 互素, 所以 $\overline{a} \in \mathbf{Z}_p^*$. 从而由推论 2 得

$$(\overline{a})^{p-1} = \overline{1},$$

即

$$a^{p-1} \equiv 1 \pmod p. \qquad \square$$

应用拉格朗日定理, 可以推测在一个有限群中, 可能有怎样阶数的子群与元素. 例如, 在一个阶为 12 的群中, 就只可能有阶为 1, 2, 3, 4, 6 和 12 的子群与元素, 但绝不会有阶为 5, 7 和 8 等的子群与元素. 要注意的是, 拉格朗日定理给的只是一种可能性. 不能仅仅依据这种可能性, 就断定这样的子群或元素一定存在. 例如, 在 A_4 中, 就不存在阶为 6 的子群与元素 (见本节习题 19 及 2.2 节例 12). 这是拉格朗日定理的一个不足之处. 应用 2.6 节中的西罗定理, 可以部分地弥补拉格朗日定理的这一不足.

最后, 作为拉格朗日定理的一个应用, 来看下面的例子.

例 4 证明: 从同构的观点看, 阶为 6 的群 G 只有两种—— 6 阶循环群与三次对称群 S_3.

证明 首先, 群 G 至少含有一阶为 2 的元素 (见习题 1-5 的 23 题). 设此元素为 a. 在 G 中任取一个不等于 e 和 a 的元素 b. 如果 b 与 ab 的阶都是 2, 则由于 $a^2 = b^2 = (ab)^2 = e$, 得

$$ab = (ab)^{-1} = b^{-1}a^{-1} = ba.$$

从而

$$H = \{e, a, b, ab\}$$

为 G 的子群. 但 $|H| = 4 \nmid |G|$, 与拉格朗日定理矛盾. 这说明, b 与 ab 中至少有一个元素的阶不等于 2. 不妨设 $\operatorname{ord} b \neq 2$.

(1) 如果 $\operatorname{ord} b = 6$, 则 $G = \langle b \rangle$ 为 6 阶循环群.

(2) 如果 $\operatorname{ord} b = 3$. 以下分两种情况讨论:

(a) 如果 $ab = ba$, 则 $\operatorname{ord}(ab) = 6$, 所以 $G = \langle ab \rangle$ 为 6 阶循环群.

(b) 如果 $ab \neq ba$, 则 e, a, b, b^2, ab, ba 为 G 的互不相同的元素, 所以

$$G = \{e, a, b, b^2, ab, ba\}.$$

考察元素 ab^2. 显然, $ab^2 \neq e$, a, b, ab, 所以 $ab^2 = ba$. 从而, 群 G 由元素 a, b 与关系式 $ab^2 = ba$ 所唯一确定.

另一方面, 在 S_3 中, 如果取 $\tau = (1\ 2), \sigma = (1\ 2\ 3)$, 则 S_3 由 $\tau = (1\ 2)$ 和 $\sigma = (1\ 2\ 3)$ 生成, 且

$$\tau^2 = \sigma^3 = (1), \quad \tau\sigma^2 = (1\ 3) = \sigma\tau,$$

即 S_3 由元素 τ, σ 与关系式 $\tau\sigma^2 = \sigma\tau$ 所唯一确定.

由于群 G 的生成元与群 S_3 的生成元一一对应, 且生成元之间的关系完全一致, 所以群 G 与群 S_3 同构. 这就证明了结论. □

在 2.6 节中, 还将给出例 4 的另一个证明 (见 2.6 节例 3).

习 题 2-1

1. 设 $H = \{(1), (1\,2)(3\,4), (1\,3)(2\,4), (1\,4)(2\,3)\}$. 分别求 H 在 A_4 和 S_4 中的所有左陪集.

2. 在 $\mathbf{Z}_{12}$ 中, 求子群 $H = \langle \overline{4} \rangle$ 的所有左陪集.

3. 在 $\mathbf{Z}$ 中, 求子群 $H = \langle 6 \rangle$ 的所有左陪集.

4. 在 $U(30)$ 中, 求子群 $H = \langle \overline{7} \rangle$ 的所有左陪集.

5. 设 a 的阶为 15, 求子群 $H = \langle a^6 \rangle$ 在群 $G = \langle a \rangle$ 中的所有左陪集.

6. 设 $H = \{0, \pm 3, \pm 6, \pm 9, \cdots\}$. 求 H 在 $\mathbf{Z}$ 中的所有左陪集.

7. 设 H 如上题. 判别下列各对陪集是否相同?

(1) $8 + H$ 和 $17 + H$;

(2) $-1 + H$ 和 $8 + H$;

(3) $4 + H$ 和 $20 + H$.

8. 设 $\operatorname{ord} a = 30$. 问 $\langle a^4 \rangle$ 在 $\langle a \rangle$ 中有多少个左陪集? 试将它们列出.

9. 证明定理 2.1.1 的 (1)~(3).

10. 设 H 是群 G 的子群, $a, b \in G$. 证明: $Ha = Hb$ 的充分必要条件是 $ba^{-1} \in H$.

11. 证明: 一个子群的左陪集的所有元素的逆元素组成这个子群的一个右陪集.

12. 设 H_1, H_2 是群 G 的子群. 证明:

$$a(H_1 \cap H_2) = aH_1 \cap aH_2.$$

13. 设 H 是有限群 G 的子群, K 是 H 的子群. 证明:

$$[G : K] = [G : H][H : K].$$

14. 设 A, B 为群 G 的有限子群. 证明: $|A| \cdot |B| = |AB| \cdot |A \cap B|$.
15. 将 S_3 自然地看作 S_4 的子群, 并设 $H = \langle(1\,2\,3\,4)\rangle$. 证明: $S_3H = S_4$.
16. 设 H 与 K 为群 G 的子群. 已知 $|H| = 12$, $|K| = 35$, 试求 $|H \cap K|$.
17. 证明: 4 阶群必同构于 U_4 或

$$K = \{(1), (1\,2)(3\,4), (1\,3)(2\,4), (1\,4)(2\,3)\}.$$

18. 证明: 6 阶群必存在一个 3 阶子群.
19. 证明: 在 A_4 中, 不存在阶为 6 的子群与元素.
20. 设 $|G| = 33$. 证明: G 必有 3 阶元素.
21. 证明: 15 阶群至多含有一个 5 阶子群.
22. 设 G 是有限交换群, n 是与 $|G|$ 互素的正整数. 证明映射 $a \mapsto a^n$ 是 G 的自同构.
23. 设 G 是群, H 是 G 的子群, 规定关系 “$\sim$”:

$$a \sim b \Longleftrightarrow ab^{-1} \in H, \quad \forall a, b \in G.$$

证明: $\sim$ 是 G 的一个等价关系, 且等价类 $\overline{a} = Ha$.

24. 设 S 是群 G 的非空子集, 在 G 中规定关系 “$\sim$”:

$$a \sim b \Longleftrightarrow ab^{-1} \in S.$$

证明: $\sim$ 是 G 的等价关系的充要条件是 S 是 G 的子群.

拉格朗日　小传

拉格朗日 (Joseph Louis Lagrange) 1736 年 1 月 25 日出生在意大利, 祖先是法国人. 早年他阅读一篇由英国天文学家哈雷 (E. Halley, 1656~1742) 写的关于牛顿微积分的论文时就深深地被数学所吸引. 19 岁时, 他成了都灵皇家炮兵学校的数学教授. 拉格朗日对数学和物理的许多领域有过重要的贡献, 这些领域包括: 数论、方程论、常微分方程和偏微分方程、变分学、解析几何、流体力学以及天体力学. 他关于用根式求解一元三次和四次代数方程的方法为伽罗瓦建立用群论方法研究多项式方程的理论 (即伽罗瓦理论) 打下了扎实的基础. 拉格朗日还是一位很好的作家, 他的文笔流畅、风格清新.

40 岁时, 拉格朗日被任命为柏林科学院的院长, 以接替欧拉. 1787 年, 他应路易十六的邀请访问巴黎, 成为国王和王后的好朋友. 1793 年, 拉格朗日领导了一个成员包括拉普拉斯和法国化学家拉瓦锡 (A. L. Lavoisier, 1743~1794) 在内的委员会, 致力于设计一种新的重量和长度系统, 其结果是米制的诞生. 他曾先后 5 次获得法兰西科学院奖金.

拉格朗日于 1813 年 4 月 10 日在巴黎逝世.

2.2　正规子群与商群

由 2.1 节知道, 如果 G 是群, H 是 G 的子群, a 是 G 的任一个元素, 则 $aH = Ha$ 一般来说并不成立. 伽罗瓦在近两百年前就发现, 对所有的 $a \in G$, 使等式 $aH = Ha$ 成立的子群 H 具有特别重要的意义, 他把这种子群叫做正规子群. 由正规子群又可以定义一种新的群——商群. 在本节中, 先讨论正规子群, 然后给出商群的定义.

定义 2.2.1　设 H 是群 G 的子群, 如果对每个 $a \in G$, 都有 $aH = Ha$, 则称 H 是群 G 的一个**正规子群** (normal subgroup) 或**不变子群** (invariant subgroup), 记作 $H \lhd G$.

注　在上述定义中, 条件 $aH = Ha$ 仅仅表示两个集合 aH 与 Ha 相等. 读者千万不要错误地认为, 由 $aH = Ha$ 可推出 $ah = ha$ 对 H 中所有的元素 h 都成立. 正确的理解应该是, 对任意的 $h \in H$, 存在 $h' \in H$, 使 $ah = h'a$.

例 1　由正规子群的定义容易知道, 群 G 的单位元群 $\{e\}$ 和群 G 本身都是 G 的正规子群. 这两个正规子群称为 G 的平凡正规子群. 如果群 G 只有平凡的正规子群, 且 $G \neq \{e\}$, 则称 G 为**单群** (simple group).

例 2　在 S_3 中, 设子群 $H = \{(1), (1\,2\,3), (1\,3\,2)\}$. 这时,

$$\begin{aligned}
&(1)H = H = H(1);\\
&(1\,2)H = \{(1\,2), (2\,3), (1\,3)\};\\
&H(1\,2) = \{(1\,2), (1\,3), (2\,3)\}.
\end{aligned}$$

所以

$$(1\,2)H = H(1\,2).$$

同样可得

$$\begin{aligned}
&(1\,2\,3)H = H = H(1\,2\,3);\\
&(1\,3\,2)H = H = H(1\,3\,2);\\
&(2\,3)H = (1\,2)H = H(2\,3);
\end{aligned}$$

$$(1\,3)H = (1\,2)H = H(1\,3).$$

所以对每个 $a \in S_3$, 都有

$$aH = Ha.$$

从而 H 是 S_3 的一个正规子群.

但对子群 $H_1 = \{(1), (1\,2)\}$, 因为 $(1\,3)H_1 \neq H_1(1\,3)$, 所以 H_1 不是 S_3 的正规子群.

例 3 如果 G 是交换群, 则 G 的一切子群都是 G 的正规子群.

证明 因为

$$aH = \{ah \mid h \in H\} = \{ha \mid h \in H\} = Ha, \quad \forall a \in G,$$

所以 H 是 G 的正规子群. □

例 4 设 H, K 都是 G 的子群. 如果 H 是 G 的正规子群且 $H \subseteq K$, 则 H 也是 K 的正规子群.

证明 显然 H 是 K 的子群. 因为 H 是 G 的正规子群, 所以对任意的 $a \in G$, 有 $aH = Ha$. 特别地, 对任意的 $a \in K$, 由于 K 是 G 的子群, 所以也有 $aH = Ha$. 从而 H 为 K 的正规子群. □

例 5 设 G 为群, H 是 G 的子群. 如果 H 在 G 中的指数 $[G:H] = 2$, 则 H 是 G 的正规子群.

证明 对任意 $a \in G$, 若 $a \in H$, 则 $aH = H = Ha$. 若 $a \notin H$, 则 aH 与 H 是 G 的两个不同的陪集. 由于 $[G : H] = 2$, 由此 $G = H \cup aH$. 同理有 $G = H \cup Ha$.

因为 $aH \cap H = \varnothing$, 而 $aH \subseteq G = H \cup Ha$, 所以 $aH \subseteq Ha$. 同理有 $Ha \subseteq aH$, 所以 $aH = Ha$. 因此 H 是 G 正规子群. □

由于 $[S_n : A_n] = 2$, 由此例可知, n 次交错群 A_n 是 n 次对称群 S_n 的正规子群.

下面给出判断一个子群是否为正规子群的条件.

定理 2.2.1 设 G 是群, H 是 G 的子群, 则下列四个条件等价:

(1) H 是 G 的正规子群;

(2) 对任意的 $a \in G$, 有 $aHa^{-1} = H$;

(3) 对任意的 $a \in G$, 有 $aHa^{-1} \subseteq H$;

(4) 对任意的 $a \in G, h \in H$, 有 $aha^{-1} \in H$.

证明 ((1)$\Longrightarrow$(2)) 因为 $H \lhd G$, 所以对任意的 $a \in G$, 有 $aH = Ha$. 因而

$$aHa^{-1} = (Ha)a^{-1} = H(aa^{-1}) = H.$$

((2)$\Longrightarrow$(3)) 因为 $aHa^{-1}=H$, 所以显然有

$$aHa^{-1}\subseteq H.$$

((3)$\Longrightarrow$(4)) 由于 $aHa^{-1}\subseteq H$, 所以对任意 $h\in H$, 有

$$aha^{-1}\in H.$$

((4)$\Longrightarrow$(1)) 对任意的 $a\in G$, $h\in H$, 有 $aha^{-1}\in H$, 所以

$$ah=(aha^{-1})a\in Ha,$$

从而 $aH\subseteq Ha$.

反之, 对任意的 $a\in G$, $h\in H$, 有

$$a^{-1}ha=a^{-1}h(a^{-1})^{-1}\in H,$$

所以 $ha\in aH$, 从而 $Ha\subseteq aH$.

于是 $aH=Ha$. 由此得 $H\lhd G$. □

一般来说, 判别一个子群是否为正规子群, 条件 (4) 比较方便. 因为由这个条件, 只需考虑 aha^{-1} 是否在 H 中, 而不必考虑两个子集 aH 与 Ha 是否相等.

例 6 在 S_4 中, 令

$$K=\{(1),(1\ 2)(3\ 4),(1\ 3)(2\ 4),(1\ 4)(2\ 3)\}.$$

证明: K 是 S_4 的正规子群.

证明 易知 K 为 S_4 的子群 (见习题 1-6 的 28 题). 下面证, 对任意的 $\sigma\in S_4$, $\tau\in K$, 有 $\sigma\tau\sigma^{-1}\in K$.

(1) 如果 $\tau=(1)$, 则显然有 $\sigma\cdot(1)\cdot\sigma^{-1}=(1)$.

(2) 如果 $\tau=(1\ 2)(3\ 4)$, 则

$$\begin{aligned}\sigma\tau\sigma^{-1}&=\sigma(1\ 2)\sigma^{-1}\cdot\sigma(3\ 4)\sigma^{-1}\\&=(\sigma(1)\ \sigma(2))\cdot(\sigma(3)\ \sigma(4)).\end{aligned}$$

因为 σ 是集合 $X=\{1,2,3,4\}$ 的一个置换, 所以

$$\sigma(1),\quad \sigma(2),\quad \sigma(3),\quad \sigma(4)$$

互不相同. 由此得 $\sigma(1\ 2)(3\ 4)\sigma^{-1}\in K$.

同理可证

$$\sigma(1\,3)(2\,4)\sigma^{-1}, \quad \sigma(1\,4)(2\,3)\sigma^{-1} \in K.$$

从而由定理 2.2.1 知, K 为 S_4 的正规子群. □

注意: 正规子群不具备传递性, 即若 H 是 K 的正规子群, K 是 G 的正规子群, H 也不一定是 G 的正规子群.

例 7 令 $G = S_4$, $K = \{(1), (1\ \ 2)(3\ \ 4), (1\ \ 3)(2\ \ 4), (1\ \ 4)(2\ \ 3)\}$, $H = \{(1), (1\ \ 2)(3\ \ 4)\}$. 我们由上面的例子得到 $K \lhd G$. 又因为 K 为交换群, 所以 $H \lhd K$. 但是, 容易得到

$$(1\,3)H = \{(1\,3), (1\,2\,3\,4)\} \neq \{(1\,3), (1\,4\,3\,2)\} = H(1\,3).$$

所以, H 不是 G 的正规子群.

正规子群有下列简单性质.

定理 2.2.2 设 G 为群, H_1, H_2 是 G 的正规子群, 则

$$H_1 \cap H_2 \quad 与 \quad H_1 H_2$$

都是 G 的正规子群.

这个定理的证明作为练习 (见本节习题 4).

正规子群的基本特点是: 它的每一个左陪集与相应的右陪集完全一致. 因此, 对于群 G 的正规子群 H, 可不必区分它的左陪集 aH 与右陪集 Ha, 而直接称 aH 或 Ha 为它的一个陪集. 用 G/H 表示它的所有陪集组成的集合, 即

$$G/H = \{aH \mid a \in G\}.$$

下面规定 G/H 的运算, 以使 G/H 关于给定的运算构成群.

对任意的 $aH, bH \in G/H$, 规定:

$$(aH) \cdot (bH) = (ab)H. \tag{2.2.1}$$

下面证明, 以上规定的乘法是 G/H 的一个代数运算, 即要证明, H 的任意两个陪集 aH, bH 的乘积是唯一确定的, 它与陪集的代表元 a, b 的选取无关.

设 $a'H = aH$, $b'H = bH$, 则

$$\begin{aligned} a'H \cdot b'H &= (a'b')H = a'(b'H) = a'(bH) = a'(Hb) \\ &= (a'H)b = (aH)b = a(Hb) = (ab)H \\ &= aH \cdot bH, \end{aligned}$$

所以上述乘法是 G/H 的一个代数运算.

定理 2.2.3 设 G 是群, H 是 G 的一个正规子群, 则 H 的所有陪集组成的集合

$$G/H = \{aH \mid a \in G\}$$

关于陪集的乘法 $aH \cdot bH = (ab)H$ 构成群.

证明 (1) 乘法的合理性及运算的封闭性前面已证.

(2) 对任意的 $a, b, c \in G$, 有

$$\begin{aligned}(aH \cdot bH) \cdot cH &= (ab)H \cdot cH = ((ab) \cdot c)H \\ &= (a \cdot (bc))H = aH \cdot (bc)H \\ &= aH \cdot (bH \cdot cH),\end{aligned}$$

所以结合律成立.

(3) 对每个 $a \in G$, 有

$$eH \cdot aH = (ea)H = aH = (ae)H = aH \cdot eH,$$

所以 $eH(= H)$ 为 G/H 的单位元.

(4) 对任意的 $aH \in G/H$, 有 $a^{-1}H \in G/H$, 且

$$a^{-1}H \cdot aH = (a^{-1}a)H = eH = (aa^{-1})H = aH \cdot a^{-1}H,$$

所以 G/H 中每个元素 aH 都有逆元 $a^{-1}H$.

这就证明了 G/H 是一个群. □

由定理 2.2.3 我们得到下面的定义.

定义 2.2.2 设 G 为群, H 是 G 的正规子群. H 的所有陪集 G/H 关于由 (2.2.1) 式所规定的运算构成的群称为群 G 关于子群 H 的**商群** (quotient group), 仍记作 G/H.

由上述定义及定理 2.2.3 的证明容易得到下述结论.

推论 1 设 G 为群, H 是 G 的正规子群, 则

(1) 商群 G/H 的单位元是 $eH(= H)$;

(2) aH 在 G/H 中的逆元是 $a^{-1}H$.

推论 2 设 G 为群, H 是 G 的任一子群. 如果 G 是交换群, 则商群 G/H 也是交换群.

由于 H 在 G 中的指数 $[G:H]$ 就是 H 在 G 中的陪集的个数, 所以 $|G/H|=[G:H]$. 特别地, 当 G 是有限群时,

$$|G/H|=[G:H]=\frac{|G|}{|H|}.$$

由此推出下述结论.

推论 3　有限群 G 的商群的阶是群 G 的阶数的因子.

例 8　在 S_3 中, 设

$$H=\{(1),(1\,2\,3),(1\,3\,2)\},$$

则由例 2 知, H 是 S_3 的正规子群. 而商群 G/H 含有两个元素, $(1)H$ 和 $(1\,2)H$, 所以

$$G/H=\{(1)H,(1\,2)H\}.$$

例 9　设 $\mathbf{Q}^*$ 是所有非零有理数构成的乘法群, $H=\{1,-1\}$, 则 $H\lhd\mathbf{Q}^*$. 对任意的 $a\in\mathbf{Q}^*$, 有 $aH=\{a,-a\}$, 所以

$$\mathbf{Q}^*/H=\{aH\,|\,a>0,a\in\mathbf{Q}\}.$$

显然, $\mathbf{Q}^*/H$ 是无限群.

例 10　设 $G=\mathbf{Z}$, m 为任一大于 1 的正整数. 令 $H=\langle m\rangle$, 则 $H\lhd\mathbf{Z}$. 易知,

$$a+H=b+H\Longleftrightarrow m\,|\,a-b.$$

由此推出, H 的全体陪集为

$$\begin{aligned}
&\overline{0}=0+H=\{zm\,|\,z\in\mathbf{Z}\},\\
&\overline{1}=1+H=\{1+zm\,|\,z\in\mathbf{Z}\},\\
&\cdots\cdots\\
&\overline{m-1}=(m-1)+H=\{(m-1)+zm\,|\,z\in\mathbf{Z}\}.
\end{aligned}$$

显然, $\mathbf{Z}$ 关于 $\langle m\rangle$ 的商群 $\mathbf{Z}/\langle m\rangle$ 就是 $\mathbf{Z}$ 关于模 m 的剩余类加群 $\mathbf{Z}_m$, 因此有

$$\mathbf{Z}/\langle m\rangle=\mathbf{Z}_m.$$

例 11　设 $G=\mathbf{Z}_{18}$, $H=\langle\overline{6}\rangle$, 则

$$G/H=\{\overline{0}+H,\overline{1}+H,\overline{2}+H,\overline{3}+H,\overline{4}+H,\overline{5}+H\}=\langle\overline{1}+H\rangle.$$

由于这是一个阶为 6 的循环群, 所以 $G/H \cong \mathbf{Z}_6$.

商群是一类极为重要的群, 它从一开始就受到数学家们的特别关注. 这是因为, 商群是由其正规子群的陪集所构成, 所以它在许多方面有与原来的群相似的性质 (如果子群 $H \neq G$); 同时, 商群的结构又比原来的群简单一些 (只要子群 $H \neq \{e\}$). 讨论商群的性质相对来说要比讨论原来的群的性质容易. 这样, 借助于商群, 我们就可以部分地了解原来群的性质. 从这一点来看, 商群在理论上和实践上的意义当然是不言而喻的了. 作为正规子群的应用, 我们来看下面两个例子.

例 12 证明: 在 A_4 中, 不存在 6 阶的子群.

证明 假设 A_4 有一 6 阶子群 H, 则由例 5 知, H 为 A_4 的正规子群, 且 $|A_4/H| = 2$. 所以对任意的 σH, $\sigma^2 H = (\sigma H)^2 = H$, 即 $\sigma^2 \in H$. 易知

$$\begin{aligned}\Sigma &= \{\sigma^2 \mid \sigma \in A_4\}\\ &= \{(1), (1\ 2\ 3), (1\ 3\ 2), (1\ 2\ 4), (1\ 4\ 2), (1\ 3\ 4), (1\ 4\ 3), (2\ 3\ 4), (2\ 4\ 3)\}\end{aligned}$$

有 9 个元素. 而 $\Sigma \subseteq H$, 这与 $|H| = 6$ 矛盾. □

例 13 设 G 为有限交换群, $|G| = n$. 证明: 对 n 的任一素因子 p, G 必有阶为 p 的元素.

证明 对 n 应用数学归纳法.

首先, 当 $n = 2$ 时, 结论显然成立.

假设结论对所有阶小于 n 的交换群成立. 考察阶为 n 的交换群 G, 设 p 为 n 的任一素因子.

任取 $a \in G, a \neq e$, 设 $\operatorname{ord} a = r$.

(1) 如果 $r = pk$, 则 $\operatorname{ord} a^k = p$, 结论成立.

(2) 如果 $p \nmid r$, 令 $H = \langle a \rangle$, 则 H 为 G 的正规子群 (见例 3), 且商群 G/H 为交换群 (推论 2). 而$|G/H| = \dfrac{n}{r} < n$, 且因 $p \nmid r$, 所以 $p \left| \left(\dfrac{n}{r}\right)\right.$. 从而由归纳假设知, 存在 $bH \in G/H$, 使 $\operatorname{ord} bH = p$, 则 $b^p \in H$. 于是 $b^{pr} = e$. 由于 $p \nmid r$, 所以 $(bH)^r \neq H$, 即 $b^r \notin H$, 于是 $b^r \neq e$. 而 $(b^r)^p = e$, 所以 $\operatorname{ord} b^r = p$.

从而由归纳法原理知结论成立. □

习 题 2-2

1. 证明: $SL_n(\mathbf{R})$ 是 $GL_n(\mathbf{R})$ 的正规子群.
2. 证明: 群 G 的中心 $C(G)$ 是 G 的正规子群.
3. 设 H 和 N 分别是群 G 的子群和正规子群. 证明: HN 是 G 的子群.
4. 证明: 群的两个正规子群的交与积都是正规子群.

5. 设 G 为群, H 是 G 的子群. 证明: H 是 G 的正规子群的充分必要条件是对任意的 $a, b \in G$, 如果 $ab \in H$, 则 $ba \in H$.

6. 设 H 是群 G 的子群. 证明: 如果 H 的任一个左陪集也是它的一个右陪集, 则 H 是 G 的正规子群.

7. 设 G 为群, H 是 G 的子群. 证明: H 是 G 的正规子群的充分必要条件是对任意的 $a, b \in G$, 子集 aH 和 bH 的乘积 $aH \cdot bH$ 仍是一个左陪集.

8. 设 G 为群, H 是 G 的子群. 定义 H 在 G 中的**正规化子** (normalizer) 为

$$N_G(H) = \{g \in G \,|\, gHg^{-1} = H\}. \quad (\text{简记为 } N(H))$$

证明: $N_G(H)$ 是 G 的子群, H 是 $N_G(H)$ 的正规子群.

*9. 设 $G = SL(n, \mathbb{C})$, $H < G$, 其中 H 是所有行列式为 1 的 n 阶对角矩阵所组成的集合. 求 H 在 G 中的正规化子 $N_G(H)$, 并证明 $N_G(H)/H \cong S_n$.

10. 设 G 为群, H 是 G 的子群. 证明: H 是 G 的正规子群的充分必要条件是对 G 的任一内自同构 ϕ, $\phi(H) \subseteq H$.

11. 设 G 是群, $H \lhd G$, 且 $[G : H] = m$. 证明: 对每个 $x \in G$, 都有 $x^m \in H$.

12. 设 H, K 为群 G 的两个正规子群. 证明: 如果 $H \cap K = \{e\}$, 则对任意的 $h \in H$, $k \in K$, 有 $hk = kh$.

13. 设 H 是循环群 G 的子群. 证明: G/H 也是循环群.

14. 设 $C(G)$ 是群 G 的中心, 且商群 $G/C(G)$ 是循环群. 证明: G 是交换群.

15. 设 G 是交换群. 证明: G 的所有阶数有限的元素的集合 H 是 G 的正规子群, 且商群 G/H 的元素除单位元外, 其余元素 (如有的话) 的阶数都是无限的.

16. 设 G 为群, $a, b \in G$. 称 $[a, b] = a^{-1}b^{-1}ab$ 为 a, b 的换位子. G 中所有换位子生成的子群叫做 G 的换位子群, 记作 $[G, G]$. 证明:

(1) $[G, G]$ 是 G 的正规子群;

(2) 商群 $G/[G, G]$ 是交换群;

(3) 若 $N \lhd G$, 且 G/N 为交换群, 则 $[G, G] < N$.

17. 求 S_3 的换位子群.

18. 求 S_4 及 A_4 的换位子群.

19. 求二面体群 D_n 的换位子群.

20. 确定 A_4 的所有子群.

21. 给出对称群 S_4 的一切非平凡的正规子群及相应的商群.

22. 设 p, q 是不同的素数. 证明: 每一阶数为 pq 的交换群都是循环群.

23. 设 $|G| = 15$. 证明: 如果 G 有唯一的 3 阶子群和唯一的 5 阶子群, 则 G 是循环群. 将此结果推广到 $|G| = pq$ 的情况, 这里, p, q 为不同的素数.

24. 设 G 是群. 证明: G 的内自同构群 $\mathrm{Inn}(G)$ 是 G 的自同构群的正规子群.

*25. 设 G 为交换群, $|G| = n$, m 是一个正整数. 证明: 如果 $m \mid n$, 则 G 有 m 阶子群.

柯西 小传

柯西 (Augustin Louis Cauchy), 法国数学家、力学家. 1789 年 8 月 21 日生于巴黎. 1805~1807 年入巴黎综合工科学校学习, 1807~1809 年在巴黎公路和桥梁学校学习. 1809 年成为拿破仑军队中的工程师, 参加一系列工程建设, 并利用业余时间从事数学研究. 1816 年, 柯西成为巴黎综合工科学校数学教授, 并被公认为是当时法国最杰出的数学家. 柯西和高斯是他们那个时代中知道所有数学分支的最后两位数学家. 两人几乎在每个领域中都作出过重要的贡献, 不管是纯粹数学还是应用数学, 也不管是物理学还是天文学.

柯西使得数学分析的严密性达到了前所未有的新水平. 我们现在所使用的极限和连续的概念都归功于他. 他给出了微积分基本定理的第一个证明. 柯西还是复变函数论的奠基人, 置换群和行列式研究的先驱者. 他一生著述甚丰, 光数学方面就有 24 大卷, 是仅次于欧拉的多产数学家. 就在 50 岁之后他还写下了 500 多篇论文.

柯西 1857 年 5 月 23 日卒于巴黎附近的索镇.

2.3 群的同态和同态基本定理

1.3 节曾经说过, 研究一件事物通常有三种方法, 其中之一就是从一件事物与另一件事物的联系中去了解事物. 在数学上, 数学对象之间的联系往往是通过某种特殊的映射来反映的. 这些映射不但建立了两个数学对象的元素之间的联系, 而且也要能反映出这两个数学对象之间的某种结构上的联系. 比如, 线性代数中的线性映射就具有这一特点, 它既建立了两个线性空间的元素之间的对应关系, 同时也保持了双方的某些运算性质. 在 1.4 节中所讨论过的群同构的概念也具有这一特性. 但是, 群同构的概念对于讨论群与群之间的关系来说条件太强了, 它首先要求群与群的元素之间有一个一一对应的关系. 在群论中, 在讨论群与群之间的联系时, 一个应用得更为广泛的概念是群同态的概念. 与同构一样, 群同态保持了群双方的运算, 但却不要求群的元素之间是一一对应的. 因此可以说, 群同态是群同构的概念的自然推广. 通过群同态, 可以了解一个群与它的商群以及它的同态象之间的密切的联系. 而这种联系, 无论对于群论本身, 还是对于群的应用, 都是极为重要的. 本节首先给出群同态的定义, 然后讨论群同态的一些最基本的性质, 最后证明群同态的基本定理.

定义 2.3.1 设 G 与 G' 是两个群, ϕ 是 G 到 G' 的映射. 如果对任意的 $a, b \in G$ 有

$$\phi(ab) = \phi(a)\phi(b), \tag{2.3.1}$$

则称 ϕ 是群 G 到 G' 的一个**同态映射** (homomorphism), 简称同态.

当同态映射 ϕ 是满射时, 称 ϕ 为群 G 到 G' 的**满同态** (epimorphism); 当同态映射 ϕ 是单射时, 称 ϕ 为 G 到 G' 的**单同态** (monomorphism).

由此定义立即可知, 群的同构映射一定是既单且满的同态映射: 反之, 当群 G 到群 G' 的同态映射 ϕ 既是单同态又是满同态时, ϕ 是 G 到 G' 的同构映射.

注 在 (2.3.1) 式中, 虽然用同一个记号 "·" 来表示群 G 与群 G' 的运算, 但这仅仅是为了方便, 决不表示等式两边的运算 ab 与 $\phi(a)\phi(b)$ 是一样的. 读者必须明白, 等式左边的 ab 是在 G 中进行的运算, 而右边的 $\phi(a)\phi(b)$ 却是在 G' 中进行的运算. 在讨论具体的群时, 应该将 "·" 用它们各自的运算符号代替.

例 1 设 G, G' 是两个群, e' 是 G' 单位元. 对任意的 $a \in G$, 令

$$\begin{aligned} \phi:\ G &\longrightarrow G', \\ a &\longmapsto e', \end{aligned}$$

则对任意的 $a, b \in G$,

$$\phi(ab) = e' = e' \cdot e' = \phi(a) \cdot \phi(b),$$

所以 ϕ 是 G 到 G' 的同态映射.

例 2 设 G 是整数加群 $\mathbf{Z}$, G' 是全体非零实数 $\mathbf{R}^*$ 关于数的乘法所构成的乘法群. 令

$$\begin{aligned} \phi:\ \mathbf{Z} &\longrightarrow \mathbf{R}^*, \\ n &\longmapsto (-1)^n. \end{aligned}$$

显然 ϕ 是 G 到 G' 的映射. 且对任意的 $m, n \in \mathbf{Z}$, 有

$$\phi(m+n) = (-1)^{m+n} = (-1)^n \cdot (-1)^m = \phi(m) \cdot \phi(n).$$

因此 ϕ 是 $(\mathbf{Z}, +)$ 到 $(\mathbf{R}^*, \cdot)$ 的同态映射.

例 3 设 $\mathbf{R}[x]$ 为全体实系数多项式关于多项式的加法所构成的群. 令

$$\begin{aligned} \phi:\ \mathbf{R}[x] &\longrightarrow \mathbf{R}[x], \\ f(x) &\longmapsto f'(x) \quad (\text{即 } f(x) \text{ 的导数}), \end{aligned}$$

则 ϕ 是 $\mathbf{R}[x]$ 到它自身的映射. 且对任意的 $f(x), g(x) \in \mathbf{R}[x]$, 有

$$\phi(f(x)+g(x)) = (f(x)+g(x))'$$

$$
\begin{aligned}
&= f'(x) + g'(x) \\
&= \phi(f(x)) + \phi(g(x)),
\end{aligned}
$$

所以 ϕ 是 $\mathbf{R}[x]$ 到它自身的同态映射. 易知, 这是一个满同态.

例 4 设 G 为群, H 是 G 的正规子群. 对商群 G/H, 令

$$
\begin{aligned}
\eta:\ G &\longrightarrow G/H, \\
a &\longmapsto aH,
\end{aligned}
$$

则 η 是满映射, 且对任意 $a, b \in G$, 有

$$\eta(ab) = (ab)H = aH \cdot bH = \eta(a)\eta(b),$$

所以 η 是 G 到它的商群 G/H 的同态映射. 通常称这样的同态映射为**自然同态**(natural homomorphism).

下面讨论群同态的性质.

定理 2.3.1 设 ϕ 是群 G 到群 G' 的同态映射, e 与 e' 分别是 G 与 G' 的单位元, $a \in G$, 则

(1) ϕ 将 G 的单位元映到 G' 的单位元, 即 $\phi(e) = e'$;

(2) ϕ 将 a 的逆元映到 $\phi(a)$ 的逆元, 即 $\phi(a^{-1}) = (\phi(a))^{-1}$;

(3) 设 n 是任一整数, 则 $\phi(a^n) = (\phi(a))^n$;

(4) 如果 $\operatorname{ord} a$ 有限, 则 $\operatorname{ord} \phi(a) \mid \operatorname{ord} a$.

证明 (1) 因 e 与 e' 分别是 G 与 G' 的单位元, 所以

$$e' \cdot \phi(e) = \phi(e) = \phi(e \cdot e) = \phi(e) \cdot \phi(e),$$

从而由消去律得

$$e' = \phi(e),$$

即 $\phi(e)$ 为 G' 的单位元.

(2) 直接计算可得

$$\phi(a) \cdot \phi(a^{-1}) = \phi(aa^{-1}) = \phi(e) = e' = \phi(a) \cdot (\phi(a))^{-1}.$$

从而又由消去律得

$$\phi(a^{-1}) = (\phi(a))^{-1},$$

即 $\phi(a^{-1})$ 为 $\phi(a)$ 的逆元.

(3) 当 $n = 0$ 时,

$$\phi(a^0) = \phi(e) = e' = (\phi(a))^0.$$

当 $n > 0$ 时,

$$\begin{aligned}\phi(a^n) &= \phi(a^{n-1}a) = \phi(a^{n-1})\phi(a) \\ &= \cdots = (\phi(a))^{n-1}\phi(a) = (\phi(a))^n.\end{aligned}$$

当 $n < 0$ 时,

$$\begin{aligned}\phi(a^n) &= \phi((a^{-1})^{-n}) = (\phi(a^{-1}))^{-n} \\ &= \left(\phi(a)^{-1}\right)^{-n} = (\phi(a))^n.\end{aligned}$$

(4) 设 $\operatorname{ord} a = r$, 则

$$(\phi(a))^r = \phi(a^r) = \phi(e) = e',$$

所以 $\operatorname{ord}\phi(a) \mid \operatorname{ord} a$. □

设 ϕ 为群 G 到群 G' 的映射, A, B 分别为 G 与 G' 的非空子集. 记

$$\begin{aligned}\phi(A) &= \{\phi(x) \mid x \in A\}, \\ \phi^{-1}(B) &= \{x \in G \mid \phi(x) \in B\},\end{aligned}$$

则 $\phi(A)$ 与 $\phi^{-1}(B)$ 分别是 G' 与 G 的非空子集. $\phi(A)$ 与 $\phi^{-1}(B)$ 分别称为子集 A 与 B 在 ϕ 下的**象** (image) 与**原象** (inverse image). 注意, $\phi^{-1}(B)$ 仅仅是一个集合的记号, 并不表示映射 ϕ 是可逆的.

定理 2.3.2 设 ϕ 是群 G 到 G' 的同态映射, H 与 K 分别是 G 与 G' 的子群, 则

(1) $\phi(H)$ 是 G' 的子群;

(2) $\phi^{-1}(K)$ 是 G 的子群;

(3) 如果 H 是 G 的正规子群, 则 $\phi(H)$ 是 $\phi(G)$ 的正规子群;

(4) 如果 K 是 G' 的正规子群, 则 $\phi^{-1}(K)$ 是 G 的正规子群.

证明 (1) 对任意的 $h_1, h_2 \in H$, 有 $h_1h_2^{-1} \in H$, 所以

$$\phi(h_1)(\phi(h_2))^{-1} = \phi(h_1)\phi(h_2^{-1}) = \phi(h_1h_2^{-1}) \in \phi(H),$$

所以 $\phi(H)$ 是 G' 的子群.

(2) 对任意的 $a, b \in \phi^{-1}(K)$, 有 $\phi(a), \phi(b) \in K$, 则

$$\phi(ab^{-1}) = \phi(a)\phi(b^{-1}) = \phi(a)\phi(b)^{-1} \in K,$$

于是 $ab^{-1} \in \phi^{-1}(K)$, 所以 $\phi^{-1}(K)$ 是 G 的子群.

(3) 由 (1) 知, $\phi(H)$ 是 $\phi(G)$ 的子群. 又对任意的 $a' \in \phi(G)$, $h' \in \phi(H)$, 有 $a \in G, h \in H$, 使 $\phi(a) = a'$, $\phi(h) = h'$, 则 $aha^{-1} \in H$. 于是

$$\begin{aligned} a'h'a'^{-1} &= \phi(a)\phi(h)(\phi(a))^{-1} = \phi(a)\phi(h)\phi(a^{-1}) \\ &= \phi(aha^{-1}) \in \phi(H), \end{aligned}$$

所以 $\phi(H)$ 是 $\phi(G)$ 的正规子群.

(4) 由 (2) 知, $\phi^{-1}(K)$ 是 G 的子群. 又对任意的 $a \in G$, $h \in \phi^{-1}(K)$, 则 $\phi(h) \in K$, 而 K 是 G' 的正规子群, 故

$$\phi(aha^{-1}) = \phi(a)\phi(h)\phi(a)^{-1} \in K.$$

从而

$$aha^{-1} \in \phi^{-1}(K),$$

所以 $\phi^{-1}(K)$ 是 G 的正规子群. □

在上述定理中, 如果令 $K = \{e'\}$, 则 $\phi^{-1}(K)$ 在群的理论中扮演着特别重要的角色.

定义 2.3.2 *设 ϕ 是群 G 到 G' 的同态映射, e' 是 G' 的单位元, 则称 e' 在 G 中的原象*

$$\phi^{-1}(\{e'\}) = \{a \in G \mid \phi(a) = e'\}$$

*为同态映射 ϕ 的**核** (kernel), 记作 $\operatorname{Ker}\phi$.*

定理 2.3.3 *设 ϕ 是群 G 到 G' 的同态映射, 则 $\operatorname{Ker}\phi$ 是 G 的正规子群.*

证明 易知 $\{e'\}$ 是 G' 的正规子群. 从而由定理 2.3.2(4) 知 $\operatorname{Ker}\phi$ 是 G 的正规子群. □

例 5 例 1 至例 4 中的同态映射的核分别是

$$G, \quad 2\mathbf{Z}, \quad \mathbf{R}, \quad H.$$

例 6 试求 $\mathbf{Z}_{12}$ 到 $\mathbf{Z}_{18}$ 的所有同态映射, 并求每一个同态映射的核.

解 设 ϕ 是 $\mathbf{Z}_{12}$ 到 $\mathbf{Z}_{18}$ 的任一同态映射. 因为 $\mathbf{Z}_{12}$ 是循环群, 所以 ϕ 由 $\phi(\overline{1})$ 完全确定. 因 $\operatorname{ord}\overline{1} = 12$, 从而由定理 2.3.1(4) 知, $\operatorname{ord}\phi(\overline{1}) \mid 12$. 又因为 $\operatorname{ord}\phi(\overline{1}) \mid |\mathbf{Z}_{18}| = 18$, 所以

$$\operatorname{ord}\phi(\overline{1}) \mid (12,\ 18) = 6,$$

所以 $\phi(\overline{1})$ 的可能的取值为

$$\overline{0}, \quad \overline{9}, \quad \overline{6}, \quad \overline{12}, \quad \overline{3}, \quad \overline{15}.$$

由此得对应的同态映射与相应的核分别为

$$\begin{aligned}
&\phi_1(\overline{x}) = \overline{0}, && \operatorname{Ker}\phi_1 = \mathbf{Z}_{12};\\
&\phi_2(\overline{x}) = 9\overline{x}, && \operatorname{Ker}\phi_2 = 2\mathbf{Z}_{12};\\
&\phi_3(\overline{x}) = 6\overline{x}, && \operatorname{Ker}\phi_3 = 3\mathbf{Z}_{12};\\
&\phi_4(\overline{x}) = 12\overline{x}, && \operatorname{Ker}\phi_4 = 3\mathbf{Z}_{12};\\
&\phi_5(\overline{x}) = 3\overline{x}, && \operatorname{Ker}\phi_5 = 6\mathbf{Z}_{12};\\
&\phi_6(\overline{x}) = 15\overline{x}, && \operatorname{Ker}\phi_6 = 6\mathbf{Z}_{12}.
\end{aligned}$$

我们知道, 群同态保持了群双方的运算. 因此, 群 G 与其同态象 $\phi(G)$ 在结构上有一定的相似之处. 同态核可以看成是群 G 与其同态象 $\phi(G)$ 之间的相似程度的一个度量. 如果 $\operatorname{Ker}\phi = \{e\}$, 则 $G \cong \phi(G)$, 从而 G 与 $\phi(G)$ 的结构完全相同. 如果 $\operatorname{Ker}\phi = G$, 即 $\phi(G) = \{e'\}$, 则不能由 $\phi(G)$ 获得群 G 的任何信息. 而在其他情况下, $\phi(G)$ 都或多或少地给出了群 G 的部分信息. 另一方面, 由于同态核 $\operatorname{Ker}\phi$ 是群 G 的正规子群, 所以由商群 $G/\operatorname{Ker}\phi$ 又可以反过来了解群 G 的同态象 $\phi(G)$ 的性质. 下面的定理刻画了群 G 与它的商群 $G/\operatorname{Ker}\phi$ 以及它的同态象 $\phi(G)$ 之间的密切联系.

定理 2.3.4 (群同态基本定理)　*设 ϕ 是群 G 到群 G' 的满同态, $K = \operatorname{Ker}\phi$, 则*

$$G/K \cong G'.$$

证明　由定理 2.3.3 知, K 是 G 的正规子群, 所以有商群 G/K. 令

$$\begin{aligned}
\widetilde{\phi}:\ G/K &\longrightarrow G',\\
aK &\longmapsto \phi(a).
\end{aligned}$$

(1) 如果 $aK = bK$, 则 $a^{-1}b \in K$, 于是 $\phi(a^{-1}b) = e'$, 所以 $\phi(a) = \phi(b)$, 即 $\widetilde{\phi}(aK) = \widetilde{\phi}(bK)$. 这说明, $\widetilde{\phi}$ 的定义与代表元的选取无关, 从而 $\widetilde{\phi}$ 为 G/K 到 G' 的映射.

(2) 对任意的 $a' \in G'$, 因为 ϕ 是满映射, 所以存在 $a \in G$, 使 $\phi(a) = a'$. 从而

$$\widetilde{\phi}(aK) = \phi(a) = a',$$

因此, $\widetilde{\phi}$ 是 G/K 到 G' 的满映射.

(3) 如果 $\phi(a) = \phi(b)$, 则

$$\phi(a^{-1}b) = (\phi(a))^{-1}\phi(b) = e'.$$

于是 $a^{-1}b \in K$, 由此得 $aK = bK$. 所以 $\widetilde{\phi}$ 是 G/K 到 G' 的单映射.

(4) 对任意的 $aK, bK \in G/K$, 有

$$\begin{aligned}\widetilde{\phi}(aK \cdot bK) &= \widetilde{\phi}(abK) = \phi(ab) = \phi(a)\phi(b)\\ &= \widetilde{\phi}(aK)\widetilde{\phi}(bK).\end{aligned}$$

所以

$$\widetilde{\phi}: \quad G/K \cong G'. \qquad \square$$

群同态基本定理是群论中一个十分重要而且经常用到的定理. 由这个定理可知, 从同构的观点来看, 群的同态象就是群的商群. 因此, 既可以由群的同态象去研究群的商群, 同时又可以借助于群的商群对群的同态象作系统的描述. 以下面的例子来说明群同态基本定理的某些应用.

例 7 设 m 是任一大于 1 的正整数. 令

$$\begin{aligned}\phi: \quad \mathbf{Z} &\longrightarrow \mathbf{Z}_m,\\ a &\longmapsto \overline{a}.\end{aligned}$$

(1) 显然 ϕ 为 $\mathbf{Z}$ 到 $\mathbf{Z}_m$ 的映射.

(2) 对任意的 $\overline{a} \in \mathbf{Z}_m$, 有 $a \in \mathbf{Z}$, 使 $\phi(a) = \overline{a}$, 所以 ϕ 为 $\mathbf{Z}$ 到 $\mathbf{Z}_m$ 的满映射.

(3) 对任意的 $a, b \in \mathbf{Z}$, 有

$$\phi(a+b) = \overline{a+b} = \overline{a} + \overline{b} = \phi(a) + \phi(b),$$

所以 ϕ 为 $\mathbf{Z}$ 到 $\mathbf{Z}_m$ 的满同态.

(4) 同态的核

$$\begin{aligned}\operatorname{Ker}\phi &= \{x \in \mathbf{Z} \mid \phi(x) = \overline{0}\}\\ &= \{x \in \mathbf{Z} \mid \overline{x} = \overline{0}\}\\ &= \{x \in \mathbf{Z} \mid m|x\} = \langle m\rangle.\end{aligned}$$

从而由同态基本定理

$$\widetilde{\phi}: \quad \mathbf{Z}/\langle m\rangle \cong \mathbf{Z}_m. \qquad \square$$

由这个例子可知, 应用群同态基本定理证明群的同构, 一般有以下五个步骤:

第一步 建立群 G 与群 G' 的元素之间的对应关系 ϕ, 并证明 ϕ 为 G 到 G' 的映射;

第二步 证明 ϕ 为 G 到 G' 的满映射;

第三步 证明 ϕ 为 G 到 G' 的同态映射;

第四步 计算同态的核 $\operatorname{Ker}\phi$;

第五步 应用群同态基本定理得 $G/\operatorname{Ker}\phi \cong G'$.

例 8 设 H 为 G 的子群, K 为 G 的正规子群, 则 $H \cap K$ 是 H 的正规子群且

$$H/(H \cap K) \cong HK/K.$$

证明 令

$$\begin{aligned} \phi:\ H &\longrightarrow HK/K, \\ h &\longmapsto hK. \end{aligned}$$

(1) 显然 ϕ 是 H 到 HK/K 的映射.

(2) 对任意的 $hkK \in HK/K$, 其中 $h \in H, k \in K$, 由于 $hkK = hK$, 故

$$\phi(h) = hK = hkK,$$

所以 ϕ 是 H 到 HK/K 的满映射.

(3) 对任意的 $h_1, h_2 \in H$,

$$\phi(h_1h_2) = (h_1h_2)K = h_1K \cdot h_2K = \phi(h_1)\phi(h_2),$$

所以 ϕ 是 H 到 HK/K 的满同态.

(4) 同态的核

$$\begin{aligned} \operatorname{Ker}\phi &= \{h \in H \mid \phi(h) = K\} \\ &= \{h \in H \mid hK = K\} \\ &= \{h \in H \mid h \in K\} = H \cap K. \end{aligned}$$

(5) 由同态基本定理知, $H \cap K = \operatorname{Ker}\phi$ 为 H 的正规子群, 且

$$H/(H \cap K) \cong HK/K. \qquad \square$$

本结论通常称为第二同构定理.

习 题 2-3

1. 设 G 是一切非零实数所构成的乘法群, 下列映射 ϕ 中哪些是 G 到 G 的同态映射?

(1) $x \longmapsto |x|$; (2) $x \longmapsto ax$;

(3) $x \longmapsto x^2$; (4) $x \longmapsto -\dfrac{1}{x}$.

对于同态映射 ϕ, 找出 $\phi(G)$ 及 $\operatorname{Ker}\phi$.

2. 设 ϕ 是群 G 到 G' 的同态映射, e 是 G 的单位元. 证明:

$$\phi \text{ 是单同态} \Longleftrightarrow \operatorname{Ker}\phi = \{e\}.$$

3. 设 ϕ 是群 G 到 G' 的满同态, H 是 G 的正规子群. 证明: $\phi(H)$ 是 G' 的正规子群. 举例说明当同态映射 ϕ 不是满射时 $\phi(H)$ 不一定是 G' 的正规子群.

4. 设 C 为 $\mathbf{R}$ 上全体连续实函数关于函数的加法所构成的群. 对 $f(x) \in C$, 令

$$\phi(f(x)) = \int_0^x f(t)\,\mathrm{d}t.$$

(1) 证明: ϕ 是 C 到它自身的同态映射;

(2) 试求 ϕ 的象与核.

5. 设 G 是一个置换群. 对每个 $\sigma \in G$, 定义 $\operatorname{sgn}(\sigma) = \mathcal{N}(\sigma)$(见定理 1.6.6 的证明).

(1) 证明: sgn 是 G 到乘法群 $\{1, -1\}$ 的同态映射;

(2) 求 $\operatorname{Ker}\operatorname{sgn}$.

6. 证明: 映射 $x \mapsto x^6$ 是 $\mathbf{C}^*$ 到 $\mathbf{C}^*$ 的同态映射. 并求此同态映射的核.

7. 求 $\mathbf{Z}$ 到 $\mathbf{Z}_m$ 的所有同态映射.

8. 求 $\mathbf{Z}_m$ 到 $\mathbf{Z}$ 的所有同态映射.

9. 求 $\mathbf{Z}_4$ 到 $\mathbf{Z}_6$ 的所有同态映射.

10. 求 $\mathbf{Z}_{12}$ 到 $\mathbf{Z}_{30}$ 的所有同态映射.

11. 求 $\mathbf{Z}_{20}$ 到 $\mathbf{Z}_8$ 的所有同态映射.

12. 设 ϕ 是 $\mathbf{Z}_{30}$ 到 U_5 的满同态, 试求 $\operatorname{Ker}\phi$.

13. 设 ϕ 是 $U(30)$ 到 $U(30)$ 的同态, 且 $\operatorname{Ker}\phi = \{1, 11\}$. 已知 $\phi(7) = 7$, 试求 $\phi^{-1}(7)$.

14. 试求 $U(30)$ 的所有自同态 ϕ, 使 $\operatorname{Ker}\phi = \{1, 11\}$ 且 $\phi(7) = 7$.

注 群 G 到它自身的同态映射称为 G 的自同态.

15. 试求 $U(40)$ 的所有自同态 ϕ, 使 $\operatorname{Ker}\phi = \{1, 9, 17, 33\}$ 且 $\phi(11) = 11$.

16. 设 ϕ 是群 G 到 G' 的同态映射, $a, b \in G$. 证明: $\phi(a) = \phi(b)$ 当且仅当 $a\operatorname{Ker}\phi = b\operatorname{Ker}\phi$.

17. 设 ϕ 是 G 到 G' 的满同态, $a \in G$, $K = \operatorname{Ker}\phi$. 证明: $\phi^{-1}(\phi(a)) = \{x \in G \mid \phi(x) = \phi(a)\} = aK$.

18. 设 ϕ 是群 G 到 G' 的同态映射, $K = \operatorname{Ker}\phi$, $H < G$. 证明: $\phi^{-1}(\phi(H)) = HK$.

19. 设 G_1, G_2 分别为 n_1, n_2 阶循环群. 证明: 存在从 G_1 到 G_2 的满同态 $\Longleftrightarrow n_2 \mid n_1$.

20. 设 k 是 m 的正因子. 证明: $\mathbf{Z}_m/\langle \overline{k} \rangle \cong \mathbf{Z}_k$.

21. 设 $G = GL_n(\mathbf{R})$, $H = SL_n(\mathbf{R})$. 证明: $G/H \cong \mathbf{R}^*$.

22. 证明第一同构定理 (若尔当, 1870): 设 ϕ 是群 G 到 G' 的同态, 则 $G/\operatorname{Ker}\phi \cong \phi(G)$.

*23. 设 ϕ 是群 G 到 G' 的满同态, $H' \lhd G'$, $H = \phi^{-1}(H')$. 证明: $G/H \cong G'/H'$.

*24. 设 $\operatorname{Inn}(G)$ 是群 G 的内自同构群, $C(G)$ 是 G 的中心. 证明: $\operatorname{Inn}(G) \cong G/C(G)$.

*25. 设 H, K 都是群 G 的正规子群. 证明: $G/HK \cong (G/H) \big/ (HK/H)$.

*26. 证明第三同构定理: 设 $H \lhd G$, $K \lhd G$, 且 $K \subseteq H$, 则

$$G/H \cong (G/K) \big/ (H/K).$$

参考文献及阅读材料

[1] Larson L. A theorem about primes proved on a chessboard. Mathematics Magazine, 1977, 50: 69~74.

该文用棋盘对诸如陪集、群同态等代数概念作了解释. 这些想法还被用来解决 "n 王后" 问题以及证明费马的两平方数问题: 每个素数 $p \equiv 1 \pmod 4$ 是两个平方数之和, 且这两平方数是由 p 唯一确定的.

若尔当 小传

若尔当 (Marie Ennemond Camille Jordan), 法国数学家. 1838 年 1 月 5 日生于里昂. 1855 年以第一名的成绩进入巴黎综合工科学校. 毕业后进入矿业学校, 以后任工程师至 1885 年. 从 1873 年至 1912 年, 他同时在巴黎综合工科学校和法兰西学院任教. 1881 年被选为法兰西科学院院士. 在代数、几何、分析、拓扑学以及数学基础方面均有重要贡献. 以他的名字命名的概念有: 矩阵论中的若尔当典范型、拓扑学中的若尔当定理, 群论中的若尔当–赫尔德 (O. L. Hölder) 定理和若尔当代数等. 他在 1870 年发表的《置换与代数方程论》是一部经典著作, 其中首次将由伽罗瓦创建的确定多项式的根式解的理论 (即伽罗瓦理论) 进行了清晰和完整的论述, 并特别研究了线性变换群、可解群及其在代数和几何上的应用. 在这本书中, 若尔当还首次将交换群称为阿贝尔群. 虽然群这一术语是伽罗瓦引入的, 但正是若尔当的著作才使得该术语为广大数学家所接受. 他的另一影响巨大的书是《分析教程》, 这是第一部严密的分析著作, 特别是提出了有名的若尔当定理.

若尔当 1922 年 1 月 22 日在巴黎逝世.

2.4 群的直积

群的直积是群论中的重要概念, 也是研究群的主要手段之一. 利用群的直积, 可以将若干个小群组合成一个大群, 也可以把一个大群分解成一些子群的乘积. 本节的主要目的是对群的直积及其基本性质作一个初步的介绍. 首先给出两个群的外直积的概念.

定义 2.4.1 设 G_1, G_2 是两个群, 构造集合 G_1 与 G_2 的卡氏积

$$G = \{(a_1, a_2) \mid a_1 \in G_1, a_2 \in G_2\},$$

并在 G 中定义乘法运算

$$(a_1, a_2) \cdot (b_1, b_2) = (a_1 b_1, a_2 b_2), \quad (a_1, a_2), (b_1, b_2) \in G,$$

则 G 关于上述定义的乘法构成群, 称为群 G_1 与 G_2 的**外直积** (external direct product), 记作 $G = G_1 \times G_2$.

注 (1) 如果 e_1, e_2 分别是群 G_1 和 G_2 的单位元, 则 (e_1, e_2) 是 $G_1 \times G_2$ 的单位元;

(2) 设 $(a_1, a_2) \in G$, 则 $(a_1, a_2)^{-1} = (a_1^{-1}, a_2^{-1})$;

(3) 当 G_1 和 G_2 都是加群时, G_1 与 G_2 的外直积也可记作 $G_1 \oplus G_2$.

外直积有下面一些简单的性质.

定理 2.4.1 设 $G = G_1 \times G_2$ 是群 G_1 与 G_2 的外直积, 则

(1) G 是有限群的充分必要条件是 G_1 与 G_2 都是有限群. 并且, 当 G 是有限群时, 有

$$|G| = |G_1| \cdot |G_2|;$$

(2) G 是交换群的充分必要条件是 G_1 与 G_2 都是交换群;

(3) $G_1 \times G_2 \cong G_2 \times G_1$.

证明 (1) 由卡氏积的性质知, 这是显然的.

(2) 如果 G_1 与 G_2 都是交换群, 则对任意的 $(a_1, a_2), (b_1, b_2) \in G$, 有

$$(a_1, a_2) \cdot (b_1, b_2) = (a_1 b_1, a_2 b_2) = (b_1 a_1, b_2 a_2) = (b_1, b_2) \cdot (a_1, a_2),$$

所以 G 是交换群.

反之, 如果 G 是交换群, 那么对任意的 $a_1, b_1 \in G_1$, $a_2, b_2 \in G_2$, 有

$$(a_1, a_2) \cdot (b_1, b_2) = (b_1, b_2) \cdot (a_1, a_2),$$

即

$$(a_1 b_1, a_2 b_2) = (b_1 a_1, b_2 a_2).$$

因此 $a_1 b_1 = b_1 a_1$, $a_2 b_2 = b_2 a_2$. 从而 G_1, G_2 都是交换群.

(3) 构造映射

$$\begin{aligned} \phi: \quad G_1 \times G_2 &\longrightarrow G_2 \times G_1, \\ (a_1, a_2) &\longmapsto (a_2, a_1), \quad \forall (a_1, a_2) \in G_1 \times G_2, \end{aligned}$$

则 ϕ 是一一对应, 且

$$\phi((a_1, a_2)(b_1, b_2)) = \phi(a_1 b_1, a_2 b_2) = (a_2 b_2, a_1 b_1)$$

$$= (a_2, a_1)(b_2, b_1) = \phi(a_1, a_2) \cdot \phi(b_1, b_2).$$

因此, ϕ 是 $G_1 \times G_2$ 到 $G_2 \times G_1$ 的同构映射, 即

$$G_1 \times G_2 \cong G_2 \times G_1. \qquad \square$$

例 1 设 $G_1 = \langle a \rangle$, $G_2 = \langle b \rangle$ 分别是 3 阶和 5 阶的循环群, 则 $G = G_1 \times G_2$ 是一个 15 阶的循环群.

证明 首先, 由定理 2.4.1(1) 和 (2) 知, G 是一个 15 阶的交换群. 设

$$c = (a, b) \in G,$$

(e_1, e_2) 是 G 的单位元, 则

$$c^3 = (e_1, b^3), \quad c^5 = (a^2, e_2),$$

所以 c^3, c^5 都不等于 (e_1, e_2). 可知 $\operatorname{ord} c \neq 3, 5$. 由拉格朗日定理知, $\operatorname{ord} c = 15$. 即 $G = \langle c \rangle$ 是 15 阶循环群. $\square$

例 2 $\mathbf{Z}_2 \oplus \mathbf{Z}_2 \cong K$, 这里

$$K = \{(1), (1\,2)(3\,4), (1\,3)(2\,4), (1\,4)(2\,3)\}.$$

证明 对于 4 阶群 $\mathbf{Z}_2 \oplus \mathbf{Z}_2$ 中的任意一个元素 (a, b), 有

$$(a, b) + (a, b) = (0, 0).$$

因此, $\mathbf{Z}_2 \oplus \mathbf{Z}_2$ 中没有 4 阶元素, 故 $\mathbf{Z}_2 \oplus \mathbf{Z}_2$ 不是循环群. 而 4 阶群必同构于循环群或 K(见习题 2-1 的 17 题), 于是, $\mathbf{Z}_2 \oplus \mathbf{Z}_2 \cong K$. 事实上, $\mathbf{Z}_2 \oplus \mathbf{Z}_2$ 到 G 的任意一个将零元 (0,0) 映到 (1) 的一一对应都是一个群同构. $\square$

定理 2.4.2 设 G_1, G_2 是两个群, a 和 b 分别是 G_1 和 G_2 中的有限阶元素, 则对于 $(a, b) \in G_1 \times G_2$, 有

$$\operatorname{ord}(a, b) = [\operatorname{ord} a, \operatorname{ord} b].$$

证明 设 $\operatorname{ord} a = m$, $\operatorname{ord} b = n$, $s = [m, n]$, 则

$$(a, b)^s = (a^s, b^s) = (e_1, e_2). \tag{2.4.1}$$

从而 (a, b) 的阶有限, 设其为 t, 则要证明 $t = s$. 由 (2.4.1) 式得 $t \mid s$.

又因为

$$(e_1, e_2) = (a, b)^t = (a^t, b^t),$$

所以, $a^t = e_1$, $b^t = e_2$. 于是, $m \mid t$, 且 $n \mid t$, 从而 t 是 m 和 n 的公倍数. 而 s 是 m 和 n 的最小公倍数, 因此 $s \mid t$. 结合以上讨论得 $s = t$. □

例 3 下面来确定 $\mathbf{Z}_{15} \oplus \mathbf{Z}_5$ 中 5 阶元素的个数. 由定理 2.4.2, 就是要确定 $\mathbf{Z}_{15} \oplus \mathbf{Z}_5$ 中满足 $5 = \operatorname{ord}(a,b) = [\operatorname{ord} a, \operatorname{ord} b]$ 的元素 (a,b) 的个数. 显然这就要求或者 $\operatorname{ord} a = 5$ 且 $\operatorname{ord} b = 1$ 或 5; 或者 $\operatorname{ord} a = 1$ 且 $\operatorname{ord} b = 5$. 下面分情况讨论.

(1) $\operatorname{ord} a = \operatorname{ord} b = 5$. 此时 a 有 4 种选择 (即 3, 6, 9, 12), b 也有 4 种选择, 从而共有 16 个 5 阶元;

(2) $\operatorname{ord} a = 5$, $\operatorname{ord} b = 1$. 此时 a 仍有 4 种选择, 而 b 只有一种选择, 故共有 4 个 5 阶元;

(3) $\operatorname{ord} a = 1$, $\operatorname{ord} b = 5$. 此时 a 只有一种选择, 而 b 有 4 种选择, 故也有 4 个 5 阶元.

于是, $\mathbf{Z}_{15} \oplus \mathbf{Z}_5$ 共有 24 个 5 阶元.

定理 2.4.3 设 G_1 和 G_2 分别是 m 阶及 n 阶的循环群, 则 $G_1 \times G_2$ 是循环群的充要条件是 $(m,n) = 1$.

证明 设 $G_1 = \langle a \rangle$, $G_2 = \langle b \rangle$.

假设 $G_1 \times G_2$ 是循环群. 若 $(m,n) = t \neq 1$, 则由于 $\operatorname{ord} a = m$, $\operatorname{ord} b = n$, 而 $a^{m/t}$ 和 $b^{n/t}$ 的阶都是 t, 因此 $\langle (a^{m/t}, e_2) \rangle$ 和 $\langle (e_1, b^{n/t}) \rangle$ 是循环群 $G_1 \times G_2$ 中的两个不同的 t 阶子群. 而这与定理 1.5.5 的推论 2 相矛盾, 所以 $(m,n) = 1$.

反之, 假设 $(m,n) = 1$, 则

$$
\begin{aligned}
\operatorname{ord}(a,b) &= [m,n] = mn \\
&= |G_1| \cdot |G_2| = |G_1 \times G_2|,
\end{aligned}
$$

所以 (a,b) 是 $G_1 \times G_2$ 的生成元, 因此 $G_1 \times G_2$ 是循环群. □

下面介绍内直积的概念.

定义 2.4.2 设 H 和 K 是群 G 的正规子群. 如果群 G 满足条件

$$
G = HK, \quad H \cap K = \{e\},
$$

则称 G 是 H 和 K 的**内直积** (internal direct product).

定理 2.4.4 设 H 和 K 是 G 的子群, 则 G 是 H 和 K 的内直积的充分必要条件是 G 满足如下两个条件:

(1) G 中每个元素可唯一地表为 hk 的形式, 其中 $h \in H$, $k \in K$;

(2) H 中每个元素与 K 中任意元素可交换, 即: 对任意 $h \in H$, $k \in K$, 有 $hk = kh$.

证明 如果 G 是 H 和 K 的内直积, 则 $G=HK$, 所以, G 中每个元素 g 都可表为 hk 的形式, 其中 $h\in H$, $k\in K$. 如果

$$g=hk=h'k',\quad h'\in H, k'\in K,$$

则 $h'^{-1}h=k'k^{-1}\in H\cap K$, 从而 $h'^{-1}h=k'k^{-1}=e$. 因此 $h=h'$, $k=k'$, 即条件 (1) 成立.

对任意的 $h\in H$, $k\in K$, 考虑 $g=hkh^{-1}k^{-1}\in G$, 则由于 $K\lhd G$, 故

$$g=(hkh^{-1})k^{-1}\in Kk^{-1}=K.$$

又由于

$$g=h(kh^{-1}k^{-1})\in hH=H,$$

故 $g\in H$, 所以, $g\in H\cap K$, 即 $g=e$. 于是 $hk=kh$, 条件 (2) 成立.

反之, 若 H, K 是 G 的子群, 且条件 (1) 和 (2) 成立, 则 $G=HK$. 又对任意的 $h_1\in H$, $g=hk\in G$, 其中 $h\in H$, $k\in K$, 则由条件 (2), $kh_1=h_1k$, 所以

$$\begin{aligned}gh_1g^{-1}&=(hk)h_1(hk)^{-1}=(hk)h_1(k^{-1}h^{-1})\\&=hh_1kk^{-1}h^{-1}=hh_1h^{-1}\in H.\end{aligned}$$

于是 $H\lhd G$. 同理可得 $K\lhd G$.

对任意的 $g\in H\cap K$, 有

$$ge=g=eg.$$

而由条件 (1), g 表为 hk 的形式是唯一的, 故得 $g=e$, 即 $H\cap K=\{e\}$. 从而 G 是 H 和 K 的内直积. □

例 4 设 $G=\{\mathrm{diag}(A_1,A_2)\mid A_1,A_2\in GL_2(\mathbf{R})\}$, 则容易验证: G 是 $GL_4(\mathbf{R})$ 的子群. 令

$$\begin{aligned}H=&\{\mathrm{diag}(A,E_2)\mid A\in GL_2(\mathbf{R})\},\\K=&\{\mathrm{diag}(E_2,A)\mid A\in GL_2(\mathbf{R})\},\end{aligned}$$

则 H 和 K 是 G 的正规子群. 显然 $H\cap K=\{E_4\}$, 且对 $\mathrm{diag}(A_1,A_2)\in G$, 有

$$\mathrm{diag}(A_1,A_2)=\mathrm{diag}(A_1,E_2)\cdot\mathrm{diag}(E_2,A_2)\in HK.$$

所以由定义知 G 是 H 和 K 的内直积.

例 5 将 S_3 自然地看作 S_4 的子群, 设

$$K=\{(1),(1\,2)(3\,4),(1\,3)(2\,4),(1\,4)(2\,3)\},$$

则 K 是 S_4 的正规子群. 显然, $S_3 \cap K = \{(1)\}$. 因此 (见习题 2-1 的 14 题)

$$|S_3K| = \frac{|S_3| \cdot |K|}{|S_3 \cap K|} = 24 = |S_4|.$$

从而 $S_4 = S_3K$. 但是由于 S_3 不是 S_4 的正规子群, 因此 S_4 不是 S_3 和 K 的内直积.

关于群的内外直积, 有如下的结论.

定理 2.4.5 如果群 G 是正规子群 H 和 K 的内直积, 则 $H \times K \cong G$; 反之, 如果群 $G = G_1 \times G_2$, 则存在 G 的正规子群 G_1' 和 G_2', 且 G_i' 与 G_i 同构 $(i = 1, 2)$, 使得 G 是 G_1' 与 G_2' 的内直积.

证明 如果群 G 是正规子群 H 和 K 的内直积. 定义映射

$$\begin{aligned} \phi:\ H \times K &\longrightarrow G, \\ (h, k) &\longmapsto hk, \quad \forall (h, k) \in H \times K, \end{aligned}$$

则由于 $G = HK$, 故 ϕ 是满射. 又由定理 2.4.4 知 G 中元表为 hk 形式时表法唯一, 故 ϕ 是单射. 又对任意的 $(h_1, k_1), (h_2, k_2) \in H \times K$, 由于 H 中的元素与 K 中的元素可交换, 故

$$\begin{aligned} \phi((h_1, k_1) \cdot (h_2, k_2)) &= \phi(h_1h_2, k_1k_2) = (h_1h_2)(k_1k_2) \\ &= (h_1k_1)(h_2k_2) = \phi(h_1, k_1) \cdot \phi(h_2, k_2), \end{aligned}$$

所以 ϕ 是同构映射, 从而 $H \times K \cong G$.

如果 $G = G_1 \times G_2$. 令

$$G_1' = \{(a_1, e_2) \mid a_1 \in G_1\}, \quad G_2' = \{(e_1, a_2) \mid a_2 \in G_2\},$$

则容易验证 G_1', G_2' 都是 G 的子群, 且对任意的 $(a_1, a_2) \in G$,

$$(a_1, a_2) = (a_1, e_2)(e_1, a_2) \in G_1'G_2'.$$

这一表法是唯一的, 且对任意的 $(a_1, e_2) \in G_1'$, $(e_1, a_2) \in G_2'$, 有

$$(a_1, e_2) \cdot (e_1, a_2) = (a_1, a_2) = (e_1, a_2) \cdot (a_1, e_2),$$

所以由定理 2.4.4 知 G 是 G_1' 与 G_2' 的内直积. 而

$$\phi_1:\ a_1 \longmapsto (a_1, e_2)$$

以及

$$\phi_2:\ a_2 \longmapsto (e_1, a_2)$$

分别为 G_1 到 G_1' 和 G_2 到 G_2' 的同构映射. □

注 (4) 在掌握内外直积的概念时, 要注意外直积 $G = G_1 \times G_2$ 中的群 G_1, G_2 一般并不是 G 中的子群, 故有"外直积"之称, 而内直积 $G = HK$ 中的 H, K 则都是 G 的子群. 但从定理 2.4.5 中可看到, 内外直积的概念本质上是一致的, 所以有时可不对内外直积加以区分, 而统称为群的直积.

外直积的概念可以从两个群的直积推广到多个群的直积的情形.

定义 2.4.3 设 $G_1, G_2, \cdots, G_n$ 是有限多个群. 构造集合

$$G = \{(a_1, a_2, \cdots, a_n) \mid a_i \in G_i, i = 1, 2, \cdots, n\},$$

并在 G 中定义运算

$$(a_1, a_2, \cdots, a_n) \cdot (b_1, b_2, \cdots, b_n) = (a_1b_1, a_2b_2, \cdots, a_nb_n),$$

则 G 关于上述运算构成群, 称为群 $G_1, G_2, \cdots, G_n$ 的**外直积**.

内直积的概念也可推广到多个正规子群的直积的情形.

定义 2.4.4 设 $H_1, H_2, \cdots, H_n$ 是群 G 的有限多个正规子群. 如果 G 满足以下两个条件, 就称 G 是 $H_1, H_2, \cdots, H_n$ 的**内直积**:

(1) $G = H_1H_2 \cdots H_n = \{h_1h_2 \cdots h_n \mid h_i \in H_i\}$;

(2) $(H_1H_2 \cdots H_i) \cap H_{i+1} = \{e\}$, $i = 1, 2, \cdots, n-1$.

对于多个群的直积, 有下述结论.

定理 2.4.6 如果群 G 是有限多个子群 H_1, $H_2, \cdots, H_n$ 的内直积, 则 G 同构于 H_1, $H_2, \cdots, H_n$ 的外直积.

证明留作练习 (见本节习题 13).

注 (5) 事实上, 不仅可对有限多个群定义直积, 还可以对任意多个群来定义直积 [1].

例 6 $\mathbf{Z}_4 \oplus \mathbf{Z}_6 \oplus \mathbf{Z}_5 \cong \mathbf{Z}_4 \oplus (\mathbf{Z}_6 \oplus \mathbf{Z}_5)$(见本节习题 20). 又由定理 2.4.3, $\mathbf{Z}_6 \oplus \mathbf{Z}_5 \cong \mathbf{Z}_{30}$, 所以有 (见本节习题 4)

$$\mathbf{Z}_4 \oplus \mathbf{Z}_6 \oplus \mathbf{Z}_5 \cong \mathbf{Z}_4 \oplus \mathbf{Z}_{30}.$$

同理,

$$\begin{aligned}
\mathbf{Z}_4 \oplus \mathbf{Z}_6 \oplus \mathbf{Z}_5 &\cong \mathbf{Z}_4 \oplus (\mathbf{Z}_6 \oplus \mathbf{Z}_5) \\
&\cong \mathbf{Z}_4 \oplus (\mathbf{Z}_5 \oplus \mathbf{Z}_6) \qquad (\text{见定理 } 2.4.1(3)) \\
&\cong (\mathbf{Z}_4 \oplus \mathbf{Z}_5) \oplus \mathbf{Z}_6
\end{aligned}$$

$$\cong \mathbf{Z}_{20} \oplus \mathbf{Z}_6. \qquad \square$$

习 题 2-4

1. $\mathbf{Z}_9 \oplus \mathbf{Z}_6$ 中有多少个 9 阶元素?

2. $\mathbf{Z}_4 \oplus \mathbf{Z}_8$ 中有多少个 4 阶元素?

3. 证明或否定 $\mathbf{Z} \oplus \mathbf{Z}$ 是循环群.

4. 假设 $G_1 \cong H_1$, $G_2 \cong H_2$. 证明: $G_1 \times G_2 \cong H_1 \times H_2$.

5. 通过比较元素的阶, 证明: $\mathbf{Z}_8 \oplus \mathbf{Z}_2$ 不同构于 $\mathbf{Z}_4 \oplus \mathbf{Z}_4$.

6. 在 $\mathbf{Z}$ 中, 设 $H = \langle 3 \rangle$, $K = \langle 5 \rangle$. 证明: $\mathbf{Z} = H + K$. 问 $\mathbf{Z}$ 与 $H \oplus K$ 同构吗?

7. 设 $\mathbf{R}^*$ 是所有非零实数构成的乘法群, $\mathbf{R}^+$ 是所有正实数构成的乘法群. 证明: $\mathbf{R}^*$ 是 $\mathbf{R}^+$ 与子群 $\{-1, 1\}$ 的内直积.

8. 设 $G = \mathbf{Z}_4 \oplus \mathbf{Z}_4$, $H = \{(0,0), (2,0), (0,2), (2,2)\}$, $K = \langle (1,2) \rangle$. 问 G/H 是同构于 $\mathbf{Z}_4$ 还是 $\mathbf{Z}_2 \oplus \mathbf{Z}_2$? G/K 同构于 $\mathbf{Z}_4$ 还是 $\mathbf{Z}_2 \oplus \mathbf{Z}_2$?

9. 设 $G = G_1 \times G_2$. 证明: 存在 G 到 G_2 的同态映射 ϕ, 使 $\operatorname{Ker} \phi \cong G_1$, $\operatorname{Im} \phi = G_2$.

10. 证明: 复数加群 $\mathbf{C}$ 同构于 $\mathbf{R} \oplus \mathbf{R}$.

11. 证明: $U(8)$ 同构于 $\mathbf{Z}_2 \oplus \mathbf{Z}_2$.

12. 证明: $U(15)$ 同构于 $U(3) \times U(5)$.

13. 证明定理 2.4.6.

14. 设 $G = G_1 \times G_2 \times \cdots \times G_n$, 每个 a_i 是 G_i 中的有限阶元素. 证明:

$$\operatorname{ord}(a_1, a_2, \cdots, a_n) = [\operatorname{ord} a_1, \operatorname{ord} a_2, \cdots, \operatorname{ord} a_n].$$

15. 设 $G = H_1 H_2 \cdots H_n$ 是子群 H_1, $H_2, \cdots, H_n$ 的内直积. 证明:

(1) 对任意 $i \neq j$, H_i 中的元与 H_j 中的元可交换;

(2) 如果 $h_1 h_2 \cdots h_n = h_1' h_2' \cdots h_n'$, 其中 $h_i, h_i' \in H_i$, $i = 1, 2, \cdots, n$, 则对每个 i, 有 $h_i = h_i'$.

16. 假设 $G = G_1 \times G_2 \times \cdots \times G_n$. 证明: $C(G) = C(G_1) \times C(G_2) \times \cdots \times C(G_n)$.

17. 在 $\mathbf{Z}_{12} \oplus \mathbf{Z}_4 \oplus \mathbf{Z}_{15}$ 中求一个 9 阶子群.

18. 证明: $D_6 \cong D_3 \times \mathbf{Z}_2$.

19. 设 V 是 $\mathbf{R}$ 上的 n 维线性空间的加法群. 证明:

$$V \cong \underbrace{\mathbf{R} \oplus \mathbf{R} \oplus \cdots \oplus \mathbf{R}}_{n\text{个}}.$$

20. 设 G_1, G_2, G_3 是群. 证明:

$$G_1 \times (G_2 \times G_3) \cong G_1 \times G_2 \times G_3 \cong (G_1 \times G_2) \times G_3.$$

参考文献及阅读材料

[1] 吴品三. 近世代数. 北京: 高等教育出版社, 1984.

[2] Cheng Y. Decomposition of u-groups. Mathematics Magazine, 1989, 62: 271~273.

该文较详细地讨论了群 $U(st)$ 的分解, 其中 s 和 t 是互素的正整数.

*2.5 群在集合上的作用

回忆在 1.4 节中对凯莱定理的证明. 在那里, 我们把群 G 看作它自身的一个变换群. 这一思想虽然简单, 但在群论的历史上, 它不但对群论的研究, 而且对群的应用都有着深远的意义. 把这一思想加以推广, 就得到群在集合上的作用的概念.

定义 2.5.1 设 G 是一个群, X 是一个非空集合. 如果存在某个法则“$*$”, 使对每一对 $g \in G, x \in X$, 通过法则“$*$”, 有 X 中唯一的元素 y (记作 $y = g * x$) 与它们对应, 并且满足

(A1) $e * x = x$;

(A2) $(g_1g_2) * x = g_1 * (g_2 * x)$,

其中 e 为 G 的单位元, $g_1, g_2 \in G, x \in X$, 则称法则 $*$ 定义了群 G 在集合 X 上的一个**作用** (action), 或称**群 G 作用在集合 X 上** (G acts on X).

注 在不会引起误解的情况下, $g * x$ 也常简记作 $g(x)$ 或直接写作 gx.

例 1 设 $X = \{1, 2, \cdots, n\}$, G 为 S_n 的一个子群. 对任意的 $\sigma \in G, x \in X$, 令

$$\sigma * x = \sigma(x),$$

则有

(1) $(1) * x = (1)x = x$;

(2) $(\sigma\tau) * x = (\sigma\tau)x = \sigma(\tau x) = \sigma * (\tau * x)$.

从而得到置换群 G 在集合 X 上的一个作用. 常用这个作用来讨论计数问题.

例 2 设 G 为群, 取 $X = G$. 对任意的 $g \in G, x \in X$, 规定

$$g * x = gx,$$

则对任意的 $g_1, g_2 \in G, x \in X$, 显然有

(1) $e * x = ex = x$;

(2) $(g_1g_2) * x = g_1g_2x = g_1 * (g_2x) = g_1 * (g_2 * x)$.

从而得到群 G 在它自身上的一个作用. 这个作用称为左平移.

例 3 设 G 是群, 取 $X = G$. 对任意的 $g \in G, x \in X$, 规定

$$g(x) = gxg^{-1},$$

称 $g(x)$ 为群 G 的**共轭变换** (conjugate transformation). 元素 gxg^{-1} 称为 x 的**共轭元** (conjugate element). 又对任意的 $g_1, g_2 \in G, x \in G$, 有

(1) $e(x) = exe^{-1} = x$;

(2) $(g_1g_2)(x) = (g_1g_2)x(g_1g_2)^{-1} = g_1(g_2xg_2^{-1})g_1^{-1} = g_1(g_2(x))$,
所以 G 的共轭变换定义了群 G 在它自身上的一个作用. 这个作用称为共轭作用.

例 4 如果 H 为 G 的子群, $g \in G$, 则称子群 gHg^{-1} 与子群 H 共轭. 易知, 如此得到的共轭变换定义了群 G 在 G 的全体子群的集合上的一个作用.

例 5 设 G 是群, H 是 G 的子群. 对任意的 $g \in G$, $xH \in G/H$, 令

$$g(xH) = (gx)H.$$

易知, 这也确定了群 G 在集合 $X = G/H$ 上的一个作用.

注 上述各例中的作用, 常用来讨论群的结构.

定义 2.5.2 设群 G 作用在集合 X 上, $x \in X$. 称 X 的子集

$$O_x = \{gx \mid g \in G\}$$

为 x 在 G 下的**轨道** (orbit). 如果 X 本身是一个轨道, 则称群 G 在集合 X 上的作用是**传递的** (transitive).

例 6 设 $X = \{1, 2, 3, 4, 5, 6\}$, G 是由 6 个置换

$$(1), \quad (1\ 2), \quad (3\ 5\ 6), \quad (3\ 6\ 5), \quad (1\ 2)(3\ 5\ 6), \quad (1\ 2)(3\ 6\ 5)$$

所组成的群, 则

$$O_1 = \{1, 2\}, \quad O_3 = \{3, 5, 6\}, \quad O_4 = \{4\}.$$

定理 2.5.1 设群 G 作用在集合 X 上, 则

(1) 对任意的 $x, y \in X$, O_x 与 O_y 或者完全相同, 或者没有公共元素;

(2) X 是一些不同轨道的并

$$X = \bigcup_x O_x,$$

其中 x 取遍不同轨道的代表元素;

(3) 如果 X 为有限集, 则

$$|X| = \sum_{i=1}^{t} |O_{x_i}|,$$

其中 x_i 是不同轨道的代表元素.

证明 (1) 设 $O_x \cap O_y \neq \varnothing$. 任取 $z \in O_x \cap O_y$, 则存在 $g_1, g_2 \in G$, 使

$$g_1x = z = g_2y.$$

于是 $y = g_2^{-1}g_1x \in O_x$, 由此得 $O_y \subseteq O_x$. 同理可证 $O_x \subseteq O_y$. 所以 $O_x = O_y$.

(2) 因为对任意的 $x \in X$, 有 $x \in O_x$, 所以

$$X = \bigcup_{x \in X} O_x.$$

在上式中去掉重复的轨道, 则由 (1) 立即可得结论.

(3) 设 $O_{x_1}, O_{x_2}, \cdots, O_{x_t}$ 为全部不同的轨道, 则

$$X = \bigcup_{i=1}^{t} O_{x_i}.$$

因为 $O_{x_i} \cap O_{x_j} = \varnothing (i \neq j)$, 所以

$$|X| = \sum_{i=1}^{t} |O_{x_i}|.$$ □

定义 2.5.3 设群 G 作用在集合 X 上, $x \in X$, 称

$$S_x = \{g \in G \mid g(x) = x\}$$

为 x 在 G 中的**稳定子** (stabilizer).

定理 2.5.2 设群 G 作用在集合 X 上, $x \in X$, 则 S_x 为 G 的子群.

这个定理的证明留作练习 (见本节习题 2). 由于 S_x 是群 G 的子群, 所以我们也称 S_x 为 x 的**稳定子群**.

例 7 设 X 与 G 同例 6, 则

$$S_1 = \{(1), (3\ 5\ 6), (3\ 6\ 5)\}, \quad S_3 = \{(1), (1\ 2)\}, \quad S_4 = G.$$

定理 2.5.3 设群 G 作用在集合 X 上, $x \in X$, 则

$$\begin{array}{rccc} \phi: & O_x & \longrightarrow & G/S_x, \\ & gx & \longmapsto & gS_x \end{array}$$

为 O_x 到 G/S_x 的一一对应.

证明 (1) 如果 $g_1x = g_2x$, 则 $g_1^{-1}g_2x = x$, 所以 $g_1^{-1}g_2 \in S_x$, 从而 $g_1S_x = g_2S_x$. 由此知 ϕ 是 O_x 到 G/S_x 的映射.

(2) 对任意的 $gS_x \in G/S_x$, 有 $gx \in O_x$, 使

$$\phi(gx) = gS_x,$$

所以 ϕ 是 O_x 到 G/S_x 的满映射.

(3) 设 $g_1x, g_2x \in O_x$. 如果 $\phi(g_1x) = \phi(g_2x)$, 即 $g_1S_x = g_2S_x$, 则 $g_1^{-1}g_2 \in S_x$, 于是 $g_1^{-1}g_2x = x$, 由此得 $g_1x = g_2x$, 所以 ϕ 是 O_x 到 G/S_x 的单映射.

这就证明了, ϕ 是 O_x 到 G/S_x 的一一对应. □

由此定理可知, 当 G 为有限群时, 每个轨道 O_x 仅有有限个元素, 且 $|O_x| = |G|/|S_x|$, 从而又由定理 2.5.1 得下述结论.

定理 2.5.4 设有限群 G 作用在有限集合 X 上, $x \in X$, 则

(1) $|G| = |O_x||S_x|$ (轨道公式);

(2) $|X| = \sum\limits_{i=1}^{t}[G : S_{x_i}]$, 其中 x_i 取遍不同轨道的代表元素.

例 8 求多项式 $x_1x_2 + x_2x_3 + x_3x_4 + x_4x_1$ 的对称变换群 G.

解 我们先求 G 的阶数. 设 $X = \{x_1, x_2, x_3, x_4\}$, G 作用在 X 上. 取 $\tau = (1\,2\,3\,4)$, 则 $\tau \in G$. 因为 $\tau x_1 = x_2$, $\tau x_2 = x_3$, $\tau x_3 = x_4$, 所以 $O_{x_1} = X$. 而

$$S_{x_1} = \{(1), (2\,4)\},$$

所以 $|G| = 4 \times 2 = 8$. 由前面的讨论可知

$$G = \{(1), \tau, \tau^2, \tau^3, (2\,4), (2\,4)\tau, (2\,4)\tau^2, (2\,4)\tau^3\},$$

即

$$G = \{(1), (1\,2\,3\,4), (1\,3)(2\,4), (1\,4\,3\,2), (2\,4), (1\,4)(2\,3), (1\,3), (1\,2)(3\,4)\}.$$ □

例 9 求正六面体群 G 的阶数.

解 设正六面体的六个面按上、下、左、右、前、后依次编号为 π_1, π_2, π_3, π_4, π_5, π_6, 令

$$X = \{\pi_1, \pi_2, \pi_3, \pi_4, \pi_5, \pi_6\}.$$

立方体的每一个旋转都导致了 X 的一个变换. 这就定义了 G 在 X 上的一个作用. 易知, $O_{\pi_1} = X$, $|S_{\pi_1}| = 4$, 所以

$$|G| = |O_{\pi_1}||S_{\pi_1}| = 24.$$

设 G 共轭作用于 G 的全体子群所组成的集合 X, 即 $X = \{H|H < G\}$ 且对任意的 $g \in G$, 有 $g(H) = gHg^{-1}$. 则

$$O_H = \{g(H)|g \in G\} = \{gHg^{-1}|g \in G\},$$

$$
\begin{aligned}
S_H &= \{g \in G | g(H) = H\} \\
&= \{g \in G | gHg^{-1} = H\} = N_G(H). \quad (\text{见习题 2-2 的 8 题})
\end{aligned}
$$

通常称 O_H 为 H 所在的**共轭类** (conjugate class). 所以, H 所在共轭类的元素个数等于 $[G : N_G(H)]$.

设群 G 共轭作用于其自身, $x \in G$. 易知,

$$
O_x = \{g(x) \,|\, g \in G\} = \{gxg^{-1} \,|\, g \in G\},
$$

而

$$
S_x = \{g \in G \,|\, g(x) = x\} = \{g \in G \,|\, gxg^{-1} = x\} = \{g \in G \,|\, gx = xg\},
$$

所以 O_x 由所有与 x 共轭的元素组成, S_x 由所有与 x 可交换的元素组成. 通常称 O_x 为 x 所在的**共轭类**, 称 S_x 为 x 的**中心化子** (centralizer), 记作 $C(x)$. 从而由定理 2.5.4 得

$$
|G| = \sum_x [G : C(x)], \tag{2.5.1}
$$

其中 x 取遍不同的共轭类的代表元素. 由于

$$
[G : C(x)] = 1 \Longleftrightarrow G = C(x) \Longleftrightarrow x \in C(G),
$$

所以在 (2.5.1) 式中若把值为 1 的项加到求和号外面来, 则得如下定理.

定理 2.5.5　设 G 为有限群, 则有

$$
|G| = |C(G)| + \sum_x [G : C(x)], \tag{2.5.2}
$$

其中 x 取遍非中心的元素的共轭类的代表元.

公式 (2.5.2) 称为**群方程** (the equation of finite group), 它在有限群的讨论中很有用.

例 10 (柯西定理)　设 G 为有限群, $|G| = n$, 则对 n 的任一素因子 p, G 必有阶为 p 的元素.

证明　对 n 应用数学归纳法.

(1) 当 $n = 2$ 时, 结论显然成立.

(2) 假定结论对所有阶小于 n 的群成立. 考察 n 阶群 G 的群方程:

$$
|G| = |C(G)| + \sum_{i=1}^{t} [G : C(x_i)],
$$

其中 x_i 取遍非中心的元素的共轭类的代表元.

(i) 如果 $p\,||C(G)|$, 则 $C(G)$ 含有阶为 p 的元素 (见 2.2 节例 13), 从而 G 含有阶为 p 的元素.

(ii) 如果 $p\nmid|C(G)|$, 则因为 $p\,||G|$, 所以至少存在一个 x_i, 使 $p\nmid[G:C(x_i)]$. 从而 $p\,||C(x_i)|$. 因为 $[G:C(x_i)]>1$, 所以 $|C(x_i)|<n$. 由归纳假设知 $C(x_i)$ 含有阶为 p 的元素, 因此 G 含有阶为 p 的元素.

从而由归纳法原理知结论成立. □

定义 2.5.4 设群 G 作用在集合 X 上, $g\in G$, $x\in X$.

(1) 如果 $g(x)=x$, 则称 x 为 g 的**一个不动元素** (fixed element). g 的全部不动元素的集合称为 g 的**不动元素集** (the set of fixed elements), 记作 F_g;

(2) 如果对任意的 $g\in G$, 都有 $g(x)=x$, 则称 x 为 G 的一个不动元素. G 的全部不动元素的集合称为 G 的不动元素集, 记作 F_G.

例 11 设 X 与 G 同例 6, 则

$$F_{(1)}=X;\quad F_{(3\ 5\ 6)}=\{1,2,4\};$$
$$F_{(1\ 2)}=\{3,4,5,6\};\quad F_{(1\ 2)(3\ 5\ 6)}=\{4\}.$$

定理 2.5.6 (伯恩赛德 (Burnside) 引理) 设有限群 G 作用在有限集合 X 上, n 表示 X 在 G 的作用下的轨道数, 则

$$n=\frac{1}{|G|}\sum_{g\in G}|F_g|, \tag{2.5.3}$$

其中 $|F_g|$ 表示 g 的不动元素的个数.

证明 对任意的 $x\in X$, $g\in G$, 定义

$$\delta(g,x)=\begin{cases}1, & \text{如果 } g(x)=x,\\ 0, & \text{如果 } g(x)\neq x.\end{cases}$$

由定义知

$$|F_g|=\sum_{x\in X}\delta(g,x),\quad |S_x|=\sum_{g\in G}\delta(g,x),$$

则

$$\sum_{g\in G}|F_g|=\sum_{g\in G}\left(\sum_{x\in X}\delta(g,x)\right)=\sum_{x\in X}\left(\sum_{g\in G}\delta(g,x)\right)=\sum_{x\in X}|S_x|.$$

如果 $x\in O_{x_i}$, 则 $O_x=O_{x_i}$, 从而

$$|S_x|=\frac{|G|}{|O_x|}=\frac{|G|}{|O_{x_i}|}=|S_{x_i}|,$$

所以, 如果 $x_1, x_2, \cdots, x_n$ 为 n 个轨道的代表元素, 则

$$\sum_{g\in G}|F_g| = \sum_{x\in X}|S_x| = \sum_{i=1}^{n}|O_{x_i}||S_{x_i}| = \sum_{i=1}^{n}|G| = n|G|.$$

由此得

$$n = \frac{1}{|G|}\sum_{g\in G}|F_g|.$$ □

例 12　今有红、黄、蓝三种颜色的小珠子各 2 颗 (同色珠子不加以区分). 问: 用它们可串成多少种不同的具有 6 颗珠子的手链?

解　设想这 6 颗珠子置于正六边形的 6 个顶点上. 如果这 6 颗珠子的排列在某个正六边形的对称变换下变为另一排列, 则这两个排列所对应的是同一个手链. 因此, 不同种的手链数恰为这 6 颗珠子的所有可能的排列所组成的集合 X 在正六边形的对称变换群 G 的作用下的轨道数.

易知

$$|X| = \mathrm{C}_6^2\mathrm{C}_4^2 = 90,$$

$$G = \{(1), \tau_i(i=1,2,\cdots,5), \eta_i, \sigma_i(i=1,2,3)\},$$

其中 τ_i 为绕正六边形的中心按逆时针方向旋转 $\frac{i\pi}{3}$ 的旋转, η_i 为关于正六边形的对边中线的反射, σ_i 为关于正六边形的过中心的对角线的反射. 由此可得表 2.5.1.

表 2.5.1

群 G 的元素	不动元素数
(1)	90
τ_1, τ_5	0
τ_2, τ_4	0
τ_3	6
η_i	6
σ_i	6

从而由公式 (2.5.3) 得

$$\begin{aligned} n &= \frac{1}{|G|}\sum_{g\in G}|F_g| = \frac{1}{12}(90+0\times2+0\times2+6+6\times3+6\times3) \\ &= 132\div12 = 11, \end{aligned}$$

所以可串成 11 种不同的手链.

伯恩赛德引理是弗罗贝尼乌斯 (Frobenius) 于 1887 年提出的, 但一直少为人知. 直到 1911 年, 伯恩赛德在他的经典群论著作中引入这一定理以后, 才流传

开来, 并被不公正地称作伯恩赛德引理. 正如例 12 所示, 这一定理是应用群论讨论计数问题的有力工具. 这一定理的推广是由波利亚 (Pólya) 所给出的 (1937 年). 关于波利亚定理及其应用, 有兴趣的读者可在一般的组合学书籍上找到, 如文献 [1].

习 题 2-5

1. 设 $X=\{1,2,3,4,5,6,7,8\}$, G 是由 X 的六个置换

$$(1),\quad (1\ 2\ 3)(4\ 5\ 6),\quad (1\ 3\ 2)(4\ 6\ 5),$$
$$(7\ 8),\quad (1\ 2\ 3)(4\ 5\ 6)(7\ 8),\quad (1\ 3\ 2)(4\ 6\ 5)(7\ 8)$$

所组成的群.

(1) 写出 X 的各元素的稳定子和轨道;

(2) 写出 G 的各元素的不动元素.

2. 证明定理 2.5.2.

3. 设群 G 在集合 X 上的作用是传递的. 证明: 如果 N 是 G 的正规子群, 则 X 在 N 作用下的每个轨道有同样多的元素.

4. 设群 G 作用在集合 X 上, $x,y\in X$. 证明: 如果存在 $g\in G$, 使 $y=gx$, 则 $S_y=gS_xg^{-1}$.

5. 计算正八面体的旋转变换群的元素的个数.

6. 计算正十二面体的旋转变换群的元素的个数.

7. 计算正二十面体的旋转变换群的元素的个数.

8. 设 G 为群, H 是 G 的 m 阶子群, a 是 G 中一个取定的元素. 证明: G 中所有形如 $hah^{-1}(h\in H)$ 的元素的个数是 m 的因子.

如果有限群 G 的阶是某个素数 p 的方幂 $p^r(r\geqslant 1)$, 则称 G 是一个 p 群.

9. 证明: p 群 G 的非正规子群的个数一定是 p 的倍数.

(提示: 考虑 G 在 G 的全体非正规子群所组成的集合上的共轭作用.)

10. 证明 p 群基本定理 (西罗, 1872): p 群的中心 $C(G)$ 仍为 p 群.

11. 设 p 为素数. 证明: 任一 p^2 阶的群必为阿贝尔群.

12. 设 G 是 $2n$ 阶的群, $2\nmid n$. 证明: G 有指数为 2 的正规子群.

(提示: 将 G 左乘作用于集合 G 上, 并应用习题 1-6 的 24 题.)

13. 用两种颜色给正方形的四个顶点着色, 如果允许四个顶点用同一种颜色, 则共有多少种不同的着色方法?

14. 用 13 颗白色的珠子和 5 颗黑色的珠子可串成多少种不同的项链?

15. 设有红、黄两种颜色的小珠子各 3 颗. 问: 用它们可串成多少种不同的手链?

16. 如果红、黄、蓝三种颜色的小珠子各有 6 颗, 且每个手链由 6 颗珠子串成, 则可串成多少种不同的手链?

17. 如果有红、黄、蓝三种颜色的小珠子分别有 3, 4, 5 颗, 且每个手链由 6 颗珠子串成, 则可串成多少种不同的手链?

18. 用红、黄两种颜色的同样大小正方形塑料板各 8 块, 可铺成多少种不同的大正方形塑料板? 假定小正方形塑料板两面颜色相同.

下面的习题描述了群在集合上的作用与群同态之间的关系.

19. 设群 G 作用在集合 X 上. 证明: 映射

$$\begin{aligned} \sigma: \quad G &\longrightarrow S_X, \\ g &\longmapsto \sigma_g, \quad \text{使 } \sigma_g(x)=g(x), \quad \forall x\in X \end{aligned}$$

为群 G 到 S_X 的群同态映射. 称此同态映射为由群 G 在集合 X 上的作用所诱导出的同态.

20. 设 G 为群, X 是一个非空集合, σ 是群 G 到 S_X 的任一同态映射. 证明: 对任意的 $g\in G, x\in X$,

$$g*x=\sigma(g)(x)$$

定义了群 G 在集合 X 上的一个作用.

把这两道习题结合起来, 我们就知道, 群 G 在集合 X 上的作用实际上就是 G 到 S_X 的一个同态映射, 反之亦然. 如果设此同态映射的核为 K, 则 G/K 就可以看成是 S_X 的一个子群 (在同构的意义下). 因此, 既可以通过群在集合上的作用去研究集合的性质, 又可以通过群在集合上的作用反过来去了解群 G/K(进而了解群 G) 的性质. 特别是同态的核 K, 常被用来证明 G 不是单群 (参看 2.6 节中相关的例与习题).

21. 设 p 群 G 作用在有限集合 X 上, $|X|=m$. 如果 t 为 X 中不动元素的个数, 证明: $t\equiv m \pmod p$.

参考文献及阅读材料

[1] Biggs N L. Discrete Mathematics. Oxford: Oxford University Press, 1989.

伯恩赛德 小传

伯恩赛德 (William Burnside), 英国数学家. 1852 年 7 月 2 日生于伦敦. 1871 年入剑桥圣约翰学院学习, 1873 年转入彭布罗克学院. 1875~1886 年任研究员, 1885 年起任格林尼治皇家海军学院数学教授, 直至去世. 1893 年当选为英国皇家学会会员, 1906~1908 年任伦敦数学会会长. 前期主要研究应用数学, 还研究椭圆函数以及微分几何等. 1892 年起研究群论, 是群表示论的主要创始人之一, 并应用群表示论证明 p^aq^b 阶群是可解群 (p, q 为素数). 1899 年获伦敦数学会德摩根奖. 他所著的《群论》(1897) 是有限群论的第一部系统著作, 深刻影响其后的群论体系. 1900 年左右, 伯恩赛德提出了一个著名的猜想: 一个奇数阶群 G 必存在一个正规子群列 $G=G_0\rhd G_1\rhd G_2\rhd\cdots\rhd G_n=\{e\}$, 使得每个 G_i/G_{i+1} 是交换群. 这一猜想

对有限单群分类问题的研究起了重大作用. 50 多年后, 猜想最终被费特 (W. Feit) 和汤普森 (J. G. Thompson) 在一篇长达 255 页的论文中所证明. 他的另一重要猜想是关于群 $B_{m,n}$ 的. 1994 年, 柴尔曼诺夫 (E. I. Zelmanov) 由于在这一猜想方面的工作而获得菲尔兹奖.

伯恩赛德 1927 年 8 月 21 日卒于西威克姆.

*2.6 西 罗 定 理

由拉格朗日定理知道, 有限群的每个子群的阶都是群的阶的因子. 由 2.2 节例 12 又知道, 对群的阶的任一因子, 并不一定存在以这个因子为阶的子群. 那么自然要问, 当群阶数 $|G|$ 的因子 d 满足什么条件时, 群 G 一定有阶为 d 的子群呢? 对此, 挪威数学家西罗 (P. L. Sylow) 所证明的定理 (现在被称为西罗定理), 可以部分地回答这个问题. 西罗定理同拉格朗日定理一样, 是有限群论中最基本的定理之一, 它描述了有限群与它的某些子群之间的一些重要的联系. 这种联系为讨论有限群的结构提供了有力依据. 本节的主要目的就是证明西罗定理, 并介绍它的某些应用.

首先给出有关的定义.

定义 2.6.1 设 G 为有限群, 如果 G 的阶为某个素数 p 的方幂 $p^k (k \geqslant 1)$, 则称 G 是一个 p 群.

定义 2.6.2 设 G 为有限群, P 是 G 的一个 p^n 阶子群 (p 为素数, $n \geqslant 1$). 如果 $p^{n+1} \nmid |G|$, 则称 P 是 G 的一个 Sylow p 子群.

为了讨论方便起见, 总假定 G 为有限群, G 的阶 $|G| = p^n m (n \geqslant 1)$, 其中 p 为素数, 且 $(p, m) = 1$.

定理 2.6.1 (西罗第一定理) 设 $0 < k \leqslant n$, 则 G 必有阶为 p^k 的子群.

证明 对 $|G|$ 应用数学归纳法.

(1) 当 $|G| = p$ 时, 结论显然成立.

(2) 假定结论对所有阶小于 $|G|$ 的群成立. 考察群方程

$$|G| = |C(G)| + \sum_{i=1}^{t} [G : C(x_i)],$$

其中 $x_1, x_2, \cdots, x_t$ 为非中心元素的所有共轭类的代表元.

(i) 如果 $p \mid |C(G)|$, 则 $C(G)$ 有 p 阶元素 (2.2 节例 13), 设为 a. 因 $a \in C(G)$, 所以 $H = \langle a \rangle$ 为 G 的正规子群, 则有 $|G/H| < |G|$ 且 $p^{k-1} \mid |G/H|$. 由归纳假设,

G/H 有 p^{k-1} 阶子群, 设为 $\overline{P}$. 令

$$P = \{g \in G \mid gH \in \overline{P}\},$$

则 P 为 G 的子群, 且 $P/H = \overline{P}$, 从而 $|P| = |H||\overline{P}| = p^k$.

(ii) 如果 $p \nmid |C(G)|$, 因 $p \mid |G|$, 故存在 x_i, 使 $p \nmid [G : C(x_i)]$, 从而 $p^k \mid |C(x_i)|$. 又 $[G : C(x_i)] > 1$, 所以 $|C(x_i)| < |G|$. 由归纳假设, $C(x_i)$ 有 p^k 阶子群, 它也是 G 的 p^k 阶子群.

从而由归纳法原理知结论成立. □

在此定理中, 如果取 $k = n$, 可知 G 有 p^n 阶子群. 于是得到下述结论.

推论 1 *对有限群 $|G|$ 的任一素因子 p, G 有 Sylow p 子群.*

在证明西罗第二定理之前, 先来证明一个引理.

引理 1 *设 p 群 G 作用在有限集合 X 上. 如果 $|X| = m$, $(m, p) = 1$, 则 X 中必有不动元素.*

证明 考察等式

$$|X| = \sum_{i=1}^{s} [G : S_{x_i}],$$

其中 $x_1, x_2, \cdots, x_s$ 为所有不同轨道的代表元素.

因为 $(m, p) = 1$, 所以至少有一个 x_i, 使 $p \nmid [G : S_{x_i}]$. 又 G 是 p 群, 所以 $[G : S_{x_i}] = p^l (l \geqslant 0)$. 从而 $[G : S_{x_i}] = 1$, 即 $G = S_{x_i}$, 所以 x_i 为 G 的不动元素. □

定理 2.6.2 (西罗第二定理) *设 H 为群 G 的 p 子群, P 为群 G 的任一 Sylow p 子群, 则存在 $a \in G$, 使 $H \subseteq aPa^{-1}$.*

证明 设 X 为 P 的全体左陪集所组成的集合. 规定 H 在 X 上的作用为

$$h(aP) = haP, \quad h \in H, a \in G.$$

由于 $|X| = m$, H 是一个 p 群, 故由引理 1, X 有不动元素, 即有一左陪集 aP, 使

$$haP = aP, \quad \forall h \in H,$$

即 $a^{-1}ha \in P$, 或 $h \in aPa^{-1}$. 由此得

$$H \subseteq aPa^{-1}.$$ □

特别当 H 是 G 的一个 Sylow p 子群, P 为群 G 的任一 Sylow p 子群时, 存在 $x \in G$, 使 $H \subseteq xPx^{-1}$. 由于 $|H| = |xPx^{-1}| = p^n$, 所以 $H = xPx^{-1}$. 这就证明了下述推论.

推论 2 有限群 G 的任意两个 Sylow p 子群互相共轭.

定理 2.6.3 (西罗第三定理) 有限群 G 的 Sylow p 子群的个数 n_p 是 $|G|$ 的因子且满足同余式

$$n_p \equiv 1 \pmod p.$$

证明 令 X 为 G 中全部 Sylow p 子群的集合.

(1) 定义 G 在 X 上的作用为

$$g(P) = gPg^{-1}, \quad g \in G, P \in X,$$

则由推论 2 知, $X = O_P$, 其中 P 为 G 的任一 Sylow p 子群. 而

$$|O_P| = [G : S_P],$$

所以 $n_p \mid |G|$.

(2) 设 P' 是 G 的任一固定的 Sylow p 子群. 定义 P' 在 X 上的作用为

$$g(P) = gPg^{-1}, \quad g \in P', P \in X,$$

则有

$$|X| = |F_{P'}| + \sum_{i=1}^{t}[P' : S_{P_i}],$$

其中 $P_1, P_2, \cdots, P_t$ 为在 P' 的作用下除不动元素外的所有共轭类的代表元.

由于 $|P'| = p^n$, 所以 $p \mid [P' : S_{P_i}]$. 另一方面, 设 $P \in F_{P'}$, 则对任意的 $x \in P'$, $xPx^{-1} = P$. 所以 $P' \subseteq N(P)$ (见习题 2-2 的 8 题). 而 $N(P) < G$, 所以 $N(P)$ 中 Sylow p 子群的阶数不可能大于 p^n, 由此知 P 与 P' 都是 $N(P)$ 的 Sylow p 子群. 从而由推论 2 知, 存在 $x \in N(P)$, 使 $P' = xPx^{-1} = P$. 由此得 $F_{P'} = \{P'\}$, 所以

$$n_p = |X| \equiv 1 \pmod p. \qquad \square$$

注意在定理 2.6.3 的证明 (1) 中, 由于 $S_P = N(P)$ 且 $p^n \mid |N(P)|$, 所以 $[G : N(P)] \mid m$. 由此得下述推论.

推论 3 设有限群 G 的阶 $|G| = p^n m (n \geqslant 1)$, 其中 p 为素数, 且 $(p, m) = 1$, 则 G 的 Sylow p 子群的个数 $n_p \mid m$.

注 西罗定理的表述与编号在各种文献上略有不同. 有的把推论 1、推论 2 与定理 2.6.3 分别称为西罗第一、第二、第三定理, 有的把定理 2.6.1、定理 2.6.2、定理 2.6.3 以及推论 1、推论 2、推论 3 一起称为西罗定理. 读者在使用西罗定理时, 应从整体上把握西罗定理的内容, 而不必拘泥于个别定理的表述.

下面举例说明西罗定理的应用.

例 1　设有限群 G 的阶为 35. 证明: G 是循环群.

证明　由于 $35=5\cdot 7$, 由西罗第一定理, G 有 Sylow 5 子群和 Sylow 7 子群. 设 H,K 分别为 G 的 Sylow 5 子群和 Sylow 7 子群, 则 $|H|=5$, $|K|=7$, 从而 H 与 K 都是循环群. 设 $H=\langle a\rangle$, $K=\langle b\rangle$, 则 $\operatorname{ord} a=5$, $\operatorname{ord} b=7$. 另一方面, 由推论 3, $n_5\,|\,7$ 且 $n_5\equiv 1 \pmod 5$, 得 $n_5=1$, 所以 H 为 G 的唯一 Sylow 5 子群. 同理可证, K 也是 G 的唯一 Sylow 7 子群. 从而它们都是 G 的正规子群 (见本节习题 1). 易知, $H\cap K=\{e\}$, 所以对任意的 $h\in H, k\in K$, 有 $hk=kh$(习题 2-2 的 12 题). 特别 $ab=ba$. 由此得 $\operatorname{ord}(ab)=5\cdot 7=35$. 从而 $G=\langle ab\rangle$ 为循环群. □

由此例题可知, 应用西罗定理讨论有限群一般有下面几个步骤:

第一步　将群的阶因子分解;

第二步　根据群的阶的因子分解式, 应用西罗定理, 得到群的 Sylow 子群的信息, 如 Sylow 子群的种类、个数和共轭情况等;

第三步　综合分析所获得的信息, 以得到所要的结论.

例 2　证明阶数为 72 的群 G 一定不是单群.

证明　$72=2^3\cdot 3^2$, G 的 Sylow 3 子群的个数 $n_3=1+3t$. 由 $1+3t\,|\,8$, 可知 $t=0$ 或 1.

(1) 如果 $t=0$, 则 G 有唯一的 Sylow 3 子群, 因此是 G 的正规子群.

(2) 如果 $t=1$, G 有 4 个 Sylow 3 子群 P_1, P_2, P_3, P_4. 考虑 G 在集合

$$X=\{P_1,P_2,P_3,P_4\}$$

上的共轭作用. G 的每个元素在 X 上引起一个 4 阶置换, 这给出了 G 到 S_4 的一个同态映射 (习题 2-5 的 19 题)

$$\phi: G\longrightarrow S_4.$$

由推论 2, P_1, P_2, P_3, P_4 互相共轭, 所以 $\phi(G)\neq\{(1)\}$, 从而 $\operatorname{Ker}\phi\neq G$. 又因为 $72>24=|S_4|$, 所以 $\operatorname{Ker}\phi\neq\{e\}$. 从而 $\operatorname{Ker}\phi$ 为 G 的非平凡正规子群.

这就证明了 G 不是单群. □

例 3　证明: 就同构的意义来说, 阶数为 6 的群只有两个: 6 阶循环群和 S_3(比较 2.1 节例 4).

证明　$6=2\cdot 3$, G 的 Sylow 子群的个数为 $n_2=1+2t$, $n_3=1+3s$, 且 $n_2\,|\,3$, $n_3\,|\,2$, 所以 $n_2=1$ 或 3, $n_3=1$.

(1) 如果 $n_2=1$ 且 $n_3=1$, 即 G 仅有一个 Sylow 2 子群及一个 Sylow 3 子群, 从而这两个子群都是 G 的正规子群. 分别以 H,K 表示这两个子群, 则 $H=\langle a\rangle$,

$K = \langle b \rangle$, $\operatorname{ord} a = 2$, $\operatorname{ord} b = 3$. 又 $H \cap K = \{e\}$, 则 $ab = ba$, 所以 $\operatorname{ord}(ab) = 6$. 从而 $G = \langle ab \rangle$ 为 6 阶循环群.

(2) 如果 $n_2 = 3$, 即 G 有三个 Sylow 2 子群. 设此三个 Sylow 2 子群为 P_1, P_2, P_3. 令 $X = \{P_1, P_2, P_3\}$. 考察 G 在 X 上的共轭作用. 此共轭作用诱导出群 G 到 S_3 的同态 σ. 考察此同态的核 $\operatorname{Ker} \sigma$.

设 $g \in \operatorname{Ker} \sigma$, 即 $gP_ig^{-1} = P_i (i = 1, 2, 3)$, 所以 $g \in N(P_1) \cap N(P_2) \cap N(P_3)$. 由推论 2 可知, $G \neq N(P_i)$, 所以 $N(P_i) = P_i$. 由此知 $N(P_1) \cap N(P_2) \cap N(P_3) = \{e\}$, 所以 $g = e$. 由此推出 $\operatorname{Ker} \sigma = \{e\}$, 从而 σ 为单同态. 于是

$$|\sigma(G)| = |G| = 6 = |S_3|,$$

所以 σ 也是满同态. 因此 σ 为同构

$$\sigma: \ G \cong S_3.$$

即得所证. □

习 题 2-6

1. 证明: 有限群 G 有唯一的 Sylow p 子群 P 的充分必要条件是 P 是 G 的正规子群.
2. 设 P 是有限群 G 的 Sylow p 子群. 证明: P 是 $N(P)$ 中唯一的 Sylow p 子群, 且 $N(N(P)) = N(P)$.
3. 试求 S_4 的 Sylow 2 子群.
4. 试求 A_4 的 Sylow 2 子群.
5. 设 G 是一个 21 阶的非循环群, 试问 G 有多少个 Sylow 3 子群?
6. S_5 有多少个 Sylow 5 子群? 试举出两个这样的子群.
7. 设 p 是素数. 证明: 如果有限群 G 的每一个元素的阶都是 p 的方幂, 则 G 是 p 群.
8. 证明: 阶为 15 的群一定是循环群.
9. 证明: 85 阶的群是循环群.
10. 证明: 175 阶的群一定是交换群. (提示: 利用习题 2-5 的 11 题的结论.)
11. 设有限群 G 的阶数为 np, p 是素数, $n < p$. 证明: G 含有阶数为 p 的正规子群.
12. 证明: 148 阶的群不是单群.
13. 证明: 56 阶群不是单群.
14. 证明: 255 阶群不是单群.
15. 试求所有阶为 99 的群.
16. 设 p, q 是两个素数. 证明: 任一 pq 阶群都不是单群.
17. 设 p, q 是素数. 证明: 任一 p^2q 阶群都不是单群.
18. 设 G 是 pq 阶群, 其中 p, q 是素数, $p < q$ 且 $p \nmid q - 1$. 证明: G 是循环群.
19. 设 p 为素数. 证明: 从同构的观点看, p^2 阶群只有两类: $\mathbf{Z}_{p^2}$ 或 $\mathbf{Z}_p \oplus \mathbf{Z}_p$.
20. 设群 G 的阶数等于 $2n$, 其中 n 是奇素数. 证明: G 同构于 $\mathbf{Z}_{2n}$ 或 D_n.

21. 证明: 如果有限群 G 的每一个 Sylow 子群都是 G 的正规子群, 则 G 是它的 Sylow 子群的直积.

西罗 小传

西罗 (Fotos Peter Ludwing Mejdell Sylow), 挪威数学家. 1832 年 12 月 12 日生于挪威克里斯蒂安尼亚 (现称奥斯陆). 1850 年在克里斯蒂安尼亚教会学校毕业, 后进入克里斯蒂安尼亚大学学习, 曾获得数学竞赛金牌. 1855 年, 他成为一名中学教师. 尽管教书的职业花费了他大量的时间, 但西罗还是挤出时间来研究阿贝尔的论文. 在 1862~1863 学年中西罗得到了克里斯蒂安尼亚大学的临时职位, 为学生讲授伽罗瓦理论和置换群. 在他当年的学生中, 有一位后来成为著名数学家, 他就是李代数和李群的创始人——李 (S. Lie). 从 1873 至 1881 年, 西罗同李合作, 编辑出版了阿贝尔著作的新版本. 1902 年又与别人合作出版了阿贝尔的通信集.

西罗最重要的成就——西罗定理是他在 1872 年获得的. 在得知了西罗的结果后, 若尔当称它是"置换群论中最基本的结论之一". 这些定理以后成为研究群论特别是有限群论的重要工具. 西罗对于椭圆函数论也有贡献. 1898 年他从中学退休后, 任克里斯蒂安尼亚大学教授, 直至 1918 年 9 月 7 日去世.

*2.7 自由群与群的表达

在群论中, 自由群 (free group) 是一类非常特殊的群. 通俗地讲, 自由群中的元素除了满足群的定义之外, 没有其他的约束条件. 本节我们会证明, 任意一个群都同构于一个自由群的商群. 因此, 我们可以用自由群的商群来描述所有的群. 另外, 自由群的研究与代数拓扑关系紧密. 在大学本科阶段, 自由群的一个重要应用是用其商群来描述拓扑学中二维闭曲面的基本群 (见文献 [1]).

给定一个非空集合 S, 我们想要由 S 生成一个群 $F(S)$. 在 1.3 节中, 当 S 为群 G 的子集时, 我们定义了由 S 生成的群的概念, 并给出了 $\langle S\rangle$ 的具体表达形式. 由于此时的 S 在群 G 中, $\langle S\rangle$ 的乘法运算继承了 G 的乘法运算. 而对于一般的非空集合 S 而言, 我们需要定义 $F(S)$ 上满足结合律的乘法、单位元及每个元素的逆元.

构造群 $F(S)$ 的主要想法是要使得 S 中的元素间没有任何关系, 即元素"自由”. 比如 S 是由 a 和 b 两个元素组成的集合 $\{a,b\}$. 由 a, b 组成的任意字符串形如 $a, ab, ba, bab, abba, ababa$ 等都是 $F(S)$ 的元素. $F(S)$ 上两个元素的乘法“$*$”就是将这两个字符串连接起来, 形成新的字符串, 比如 $ab * bab = abbab$. 既然 $F(S)$ 中的单位元 e 和 $F(S)$ 中的任何一个字符串的左、右乘积要保持字符串不变, 我们规定 e 为空字符串. 另外, 我们还需要规定 $F(S)$ 中元素的逆元. 为此, 我们定义另外的一个集合 $S^{-1} = \{a', b'\}$, 并强行规定

$$a' * a = a * a' = e, \quad b' * b = b * b' = e.$$

也就是规定 $a' = a^{-1}$ 和 $b' = b^{-1}$ 分别为 a 和 b 的逆元. 再任取 $S \cup S^{-1}$ 中的有限多个字母 (可以有重复) 组成的字符串称为一个**字**, 比如 $ab^{-1}, ba^2, ab^{-3}a^{-2}b$ 等. 一个字的字符个数称为字的**长度**. 这里我们运用记号 a^n 表示 n 个 a 相乘, a^{-n} 表示 n 个 a^{-1} 相乘. 能用这样的记号的原因是这样定义的乘法显然满足结合律. 我们令 $F'(S)$ 为所有由 $S \cup S^{-1}$ 中元素组成的字 (包括空字) 的集合, 由上面的讨论可知, $F'(S)$ 上定义了满足结合律的乘法, 有单位元, 并且每个元素都有逆元.

对一般的集合 S, 我们可以同样令 $F'(S)$ 是所有由 $S \cup S^{-1}$ 中有限个元素组成的字 (包括空字) 的集合, 即

$$F'(S) = \{e\} \cup \{x_1 x_2 \cdots x_t | x_i \in S \cup S^{-1}, 1 \leqslant i \leqslant t,\ t \text{ 为正整数}\},$$

满足:

(1) $F'(S)$ 上定义两个字 w_1 和 w_2 的乘法“$*$”: 如果 $w_1 = x_1 \cdots x_n$, $w_2 = y_1 \cdots y_m$, 则 $w_1 * w_2 = x_1 \cdots x_n y_1 \cdots y_m$.

(2) $F'(S)$ 中有空字作为单位元 e, 它与任意字 w 的左右乘积依然是 w.

(3) $F'(S)$ 中每个字均有逆元. 特别地, 若 $x \in S$, 则 $x^{-1} \in F'(S)$.

这样定义出的 $F'(S)$ 距离我们要定义的群 $F(S)$ 还差一点. 原因在于, 比如, 对于一个形如

$$w = \cdots x a a^{-1} y \cdots$$

的字, 应该与

$$w' = \cdots x y \cdots$$

是同一个字. 也就是说, 可以消去 aa^{-1} 将字符串化简. 但是, 一个字中可以有不同的化简方式, 比如

$$w = xx^{-1}(yy^{-1})x = xx^{-1}x = x(x^{-1}x) = x,$$

$$w = (xx^{-1})yy^{-1}x = yy^{-1}x = (yy^{-1})x = x,$$

有多种化简的方式. 那么, 会不会有某种字通过不同的化简方式, 得到最终的结果不相同呢? 令人高兴的是, 答案是否定的.

定义 2.7.1 如果一个字 w 中没有形如 $a^{-1}a(a \in S \cup S^{-1})$ 的字串, 那么称 w 为**既约字**.

命题 2.7.1 对于一个给定的字, 可以化简成唯一的既约字.

证明 我们对字的长度 n 作数学归纳. 当 $n = 1$ 时, 一定是既约字. 假设结论对长度小于 n 的字都成立. 对于长度为 n 且不是既约字的 w, 令

$$w = \cdots xx^{-1} \cdots .$$

我们考虑 w 化简的过程.

(1) 如果在第 k 步消去字 xx^{-1}, 则可以将第 k 步换到第一步进行. 于是消去后得到字的长度为 $n-2$. 由归纳假设结论成立.

(2) 如果在第 k 步消去 x 或 x^{-1} 之中的一个, 那么在第 $k-1$ 步时,

$$w = \cdots (x^{-1}x)x^{-1} \cdots$$

或者

$$\cdots x(x^{-1}x) \cdots .$$

但是, 可以发现两种形式中以不同的方式消去 $(x^{-1}x)$ 和 (xx^{-1}), 得到的结果是一样的. 然后我们可以归结到前一种情况, 因此结论成立. □

如果 $F'(S)$ 中的两个字 w 与 w' 的既约字相同, 我们定义 w 与 w' 有关系 "$\sim$", 即 $w \sim w'$. 容易说明这是个等价关系. 我们要将 $F'(S)$ 中既约字相同的两个字视为同一个字, 因此定义 $F(S) := F'(S)/\sim$. 下面要说明由 $F'(S)$ 上乘法诱导的 $F(S)$ 上的乘法, 是定义良好的.

命题 2.7.2 设 $w, w', u, u' \in F'(S)$, 使得 $w \sim w', u \sim u'$. 则 $w*u \sim w'*u'$.

证明 设 w_0 为 w 与 w' 的既约字, u_0 为 u 与 u' 的既约字. 则由乘法的结合律, $w*u$ 和 $w'*u'$ 都可以化简为 w_0u_0 (不一定是既约字). 因此 $w*u \sim w'*u'$. □

综上所述, 我们有下面的定义.

定义 2.7.2 我们称 $(F(S), *)$ 为由 S 生成的**自由群**. 如果 S 是有限集, 则 $(F(S), *)$ 称为由 S 生成的**有限生成自由群**.

例 1 如果 $S = \{a\}$, 则 $F(S) = \{a^n | n \in \mathbf{Z}\}$ 为无限循环群. 如果 S 的元素个数大于 1, 则 $F(S)$ 为无限非交换群.

下面我们证明每个群都是自由群的群同态象.

定理 2.7.1 (自由群的泛性质) 设 $f: S \to G$ 是集合 S 到群 G 的一个映射. 则 f 可以唯一地扩充为群同态 $\phi: F(S) \to G$. 特别地, 每个群都与自由群的商群同构, 每个有限生成的群都与有限生成的自由群的商群同构.

证明 设 $w = a_1 \cdots a_n$, $a_i \in S \cup S^{-1}$, 只要定义

$$\phi(a_1 \cdots a_n) = \phi(a_1) \cdots \phi(a_n),$$

并且

$$\phi(a_i) = \begin{cases} f(a_i), & a_i \in S, \\ f(a_i^{-1})^{-1}, & a_i \in S^{-1}. \end{cases}$$

则 ϕ 为群同态并且 $\phi|_S = f$. 又因为 $F(S)$ 的象由 S 的象唯一确定, 故 ϕ 是扩充 f 的唯一群同态.

当 $S \subseteq G$ 为群的生成元集时, ϕ 为满同态. 由群同态基本定理,

$$G \cong F(S)/\operatorname{Ker}\phi.$$

□

由上述定理, 对任意的群 G, 存在集合 $S \subseteq G$ 使得 G 是自由群 $F(S)$ 的商群. 如果 G 是有限生成的, 我们可以取 S 为有限集.

定义 2.7.3 令 $S \subseteq G$ 使得 $G = \langle S \rangle$, $\phi: F(S) \to G$ 是定理 2.7.1 中由恒等映射 $\mathrm{id}_S: S \to S$ 扩充成的群同态. 群 G 的一种**表达** (presentation) 是指一对集合 (S, R), 其中 R 是 $F(S)$ 中的一些字的集合, 使得 $F(S)$ 中包含 R 的最小的正规子群等于 $\operatorname{Ker}\phi$. 此时, 我们称 S 中的元素为**生成元**, R 中的元素为 G 的**生成关系**. 如果群 G 的一个表达 (S, R) 中 S 和 R 都是有限集, 我们称 G 可以被**有限表达**.

注 (1) 由于群 G 的生成元可以有不同的选取方法, 因此一个群的表达一般不唯一. 而且生成关系多种多样, 我们一般把多余的关系去除.

(2) 如果 (S, R) 是群 G 的一个表达, 那么同态映射 $\phi: F(S) \to G$ 的核 $\operatorname{Ker}\phi$ 不是 $\langle R \rangle$, 而是由 R 中元素的共轭类全体元素生成的正规子群.

(3) 如果 G 可以被 (S, R) 有限表达, 其中

$$S = \{s_1, s_2, \cdots, s_n\}, \quad R = \{w_1, w_2, \cdots, w_m\}.$$

则我们记

$$G \cong \langle s_1, s_2, \cdots, s_n |\ w_1 = \cdots = w_n = e \rangle.$$

(4) 一般给出两个群的表达, 判断这两个群是否同构也是一件困难的事. 甚至给定一个群表达, 判断它是不是平凡群 $\{e\}$, 都不容易 (见本节习题 6).

例 2　循环群 $\mathbf{Z}/n\mathbf{Z} \cong \langle a|\ a^n = 1\rangle$.

例 3

$$\mathbf{Z} \times \mathbf{Z} \cong \langle a, b|\ [a, b] = 1\rangle,$$

$$\mathbf{Z}_n \times \mathbf{Z}_m \cong \langle a, b|\ a^n = b^m = [a, b] = 1\rangle,$$

其中 $[a, b] = a^{-1}b^{-1}ab$ 为 a, b 的换位子 (见习题 2-2 的 16 题).

例 4　二面体群 D_n 的表达 (见 1.7 节例 1).

设二面体群 $D_n = \langle r, s\rangle$, 其中 r 为旋转变换, s 为反射变换. 则 $r^n = s^2 = e$, $rs = sr^{-1}$. 令 $S = \{r, s\}$, 并且通过映射 $S \hookrightarrow D_n$ 诱导满同态 $\phi : F(S) \to D_n$. 所以我们得到 $r^n, s^2, (rs)^2 \in \operatorname{Ker}\phi$.

再令 N 为包含 $r^n, s^2, (rs)^2$ 的最小正规子群, 则有 $N \subseteq \operatorname{Ker}\phi$. 另一方面, $F(S)/N$ 中元素可以写成 $r^i s^j$ $(0 \leqslant i \leqslant n-1, 0 \leqslant j \leqslant 1)$ 的形式. 于是 $|F(S)/N| \leqslant 2n = |D_n| = |F(S)/\operatorname{Ker}\phi|$. 所以 $N = \operatorname{Ker}\phi$. 根据表达的定义, 我们有

$$D_n = \langle r, s|\ r^n = s^2 = (rs)^2 = 1\rangle.$$

注　由 2.1 节的例 4 可知所有的非交换 6 阶群只有 S_3, 因此 $S_3 \cong D_3$. 则

$$S_3 \cong \langle r, s|\ r^3 = s^2 = (rs)^2 = 1\rangle.$$

一般的 n 次对称群 S_n $(n \geqslant 3)$ 的表达, 见本节习题 1.

习　题　2-7

1. 证明:

$$S_n = \langle t_1, t_2, \cdots, t_{n-1}|\ t_i^2 = 1, (t_i t_{i+1})^3 = 1;\ \text{对所有 } i, j \text{ 满足 } |i-j| \geqslant 2, \text{有 } [t_i, t_j] = 1\rangle.$$

2. 用 2 个生成元给出 S_4 的表达.
3. 用 2 个生成元给出 A_4 的表达.
4. 证明: $Q_8 = \langle i, j|\ i^4 = 1, j^2 = i^2, ij = ji^{-1}\rangle$ 是一个不同构于 D_4 的 8 阶非交换群.

*5. 令 $G = \langle x_i\ (i \in \mathbf{Z}, i > 0)|\ x_n^n = x_{n-1}$ (对所有 $n > 1$)$\rangle$. 证明: $G \cong (\mathbb{Q}, +)$.

*6. 证明: $G = \langle x, y, z|\ yxy^{-1} = x^2, zyz^{-1} = y^2, xzx^{-1} = z^2\rangle$ 为平凡群 $\{e\}$.

参考文献及阅读材料

[1] 尤承业. 基础拓扑学讲义. 北京: 北京大学出版社, 2004.

第 3 章 环

我们已经了解了群的初步理论. 群是一类具有一种代数运算的代数体系. 但在数学、物理以及工程技术等领域, 甚至在日常生活中, 我们碰到更多的常常是具有两种运算的代数体系, 其中环就是一类非常重要的具有两种运算的代数体系.

本章和第 4 章介绍环的初步理论. 3.1 节介绍环、子环的概念及有关性质. 3.2 节介绍整环、域与除环. 其中整环与域是第 4 章最后几节与第 5 章讨论的基础. 至于除环, 我们主要介绍在代数学的发展史上曾产生过深远影响的四元数体. 3.3 节给出理想与商环的概念与性质. 3.4 节介绍环同态的概念并证明环同态基本定理. 3.5 节介绍两类特殊的理想——素理想与极大理想. 3.6 节介绍环的特征. 这两节是对环和域作进一步讨论所必需的.

3.1 环的定义与基本性质

我们知道, 对整数可以进行两种运算: 加法与乘法. 整数集 $\mathbf{Z}$ 关于加法构成一个交换群. 它关于乘法虽然不构成群, 但仍然满足许多重要的性质. 同时, 整数的加法与乘法不是彼此独立的, 它们之间由数的运算性质紧密联系着. 对于有理数集 $\mathbf{Q}$、实数集 $\mathbf{R}$、复数集 $\mathbf{C}$、数域 F 上全体 n 阶方阵的集合 $M_n(F)$, 以及全体实函数的集合 $\mathcal{F}(\mathbf{R})$ 等, 也都有类似的情况. 把它们的共同特点抽象出来, 就得到下面的定义.

定义 3.1.1 设 R 是一个非空集合. 如果在 R 上定义了两个代数运算 “+”(称为加法) 和 “·”(称为乘法), 并且满足

(R1) R 关于加法构成一个交换群;

(R2) 乘法结合律成立, 即对任意的 $a, b, c \in R$, 有

$$(a \cdot b) \cdot c = a \cdot (b \cdot c);$$

(R3) 乘法对加法的两个分配律成立, 即对任意的 $a, b, c \in R$, 有

$$a \cdot (b + c) = a \cdot b + a \cdot c,$$
$$(b + c) \cdot a = b \cdot a + c \cdot a,$$

则称 $(R, +, \cdot)$ 为一个**环** (ring), 或简称 R 为环.

在对环作进一步讨论之前, 先对环的定义作一些说明.

(1) 由环的定义知 $(R,+)$ 是一个交换群, 称为环 R 的加法群. 与前两章中关于加群的记号一样, R 的加法单位元常用 0 表示, 称为环 R 的**零元**. 环 R 的元素 a 的加法逆元称为 a 的负元, 记作 $-a$. 由群的性质可知, R 的零元及每个元素的负元都是唯一的.

(2) 如果环 R 的乘法还满足交换律, 则称 R 为**交换环** (commutative ring).

(3) 如果环 R 中存在元素 e, 使对任意的 $a \in R$, 有

$$ae = ea = a,$$

则称 R 是一个有单位元的环, 并称 e 为 R 的**单位元** (unity). 与群不同, 一个环不一定有单位元. 但容易证明, 如果环 R 有单位元, 则单位元是唯一的 (见本节习题 9).

(4) 设环 R 是有单位元 e 的环, $a \in R$. 如果存在 $b \in R$, 使

$$ab = ba = e,$$

则称 a 是 R 的一个**可逆元** (invertible element) 或**单位** (unit), 并称 b 为 a 的**逆元** (inverse element). 易知, 如果 a 可逆, 则 a 的逆元是唯一的 (见本节习题 10). 可逆元 a 的逆元记作 a^{-1}. 要注意的是, 环的一个元素不一定是可逆的. 容易证明, 对于一个有单位元的环 R, 其所有可逆元组成的集合关于环 R 的乘法构成群 (见本节习题 11). 这个群称为环 R 的单位群 (group of units), 记作 $U(R)$.

例 1　设 $R = \{0\}$, 规定 $0+0=0$, $0\cdot 0=0$, 则 R 构成环, 称为零环. 零环是唯一的一个有单位元且单位元等于零元, 并且零元也可逆的环. 零环是太简单了, 以至于在对环进行讨论时, 我们完全可以把零环排除在外. 今后, 如无特别说明, 凡提到有单位元的环时, 我们总假定这个环不是零环, 因此环的单位元也就不等于零元.

例 2　整数集 $\mathbf{Z}$、有理数集 $\mathbf{Q}$、实数集 $\mathbf{R}$、复数集 $\mathbf{C}$ 对于通常数的加法与乘法构成有单位元 1 的交换环, 分别称为整数环、有理数域、实数域、复数域 (后三个环称为域的原因见 3.2 节例 6). 它们的单位群分别是 $\{1,-1\}$, $\mathbf{Q}^*$, $\mathbf{R}^*$ 和 $\mathbf{C}^*$.

例 3　全体偶数的集合

$$2\mathbf{Z} = \{2z \mid z \in \mathbf{Z}\}$$

对于通常数的加法与乘法构成一个没有单位元的交换环.

例 4　数域 F 上全体 $n(n>1)$ 阶方阵 $M_n(F)$ 的集合关于矩阵的加法与乘法构成一个有单位元 E(单位矩阵) 的非交换环, 称为数域 F 上的 n 阶全矩阵环. 这个环的单位群是 $GL_n(F)$.

例 5 设 m 为大于 1 的正整数, 则 $\mathbf{Z}$ 的模 m 剩余类集

$$\mathbf{Z}_m = \{\overline{0}, \overline{1}, \overline{2}, \cdots, \overline{m-1}\}$$

关于剩余类的加法和乘法构成有单位元 $\overline{1}$ 的交换环, 称为模 m **剩余类环** (residue class ring). 这个环的单位群是 $U(m)$.

证明 (1) 由 1.2 节例 2 与例 8 知, 剩余类的加法和乘法是 $\mathbf{Z}_m$ 的代数运算, 且 $\mathbf{Z}_m$ 关于剩余类的加法构成一个交换群.

(2) 对任意的 $\overline{a}, \overline{b} \in \mathbf{Z}_m$,

$$\overline{a} \cdot \overline{b} = \overline{a \cdot b} = \overline{b \cdot a} = \overline{b} \cdot \overline{a},$$

所以剩余类的乘法满足交换律.

(3) 对任意的 $\overline{a}, \overline{b}, \overline{c} \in \mathbf{Z}_m$, 有

$$(\overline{a} \cdot \overline{b}) \cdot \overline{c} = (\overline{ab})\overline{c} = \overline{(ab)c} = \overline{a(bc)} = \overline{a} \cdot \overline{bc} = \overline{a} \cdot (\overline{b} \cdot \overline{c}),$$

所以剩余类的乘法满足结合律.

(4) 对任意的 $\overline{a} \in \mathbf{Z}_m$,

$$\begin{aligned} \overline{a} \cdot \overline{1} &= \overline{a \cdot 1} = \overline{a}, \\ \overline{1} \cdot \overline{a} &= \overline{1 \cdot a} = \overline{a}, \end{aligned}$$

所以 $\overline{1}$ 是 $\mathbf{Z}_m$ 的乘法单位元.

(5) 对任意的 $\overline{a}, \overline{b}, \overline{c} \in \mathbf{Z}_m$,

$$\begin{aligned} \overline{a} \cdot (\overline{b} + \overline{c}) &= \overline{a} \cdot (\overline{b + c}) \\ &= \overline{a(b+c)} = \overline{ab + ac} \\ &= \overline{ab} + \overline{ac} = \overline{a} \cdot \overline{b} + \overline{a} \cdot \overline{c}. \end{aligned}$$

同理可得

$$(\overline{b} + \overline{c}) \cdot \overline{a} = \overline{b} \cdot \overline{a} + \overline{c} \cdot \overline{a}.$$

所以两个分配律都成立.

由此可知, $(\mathbf{Z}_m, +, \cdot)$ 构成一个有单位元的交换环. 由 1.2 节例 9 可知, 环 $\mathbf{Z}_m$ 的单位群是 $U(m)$. □

例 6 设 R 是一个有单位元的交换环, x 为 R 上的一个未定元[①].

$$R[x] = \{a_0 + a_1 x + \cdots + a_n x^n \mid a_i \in R, n \in \mathbf{N} \cup \{0\}\}$$

① 未定元的意义将在 4.1 节中给出.

是系数在 R 上的一元多项式的集合. 按通常多项式的加法和乘法规定 $R[x]$ 中的加法和乘法, 则 $R[x]$ 按这样规定的运算构成一个有单位元的交换环 (见本节习题 8).

例 7 设 $R_1, R_2, \cdots, R_n$ 为 n 个环. 令

$$R = R_1 \oplus R_2 \oplus \cdots \oplus R_n = \{(a_1, a_2, \cdots, a_n) \mid a_i \in R_i, i = 1, 2, \cdots, n\}.$$

对任意的 $(a_1, a_2, \cdots, a_n), (b_1, b_2, \cdots, b_n) \in R$, 规定

$$(a_1, a_2, \cdots, a_n) + (b_1, b_2, \cdots, b_n) = (a_1 + b_1, a_2 + b_2, \cdots, a_n + b_n),$$
$$(a_1, a_2, \cdots, a_n) \cdot (b_1, b_2, \cdots, b_n) = (a_1 b_1, a_2 b_2, \cdots, a_n b_n),$$

则 R 关于上面所定义的加法与乘法构成一个环. 这个环称为环 R_1, R_2, $\cdots$, R_n 的**直和** (direct sum). 显然, R 有单位元的充分必要条件是每个 R_i 都有单位元, R 是交换环的充分必要条件是每个 R 都是交换环.

下面是环的一些常用的运算性质.

定理 3.1.1 设 R 是一个环, $a, b \in R$, 则

(1) $a \cdot 0 = 0 \cdot a = 0$;

(2) $-(-a) = a$;

(3) $a \cdot (-b) = (-a) \cdot b = -ab$;

(4) $(-a) \cdot (-b) = ab$.

证明 (1) 因为

$$a \cdot 0 + a \cdot 0 = a \cdot (0 + 0) = a \cdot 0 = a \cdot 0 + 0,$$

由加法消去律得 $a \cdot 0 = 0$. 同理可证, $0 \cdot a = 0$.

(2) 因为 $-a$ 是 a 的负元, 所以 a 也是 $-a$ 的负元, 即 $a = -(-a)$.

(3) 因为

$$a \cdot (-b) + a \cdot b = a(-b + b) = a \cdot 0 = 0,$$

所以 $a \cdot (-b)$ 是 $a \cdot b$ 的负元, 因此有

$$a \cdot (-b) = -a \cdot b.$$

同理可证, $(-a) \cdot b = -a \cdot b$.

(4) 由 (3) 得

$$(-a) \cdot (-b) = -(a \cdot (-b)) = -(-(a \cdot b)) = ab.$$

□

利用负元的概念, 可以定义环 R 的减法 “$-$”.

对任意的 $a, b \in R$, 令

$$a - b = a + (-b).$$

由此得到下述规则.

移项法则 对任意的 $a, b, c \in R$, 有以下移项法则 (见本节习题 14):

$$a + b = c \Longleftrightarrow a = c - b.$$

乘法对于减法还满足分配律 (见本节习题 13), 即对任意的 $a, b, c \in R$, 有

$$a(b-c) = ab - ac,$$
$$(b-c)a = ba - ca.$$

利用环 R 的加法与乘法, 还可以定义环中元素的倍数和方幂. 这些定义都和群中相应的定义类似, 并且也有类似的性质, 证明也相似. 现把它们罗列于下, 以供参考.

倍数法则 对任意的 $m, n \in \mathbf{Z}$, $a, b \in R$,

(1) $ma + na = (m+n)a$;

(2) $m(a+b) = ma + mb$;

(3) $m(na) = (mn)a = n(ma)$;

(4) $m(ab) = (ma)b = a(mb)$.

指数法则 对任意的 $m, n \in \mathbf{N}$, $a, b \in R$,

(1) $(a^m)^n = a^{mn}$;

(2) $a^m \cdot a^n = a^{m+n}$.

注意, 如果 R 的元素 a 是不可逆的, 则 a^0 与 $a^{-n}(n > 0)$ 通常是没有意义的. 同时, 当 $ab \neq ba$ 时, 等式

$$(a \cdot b)^n = a^n \cdot b^n$$

一般也不成立.

应用分配律, 还可以得到下面的**广义分配律**:

(1) 设 $a \in R$, 则对 $b_i \in R\ (i = 1, 2, \cdots, n)$, 有

$$a\left(\sum_{i=1}^{n} b_i\right) = \sum_{i=1}^{n} ab_i, \quad \left(\sum_{i=1}^{n} b_i\right) a = \sum_{i=1}^{n} b_i a.$$

(2) 设 a_i, $b_j \in R\ (i = 1, 2, \cdots, n;\ j = 1, 2, \cdots, m)$, 则

$$\left(\sum_{i=1}^{n} a_i\right)\left(\sum_{j=1}^{m} b_j\right) = \sum_{i=1}^{n}\sum_{j=1}^{m} a_i b_j.$$

下面讨论子环的概念.

定义 3.1.2　设 $(R,+,\cdot)$ 是一个环, S 是 R 的一个非空子集. 如果 S 关于 R 的运算构成环, 则称 S 为 R 的一个**子环** (subring), 记作 $S<R$.

由定义可知, 如果 S 是 R 的子环, 则 $(S,+)$ 是 $(R,+)$ 的子加群. 因此, R 的零元 0 就是 S 的零元, S 中元素 a 在 R 中的负元 $-a$ 就是 a 在 S 中的负元.

与子群类似, 为了判断一个环的非空子集是否构成子环, 我们不必按环的定义逐条加以验证.

定理 3.1.2　设 R 是一个环, S 是 R 的一个非空子集, 则 S 是 R 的子环的充分必要条件是

(1) $(S,+)$ 是 $(R,+)$ 的加法子群;

(2) S 关于 R 的乘法封闭, 即对任意的 $a,b\in S$, 有 $ab\in S$.

证明　**必要性**. 因为 S 是环, 由环的定义知 S 满足条件 (1) 和 (2).

充分性. 设 S 满足条件 (1) 与 (2), 则 "$+$" 与 "$\cdot$" 都是 S 的代数运算. 由 (1) 知 S 满足环的定义中的条件 (R1). 又因为 R 满足条件 (R2) 与 (R3), 而 $S\subseteq R$, 且 S 的运算就是 R 的运算, 所以 S 也满足环的定义中的条件 (R2) 与 (R3). 因此 S 是 R 的子环. □

因为 $(S,+)$ 是 $(R,+)$ 的子加群的充分必要条件是 S 关于 R 的减法封闭, 所以我们又有如下定理.

定理 3.1.3　设 R 是一个环, S 是 R 的一个非空子集, 则 S 是 R 的子环的充分必要条件是

(1) 对任意的 $a,b\in S$, $a-b\in S$;

(2) 对任意的 $a,b\in S$, $ab\in S$.

这就是说, 环 R 的子环 S 是 R 的关于减法与乘法封闭的非空子集.

下面来看几个子环的例子.

例 8　由子环的定义立即可知, 环 R 本身以及由单独一个零元 $\{0\}$ 所构成的集合关于 R 的运算显然都构成 R 的子环. 这两个子环称为环 R 的**平凡子环** (trivial subring).

例 9　设 d 是一个整数, $a=dz_1, b=dz_2$ 是 d 的任意两个倍数, 则

$$a-b=d(z_1-z_2),\quad ab=d(dz_1z_2)$$

仍是 d 的倍数. 所以 d 的倍数全体

$$d\mathbf{Z}=\{dz\mid z\in\mathbf{Z}\}$$

构成整数环 $\mathbf{Z}$ 的一个子环. 易知, 如果 $d \neq \pm 1$ 且 $d \neq 0$, 则 $d\mathbf{Z}$ 是一个没有单位元的环. 这个例子告诉我们, 即使一个环有单位元, 其子环也可能没有单位元. 同样, 即使一个环没有单位元, 其子环也可能有单位元 (参见例 7).

例 10 设 I 为 $\mathbf{Z}$ 的子环. 证明: 存在唯一的非负整数 d, 使

$$I = d\mathbf{Z} = \{dz \mid z \in \mathbf{Z}\}.$$

证明 **存在性**. (1) 如果 $I = \{0\}$, 则取 $d = 0$, 有 $I = d\mathbf{Z}$.

(2) 如 $I \neq \{0\}$, 则有 $z > 0$, 使 $z \in I$. 令

$$d = \min\{z \in I \mid z > 0\},$$

则 $d > 0$, 且 $d \in I$. 易知 $d\mathbf{Z} \subseteq I$. 又对任意 $z \in I$, 存在 $q, r \in \mathbf{Z}$, $0 \leqslant r < d$, 使

$$z = dq + r.$$

从而 $r = z - dq \in I$. 因为 $r \in I$, $0 \leqslant r < d$, 由 d 的选取知, $r = 0$, 所以 $z \in d\mathbf{Z}$, 从而 $I \subseteq d\mathbf{Z}$. 由此得 $I = d\mathbf{Z}$.

这就证明了存在性.

唯一性. 设 $I = d_1\mathbf{Z} = d_2\mathbf{Z}$, $d_1 \geqslant 0$, $d_2 \geqslant 0$.

(1) 如果 $d_1 = 0$, 则 $I = \{0\}$, 所以 $d_2 = 0$, 从而 $d_1 = d_2$.

(2) 如果 $d_1 > 0$, 则 $d_2 > 0$. 因为 $d_1 \in I$, 所以 $d_2 \mid d_1$. 同理, $d_1 \mid d_2$. 所以 $d_1 = \pm d_2$. 又因为 d_1, d_2 都非负, 所以 $d_1 = d_2$. 这就证明了唯一性. □

由这两个例子得到, 整数环的所有子环是

$$\Sigma = \{d\mathbf{Z} \mid d \in \mathbf{Z}, d \geqslant 0\}.$$

例 11 求 $\mathbf{Z}_{18}$ 的所有子环.

解设 I 为 $\mathbf{Z}_{18}$ 的任一子环, 则 I 是 $\mathbf{Z}_{18}$ 的子加群. 由 1.5 节推论 2 知, $I = \langle \overline{r} \rangle$, 其中 $\overline{r}$ 可能的取值为

$$\overline{0},\quad \overline{1},\quad \overline{2},\quad \overline{3},\quad \overline{6},\quad \overline{9},$$

即 $\mathbf{Z}_{18}$ 有 6 个子加群:

$I_1 = \{\overline{0}\}$;

$I_2 = \langle \overline{1} \rangle = \mathbf{Z}_{18}$;

$I_3 = \langle \overline{2} \rangle = \{\overline{0}, \overline{2}, \overline{4}, \overline{6}, \overline{8}, \overline{10}, \overline{12}, \overline{14}, \overline{16}\} = \overline{2}\mathbf{Z}_{18}$;

$I_4 = \langle \overline{3} \rangle = \{\overline{0}, \overline{3}, \overline{6}, \overline{9}, \overline{12}, \overline{15}\} = \overline{3}\mathbf{Z}_{18}$;

$I_5 = \langle \overline{6} \rangle = \{\overline{0}, \overline{6}, \overline{12}\} = \overline{6}\mathbf{Z}_{18}$;

$I_6 = \langle \overline{9} \rangle = \{\overline{0}, \overline{9}\} = \overline{9}\mathbf{Z}_{18}$.

显然它们都是 $\mathbf{Z}_{18}$ 的子环, 所以 $\mathbf{Z}_{18}$ 共有 6 个子环

$$\{\overline{0}\}, \quad \mathbf{Z}_{18}, \quad \overline{2}\mathbf{Z}_{18}, \quad \overline{3}\mathbf{Z}_{18}, \quad \overline{6}\mathbf{Z}_{18}, \quad \overline{9}\mathbf{Z}_{18}.$$

例 12　设 R 为环. 证明:

$$C(R) = \{r \in R \mid rs = sr, \forall\, s \in R\}$$

为 R 的一个子环. 这个子环称为 R 的**中心** (center).

证明　(1) 对任意 $x \in R$, 有 $0 \cdot x = x \cdot 0 = 0$, 所以 $0 \in C(R)$. 从而 $C(R)$ 是 R 的一个非空子集.

(2) 对任意 $a, b \in C(R)$, $x \in R$, 有

$$(a-b)x = ax - bx = xa - xb = x(a-b),$$
$$(ab)x = a(bx) = a(xb) = (ax)b = (xa)b = x(ab),$$

所以 $a-b, ab \in C(R)$. 从而由定理 3.1.3 知 $C(R)$ 为 R 的子环. □

习　题　3-1

1. 判别下列集合 S 关于所给运算是否构成环:

(1) $r \oplus s = 2(r+s)$, $r * s = rs$, $S = \mathbf{R}$;

(2) $r \oplus s = 2rs$, $r * s = rs$, $S = \mathbf{R} - \{0\}$;

(3) $r \oplus s = rs$, $r * s = rs$, $S = \mathbf{R}^+$.

2. 证明: 由所有形如

$$\begin{pmatrix} 0 & 0 \\ x & y \end{pmatrix}, \quad x, y \in \mathbf{R}$$

的矩阵组成的集合关于矩阵的加法与乘法构成一个无单位元的环.

3. 设 F 为数域, V 为数域 F 上的 $n(n \geqslant 2)$ 维线性空间. V 上全体线性变换组成的集合记为 $\mathrm{End}_n(V)$. 证明: $\mathrm{End}_n(V)$ 关于线性变换的加法与乘法构成一个有单位元的非交换环.

4. 证明: 集合

$$\mathbf{Z}[\sqrt{3}] = \{a + b\sqrt{3} \mid a, b \in \mathbf{Z}\}$$

关于通常数的加法与乘法构成一个有单位元的交换环.

5. 设 $(R, +)$ 是一个加群. 定义 R 上的乘法运算为

$$a \cdot b = 0, \quad \forall\, a, b \in R.$$

证明: R 关于加法和乘法构成一个环.

6. 证明: 全体实函数的集合 $\mathcal{F}(\mathbf{R})$ 关于函数的加法与乘法构成一个有单位元的交换环.

7. 设 R 是一个交换环. $M_n(R)$ 表示 R 上的全体 n 阶方阵的集合. 与数域的情况类似可定义 $M_n(R)$ 中的矩阵的加法和乘法运算. 证明: $M_n(R)$ 关于这两种运算构成一个环.

8. 设 R 是一个交换环. 令 $R[x]=\{a_0+a_1x+\cdots+a_nx^n \mid a_i\in R, i=0,1,\cdots,n\}$ 是系数在 R 上的一元多项式的集合. 按通常多项式的加法和乘法定义 $R[x]$ 中的加法和乘法. 证明: $R[x]$ 按这样规定的运算构成一个交换环.

9. 证明: 如果环 R 有单位元, 则 R 的单位元是唯一的.

10. 设 R 是有单位元的环. $a\in R$. 证明: 如果 a 可逆, 则 a 的逆元是唯一的.

11. 设 R 是有单位元的环. 证明: 环 R 的可逆元全体 $U(R)$ 关于环 R 的乘法构成群.

12. 设 R 是有单位元 e 的环. 证明: 对任何的 $a\in R$, 有 $(-e)\cdot a=-a$.

13. 证明环 R 中乘法对于减法的分配律, 即对任意的 $a,b,c\in R$,

(1) $a(b-c)=ab-ac$;

(2) $(b-c)a=ba-ca$.

14. 证明环 R 的移项法则, 即对任意的 $a,b,c\in R$, 有

$$a+b=c \Longleftrightarrow a=c-b.$$

15. 证明: 在交换环中牛顿二项式公式成立, 即对任意的 $a,b\in R$, $n\in \mathbf{N}$,

$$(a+b)^n=\sum_{k=0}^{n}\mathrm{C}_n^k a^{n-k}b^k.$$

上式中, 约定 $a^nb^0=a^n$, $a^0b^n=b^n$.

16. 试举出一个有限的非交换环的例子; 举一个没有单位元的无限的非交换环的例子.

17. 指出下列集合中哪些是 $M_2(\mathbf{R})$ 的子环?

(1) $S=\left\{\begin{pmatrix}0 & b\\ c & d\end{pmatrix} \middle| b,c,d\in\mathbf{R}\right\}$;

(2) $S=\left\{\begin{pmatrix}a & 0\\ c & d\end{pmatrix} \middle| a,c,d\in\mathbf{R}\right\}$;

(3) $S=GL_2(\mathbf{R})$;

(4) $S=\left\{\begin{pmatrix}a & b\\ b & a\end{pmatrix} \middle| a,b\in\mathbf{R}\right\}$.

18. 设 $\mathcal{F}(\mathbf{R})$ 是全体实函数关于函数的加法与乘法所构成的环. 问下列子集中哪些是 $\mathcal{F}(\mathbf{R})$ 的子环?

(1) $S=\{f\in\mathcal{F}(\mathbf{R})\,|\,f(1)=0\}$;

(2) $S=\{f\in\mathcal{F}(\mathbf{R})\,|\,f(1)=0, \text{或} f(0)=0\}$;

(3) $S=\{f\in\mathcal{F}(\mathbf{R})\,|\,f(2)\neq 0\}$;

(4) $S=\{f\in\mathcal{F}(\mathbf{R})\,|\,f(3)=f(4)\}$.

19. 设 $R=\{2^n\cdot m \mid m,n\in\mathbf{Z}\}$.

(1) 证明: R 是有理数域 $\mathbf{Q}$ 的子环;

(2) 求 R 的单位群.

20. 设

$$R=\left\{\begin{pmatrix}a & b\\ 0 & 0\end{pmatrix} \middle| a,b\in\mathbf{R}\right\},\quad S=\left\{\begin{pmatrix}a & 0\\ 0 & 0\end{pmatrix} \middle| a\in\mathbf{R}\right\}.$$

(1) 证明 R 关于矩阵的加法和乘法构成环且 S 为 R 的子环;

(2) 问 R 有单位元吗? S 有单位元吗?

21. 证明: 环 R 的任意多个子环的交还是子环.

22. 证明: 一个具有素数个元素的环是交换环.

23. 设 X 是一个非空集合, $\mathcal{P}(X)$ 是 X 的幂集. 规定

$$A+B=(A-B)\cup(B-A),\quad A\cdot B=A\cap B,\quad A,B\in\mathcal{P}(X).$$

证明: $\mathcal{P}(X)$ 关于所定义的运算构成有单位元的交换环.

24. 求环 $M_2(\mathbf{Z}_2)$ 中的所有可逆元.

25. 求环 $M_2(\mathbf{Z}_4)$ 中的所有可逆元.

26. 求全矩阵环 $M_n(\mathbf{R})$ 的中心.

27. 假设 $R_1, R_2, \cdots, R_n$ 都是包含非零元的环. 证明: 直和 $R=R_1\oplus R_2\oplus\cdots\oplus R_n$ 有单位元的充要条件是每个 R_i 都有单位元.

28. 设 R 为有 n 个元素的有限环, S 为 R 的子环, $|S|=m$. 证明: $m\,|\,n$.

*29. 设 R 是有单位元 e 的环, $a\in R$. 证明: 如果存在唯一的 $b\in R$, 使 $ab=e$, 则 a 为 R 的单位.

*30. 设 R 是有单位元 e 的环, $a,b\in R$. 证明: 如果 $e-ab$ 可逆, 则 $e-ba$ 也可逆.

*31. 设 R 是有单位元 e 的环, $a,b\in R$.

(1) 证明: 如果 a, b, $a+b$ 都可逆, 则 $a^{-1}+b^{-1}$ 也可逆;

(2) 求 $(a^{-1}+b^{-1})^{-1}$.

*32. (华罗庚恒等式) 设 R 是有单位元 e 的环, $a,b\in R$ 且 a, b, $ab-e$ 都可逆. 证明: $a-b^{-1}$, $(a-b^{-1})^{-1}-a^{-1}$ 都可逆, 且 $((a-b^{-1})^{-1}-a^{-1})^{-1}=aba-a$.

参考文献及阅读材料

[1] 《数学百科全书》编译委员会. 数学百科全书 (第四卷). 北京: 科学出版社, 1999.

[2] 中国大百科全书总编辑委员会《数学》编辑委员会, 中国大百科全书出版社编辑部. 中国大百科全书 · 数学. 北京, 上海: 中国大百科全书出版社, 1988.

[3] 王元. 华罗庚. 北京: 开明出版社, 1995.

环论的历史回顾

直至 19 世纪中期, 数学家仅知道环的个别例子: 由代数方程理论的需求而出现的数环, 即复数的子环, 以及数论中整数的剩余类环. 环的一般概念还不存在.

非交换的环与代数的最初例子在哈密顿 (W. R. Hamilton) 和格拉斯曼 (H. G. Grassmann) 的工作中可见 (1843~1844). 这些是四元数体、八元数代数和外代数. 超复数系的概念开始形成. 在 1870 年的论文中出现了幂等元和幂零元的概念. 由此发展出的结果和技巧被广泛应用于有限维代数的研究. 1870 年后开始

了超复数系的更一般的研究. 在戴德金的工作中出现了 (结合) 环、除环和域上代数的一般概念, 但他称环为 "序"(order). 术语 "环" 后来被希尔伯特 (D. Hilbert) 引入.

20 世纪初, 不再局限于实数域和复数域, 开始研究任意域上的 (有限维结合) 代数. 1926 年克鲁尔 (W. Krull) 和诺特 (E. Noether) 引入并系统运用了左理想的极大和极小条件. 以后阿廷 (E. Artin) 又继续了这一方面的工作. 而一般环的根理想理论也应时而起, 迅速发展起来, 其中尤以雅各布森 (N. Jacobson) 根与半单纯环以至本原环理论较为系统和深入.

交换代数最初是出现在代数数论中的数环. 现如今, 在代数和代数几何的交汇处, 交换环的理论得以迅速发展.

此外, 赋范的, 拓扑的, 有序的, 以及带有附加结构的环与代数也经常出现在泛函分析和数学的其他领域中 [1].

华罗庚 小传

华罗庚, 中国数学家. 1910 年 11 月 12 日生于江苏省金坛县. 1924 年初中毕业后, 在上海中华职业学校学习不到一年, 因家贫辍学, 遂刻苦自修数学. 1930 年在《科学》上发表了题为 "苏家驹之代数的 5 次方程解法不能成立之理由" 的论文, 文中指出苏家驹的解法中把一个 12 阶行列式算错了. 由此受到熊庆来的重视, 被邀请到清华大学工作, 开始了数论的研究. 他先为管理员、助教, 后再升为讲师. 1936 年作为访问学者去英国剑桥大学工作. 1938 年回国, 受聘为西南联合大学教授. 1946 年应邀赴苏联访问三个月, 同年赴美国普林斯顿高等研究所任研究员, 并在普林斯顿大学执教. 1948 年开始为伊利诺伊大学教授. 1950 年回国. 先后任清华大学教授, 中国科学院数学研究所所长, 数理化学部副主任, 中国科学技术大学副校长, 中国科学院应用数学研究所所长, 中国科学院副院长等职. 还担任过多届中国数学会理事长.

华罗庚是在国际上享有盛誉的数学家, 他在解析数论、矩阵几何学、典型群、自守函数论、多复变函数论、偏微分方程、高维数值积分等广泛数学领域中都作出了卓越的贡献. 用初等方法直接解决历史难题, 是华罗庚工作的特点之一, 这需要对问题本质有透彻的理解. 他工作的另一特点是系统、深刻. 他的专著《堆垒素数论》系统地总结发展与改进了哈代与李特尔伍德圆法、维诺格拉多夫三角和估计法及他自己的方法, 成为 20 世纪经典数论著作之一. 他的其他专著还有《典型群》《多个复变数典型域上的调和分析》《数论导引》等. 由于华罗庚的重大贡献, 有许多用他的名字命名的定理、引理、不等式与方法. 他一生共发表专著与学术论文近三百篇. 曾荣获国家自然科学一等奖 (详见文献 [2], [3]).

华罗庚于 1985 年 6 月 12 日在日本东京逝世.

3.2　整环、域与除环

我们知道, 一个具体的群通常是和一个具体的问题联系在一起的. 比如, 在研究正三角形的对称变换时便得到 S_3. 而环则不同, 它的产生常常不只是为了满足某一个特殊问题的需要. 更多地, 它是作为一种理论的载体, 一种进行研究的平台而出现的. 比如整数环就是如此. 人们利用整数, 不仅满足了计算与计数的需要, 而且建立并发展了初等数论. 所以整数环就是初等数论的一种载体, 是进行数论研究的一种平台. 数学家们在他们的数学研究中, 定义了各种类型的环, 以满足不同的需要. 其中最常见的, 就是整环、域和除环. 本节中, 我们将分别介绍这几种环.

1. 整环

定义 3.2.1　设 R 为环, a, b 为 R 的两个非零元素, 如果

$$a \cdot b = 0,$$

则称 a 为 R 的一个**左零因子** (left zero-divisor), b 为 R 的一个**右零因子** (right zero-divisor). 左零因子与右零因子统称为零因子.

例 1　$\mathbf{Z}_6$ 的全部零因子为

$$\overline{2}, \quad \overline{3}, \quad \overline{4}.$$

例 2　试求由所有形如

$$\begin{pmatrix} 0 & 0 \\ x & y \end{pmatrix}, \quad x, y \in \mathbf{R}$$

的矩阵组成的环 R (见习题 3-1 的第 2 题) 的零因子.

解　对任意的 $\begin{pmatrix} 0 & 0 \\ x & y \end{pmatrix}$, 由于

$$\begin{pmatrix} 0 & 0 \\ a & 0 \end{pmatrix} \cdot \begin{pmatrix} 0 & 0 \\ x & y \end{pmatrix} = 0,$$

所以环 R 的每个非零元素都是 R 的右零因子, 且每个形如

$$\begin{pmatrix} 0 & 0 \\ a & 0 \end{pmatrix}, \quad a \neq 0$$

的元素都是 R 的左零因子. 又当 $a \neq 0$ 时, 如果

$$\begin{pmatrix} 0 & 0 \\ * & a \end{pmatrix} \cdot \begin{pmatrix} 0 & 0 \\ x & y \end{pmatrix} = \begin{pmatrix} 0 & 0 \\ ax & ay \end{pmatrix} = 0,$$

则有 $x = 0, y = 0$. 所以

$$\begin{pmatrix} 0 & 0 \\ * & a \end{pmatrix}, \quad a \neq 0$$

不是环 R 的左零因子. 所以环 R 的左右零因子分别是

$$\begin{pmatrix} 0 & 0 \\ a & 0 \end{pmatrix}, \quad a \neq 0 \quad 与 \quad \begin{pmatrix} 0 & 0 \\ x & y \end{pmatrix}, \quad x, y \text{ 不全为零}.$$

这个例子说明, 在一个有零因子的环中, 右零因子不一定是左零因子. 同样, 可以举出例子说明, 左零因子也不一定是右零因子 (见本节习题 1). 但是, 如果一个环有左零因子, 也就一定有右零因子. 反之亦然. 这也就是说, 如果一个环没有左零因子, 当然也就没有右零因子, 从而也就没有零因子.

定义 3.2.2 一个没有零因子的环称为**无零因子环**.

例 3 整数环 $\mathbf{Z}$, 偶数环 $2\mathbf{Z}$ 以及数域 F 上的一元多项式环 $F[x]$ 都是无零因子环.

无零因子环的一个基本特征如下所述.

定理 3.2.1 在一个无零因子的环中, 两个消去律成立, 即对任意的 $a, b, c \in R$, $c \neq 0$, 如果 $ac = bc$ 或 $ca = cb$, 则 $a = b$.

证明 设 $ac = bc$, 则

$$(a - b)c = 0.$$

由于 R 无零因子, 且 $c \neq 0$, 因此 $a - b = 0$ (否则, c 就是 R 的一个零因子). 从而 $a = b$, 所以在 R 中右消去律成立. 同理可证, 左消去律也成立. □

容易证明, 如果环 R 中两个消去律有一个成立, 则 R 必是无零因子环 (见本节习题 10), 从而另一个消去律也成立.

在所有无零因子的环中, 整环是一类重要的环.

定义 3.2.3　一个无零因子的, 有单位元 $e \neq 0$ 的交换环 R 称为**整环** (domain).

例 4　整数环 $\mathbf{Z}$, 数域 F 上的一元多项式环 $F[x]$ 都是整环.

例 5　证明: 全体形如

$$\mathbf{Z}[\mathrm{i}] = \{a + b\mathrm{i} \mid a, b \in \mathbf{Z}\}$$

的复数关于通常数的运算构成一个整环, 并求 $\mathbf{Z}[\mathrm{i}]$ 的单位.

证明　(1) 对任意的 $\alpha = a + b\mathrm{i}, \beta = c + d\mathrm{i} \in \mathbf{Z}[\mathrm{i}]$, 因 $a, b, c, d \in \mathbf{Z}$, 所以

$$a - c, \quad b - d, \quad ac - bd, \quad ad + bc \in \mathbf{Z},$$

因此

$$\alpha - \beta = (a - c) + (b - d)\mathrm{i} \in \mathbf{Z}[\mathrm{i}],$$
$$\alpha \cdot \beta = (ac - bd) + (ad + bc)\mathrm{i} \in \mathbf{Z}[\mathrm{i}].$$

所以 $\mathbf{Z}[\mathrm{i}]$ 是 $\mathbf{C}$ 的子环. 显然, $\mathbf{Z}[\mathrm{i}]$ 是一个交换环.

(2) 因为 $\mathbf{C}$ 中无零因子, 所以 $\mathbf{Z}[\mathrm{i}]$ 也无零因子.

(3) 易知, $1 = 1 + 0\mathrm{i} \in \mathbf{Z}[\mathrm{i}]$ 为 $\mathbf{Z}[\mathrm{i}]$ 的单位元.

所以 $\mathbf{Z}[\mathrm{i}]$ 是一个整环. 下面求 $\mathbf{Z}[\mathrm{i}]$ 的单位.

设 $\alpha = a + b\mathrm{i}$ 是 $\mathbf{Z}[\mathrm{i}]$ 的任一单位, 则存在 $\beta = x + y\mathrm{i} \in \mathbf{Z}[\mathrm{i}]$, 使 $\alpha\beta = 1$. 于是

$$(a^2 + b^2)(x^2 + y^2) = \alpha\overline{\alpha}\beta\overline{\beta} = \alpha\beta\overline{\alpha\beta} = 1 \cdot 1 = 1.$$

因为 $a, b, x, y \in \mathbf{Z}$, 所以 $a^2 + b^2 = 1$. 由此得

$$a = \pm 1, b = 0 \quad 或 \quad a = 0, b = \pm 1.$$

从而知, 可能的单位为

$$1, \quad -1, \quad \mathrm{i}, \quad -\mathrm{i}.$$

显然, 它们都是 $\mathbf{Z}[\mathrm{i}]$ 的单位. □

环 $\mathbf{Z}[\mathrm{i}]$ 称为**高斯整环** (Gaussian domain). 高斯最先对这个环进行了研究, 从而开创了代数数论的研究领域. 类似地可以证明, 对任一无平方因子的整数 $d(d \neq 0, 1)$, 数集

$$\mathbf{Z}[\sqrt{d}] = \{a + b\sqrt{d} \mid a, b \in \mathbf{Z}\}$$

也是整环. 整环是一类与整数环性质最为接近的环. 第 4 章将对整环作进一步讨论.

2. 域

定义 3.2.4 设 F 是一个有单位元 $1_F \neq 0$ 的交换环. 如果 F 中每个非零元都可逆, 则称 F 是一个**域** (field).

由于可逆元一定不是零因子, 所以每个域都是整环. 但整环却不一定是域. 如整数环 $\mathbf{Z}$, 高斯整环 $\mathbf{Z}[\mathrm{i}]$ 都不是域.

例 6 $\mathbf{Q}$, $\mathbf{R}$, $\mathbf{C}$ 都是域, 分别称为有理数域、实数域和复数域.

例 7 数域 F 上的一元多项式环 $F[x]$ 的有理分式全体

$$F(x) = \left\{ \frac{f(x)}{g(x)} \,\middle|\, f(x), g(x) \in K[x], g(x) \neq 0 \right\}$$

是一个域 (称为域 F 上的有理分式域).

例 8 设 $d(d \neq 0, 1)$ 为无平方因子的整数, 证明:

$$\mathbf{Q}[\sqrt{d}] = \{a + b\sqrt{d} \mid a, b \in \mathbf{Q}\}$$

是一个域.

证明 仅证明, $\mathbf{Q}[\sqrt{d}]$ 中每个非零元都可逆, 其余的留给读者完成.

设 $a + b\sqrt{d} \neq 0,\ a, b \in \mathbf{Q}$, 因为 d 无平方因子, 所以 $a^2 - b^2 d \neq 0$. 从而

$$\left(a + b\sqrt{d}\right)^{-1} = \frac{1}{a + b\sqrt{d}} = \frac{a - b\sqrt{d}}{a^2 - b^2 d} = \frac{a}{a^2 - b^2 d} + \frac{-b}{a^2 - b^2 d}\sqrt{d} \in \mathbf{Q}[\sqrt{d}].$$

因此, $\mathbf{Q}[\sqrt{d}]$ 中每个非零元都可逆. □

例 9 设 p 为素数, 则 $\mathbf{Z}_p$ 是一个含 p 个元素的有限域.

证明 首先, $\mathbf{Z}_p$ 是一个有单位元的含 p 个元素的交换环, 又因为 $\mathbf{Z}_p$ 的单位群 $U(p) = \mathbf{Z}_p^*$, 所以 $\mathbf{Z}_p$ 中每个非零元都可逆, 因此 $\mathbf{Z}_p$ 是一个域. □

域有许多与有理数域相类似的运算性质. 特别地, 可以定义所谓的 "除法".

设 F 是一个域, $a, b \in F$. 如 $b \neq 0$, 则 b 可逆. 因为域的乘法是可交换的, 所以总有

$$a \cdot b^{-1} = b^{-1} \cdot a.$$

因此, 如果用记号

$$\frac{a}{b}$$

来表示这个乘积, 是不会造成误解的. 进一步规定

$$a \div b = \frac{a}{b} (= ab^{-1} = b^{-1} a),$$

并称 $\dfrac{a}{b}$ 是以 b 除 a 的**商** (quotient).

由此便可以像普通分数那样进行运算.

设 $\frac{a}{b}, \frac{c}{d} \in F$, 则

(1) $\frac{a}{b} = \frac{c}{d} \Longleftrightarrow ad = bc$;

(2) $\frac{a}{b} \pm \frac{c}{d} = \frac{ad \pm bc}{bd}$;

(3) $\frac{a}{b} \cdot \frac{c}{d} = \frac{ac}{bd}$;

(4) $\frac{a}{b} \div \frac{c}{d} = \frac{a}{b} \cdot \frac{d}{c} = \frac{ad}{bc} \quad (c \neq 0)$.

证明 仅证 (1), (2), 其余两个作为练习 (见本节习题 11).

(1) 如果 $\frac{a}{b} = \frac{c}{d}$, 即 $ab^{-1} = cd^{-1}$, 所以 $ad = bc$.

反之, 如果 $ad = bc$, 则 $ab^{-1} = cd^{-1}$, 所以 $\frac{a}{b} = \frac{c}{d}$.

(2)
$$\begin{aligned}\frac{a}{b} \pm \frac{c}{d} &= ab^{-1} \pm cd^{-1} = b^{-1}d^{-1} \cdot (ad \pm bc) \\ &= (bd)^{-1}(ad \pm bc) = \frac{ad \pm bc}{bd}.\end{aligned}$$
□

3. 除环

定义 3.2.5 设 R 是一个有单位元 $e \neq 0$ 的环. 如果 R 中每个非零元都可逆, 则称 R 是一个**除环** (division ring). 非交换的除环称为**体** (skew field).

由此定义可知, 域就是一个交换的除环, 这在前面已经讨论过了. 对于体, 则介绍著名的四元数体.

设 $\mathbf{H}$ 是所有形如
$$\begin{pmatrix} \alpha & \beta \\ -\overline{\beta} & \overline{\alpha} \end{pmatrix}, \quad \alpha, \beta \in \mathbf{C}$$
的复矩阵所组成的集合. 下面证明, $\mathbf{H}$ 关于矩阵的加法和乘法构成一个体.

(1) 设
$$A = \begin{pmatrix} \alpha & \beta \\ -\overline{\beta} & \overline{\alpha} \end{pmatrix}, \quad B = \begin{pmatrix} \gamma & \delta \\ -\overline{\delta} & \overline{\gamma} \end{pmatrix} \in \mathbf{H},$$
则
$$A - B = \begin{pmatrix} \alpha - \gamma & \beta - \delta \\ -\overline{(\beta - \delta)} & \overline{\alpha - \gamma} \end{pmatrix} \in \mathbf{H},$$

$$A \cdot B = \begin{pmatrix} \alpha\gamma - \beta\overline{\delta} & \alpha\delta + \beta\overline{\gamma} \\ -\overline{(\alpha\delta + \beta\overline{\gamma})} & \overline{\alpha\gamma - \beta\overline{\delta}} \end{pmatrix} \in \mathbf{H}.$$

所以 $\mathbf{H}$ 构成 $M_2(\mathbf{C})$ 的一个子环.

(2) 单位矩阵

$$E=\begin{pmatrix}1&0\\0&1\end{pmatrix}\in\mathbf{H}.$$

显然是 $\mathbf{H}$ 的单位元. 所以 $\mathbf{H}$ 是一个有单位元的环. 又如,

$$A=\begin{pmatrix}0&1\\-1&0\end{pmatrix},\quad B=\begin{pmatrix}\sqrt{-1}&0\\0&-\sqrt{-1}\end{pmatrix}\in\mathbf{H}$$

有

$$AB=\begin{pmatrix}0&-\sqrt{-1}\\-\sqrt{-1}&0\end{pmatrix},$$

$$BA=\begin{pmatrix}0&\sqrt{-1}\\\sqrt{-1}&0\end{pmatrix}\neq AB,$$

所以 $\mathbf{H}$ 是非交换环.

(3) 设

$$A=\begin{pmatrix}\alpha&\beta\\-\overline{\beta}&\overline{\alpha}\end{pmatrix}\neq 0,$$

则有 $\alpha\neq 0$ 或 $\beta\neq 0$, 所以 $|\alpha|^2+|\beta|^2\neq 0$. 令

$$B=\frac{1}{|\alpha|^2+|\beta|^2}\begin{pmatrix}\overline{\alpha}&-\beta\\\overline{\beta}&\alpha\end{pmatrix},\tag{3.2.1}$$

则 $B\in\mathbf{H}$, 且

$$A\cdot B=B\cdot A=E.$$

所以 A 可逆. 由此知, $\mathbf{H}$ 中每个非零元都可逆.

这就证明了 $\mathbf{H}$ 是一个体. 这个体称为**四元数体** (quaternion field).

让我们来看看, $\mathbf{H}$ 为什么叫四元数体.

令

$$1=\begin{pmatrix}1&0\\0&1\end{pmatrix},\quad \mathrm{i}=\begin{pmatrix}\sqrt{-1}&0\\0&-\sqrt{-1}\end{pmatrix},$$

$$\mathrm{j}=\begin{pmatrix}0&1\\-1&0\end{pmatrix},\quad \mathrm{k}=\begin{pmatrix}0&\sqrt{-1}\\\sqrt{-1}&0\end{pmatrix},$$

则有下面的运算性质:

$$\mathrm{i}^2=\mathrm{j}^2=\mathrm{k}^2=-1;$$

$$\begin{aligned} \mathrm{ij} &= -\mathrm{ji} = \mathrm{k}; \\ \mathrm{jk} &= -\mathrm{kj} = \mathrm{i}; \\ \mathrm{ki} &= -\mathrm{ik} = \mathrm{j}. \end{aligned} \tag{3.2.2}$$

且 $\mathbf{H}$ 的任何一个元素

$$A = \begin{pmatrix} a + b\sqrt{-1} & c + d\sqrt{-1} \\ -c + d\sqrt{-1} & a - b\sqrt{-1} \end{pmatrix}, \quad a, b, c, d \in \mathbf{R}$$

可唯一表为

$$A = a\mathrm{1} + b\mathrm{i} + c\mathrm{j} + d\mathrm{k}.$$

从而

$$\mathbf{H} = \{a\mathrm{1} + b\mathrm{i} + c\mathrm{j} + d\mathrm{k} \mid a, b, c, d \in \mathbf{R}\}.$$

如果抛开 1, i, j, k 的具体意义, 而只应用公式 (3.2.2) 及加法与乘法的运算关系 (即加法合并同类项, 乘法按分配律展开并应用公式 (3.2.2) 后再合并同类项), 则 $\mathbf{H}$ 的元素就可以如通常的数那样进行运算 (乘法不满足交换律). 由于 $\mathbf{H}$ 是由四个元素 1, i, j, k 及实数所生成的, 故称 $\mathbf{H}$ 的元素为四元数.

注　由于实数 a 与矩阵 aE 是一一对应的, 并且运算关系也完全一致, 所以, 可以把实数域 $\mathbf{R}$ 看作 $\mathbf{H}$ 的子域. 并把四元数

$$a\mathrm{1} + b\mathrm{i} + c\mathrm{j} + d\mathrm{k}$$

简记为

$$a + b\mathrm{i} + c\mathrm{j} + d\mathrm{k}.$$

基于同样的理由, 如果把复数 $a + b\mathrm{i}$ 与四元数 $a\mathrm{1} + b\mathrm{i}$ 一一对应起来, 则也可以把复数域看作 $\mathbf{H}$ 的子域. 所以, 四元数体是一个超复数系.

例 10　设 $\alpha = 1 - 2\mathrm{i} + \mathrm{j} + 3\mathrm{k}$, $\beta = 2 + \mathrm{i} + 4\mathrm{j} - 2\mathrm{k}$, 则

$$\begin{aligned} \alpha - \beta &= -1 - 3\mathrm{i} - 3\mathrm{j} + 5\mathrm{k}, \\ \alpha\beta &= (1 - 2\mathrm{i} + \mathrm{j} + 3\mathrm{k})(2 + \mathrm{i} + 4\mathrm{j} - 2\mathrm{k}) \\ &= 2 + \mathrm{i} + 4\mathrm{j} - 2\mathrm{k} + 2 - 4\mathrm{i} - 4\mathrm{j} - 8\mathrm{k} - 4 - 2\mathrm{i} + 2\mathrm{j} - \mathrm{k} + 6 - 12\mathrm{i} + 3\mathrm{j} + 6\mathrm{k} \\ &= 6 - 17\mathrm{i} + 5\mathrm{j} - 5\mathrm{k}. \end{aligned}$$

由 (3.2.1) 式又可得

$$\alpha^{-1} = \frac{1 + 2\mathrm{i} - \mathrm{j} - 3\mathrm{k}}{1^2 + 2^2 + 1^2 + 3^2} = \frac{1}{15}(1 + 2\mathrm{i} - \mathrm{j} - 3\mathrm{k}).$$

四元数体是爱尔兰数学家哈密顿 (W. R. Hamilton) 于 1843 年发现的. 哈密顿四元数的发现是数学史上一起划时代的事件. 由于这一发现, 哈密顿把代数学从传统算术中解放出来, 从而为现代代数学的发展打开了大门. 从此以后, 数学家们可以自由地构造各种有意义的、有用的代数体系. 有关哈密顿的生平及发现四元数的经过, 请参阅本节最后的哈密顿小传.

习 题 3-2

1. 举例说明, 一个环的左零因子不一定是右零因子.

2. 证明集合

$$\mathbf{Z}[\theta]=\{a+b\theta\mid a,b\in\mathbf{Z}\},\quad \theta=\frac{1}{2}+\frac{1}{2}\sqrt{-3},$$

关于通常的数的运算构成一个整环, 并求出 $\mathbf{Z}[\theta]$ 的所有单位.

3. 证明集合

$$\mathbf{Z}[\sqrt{5}\,]=\{a+b\sqrt{5}\mid a,b\in\mathbf{Z}\}$$

关于通常数的加法与乘法构成整环, 并找出 $\mathbf{Z}[\sqrt{5}\,]$ 的两个不等于 ±1 的单位.

4. 证明集合

$$\mathbf{Q}[\sqrt[3]{2}\,]=\{a+b\sqrt[3]{2}+c\sqrt[3]{4}\mid a,b,c\in\mathbf{Q}\}$$

关于通常数的加法与乘法构成域.

5. 有理数集 $\mathbf{Q}$ 关于下列运算:

$$a\oplus b=a+b-1,$$
$$a*b=a+b-ab$$

是否构成域?

6. 设 R 是无零因子环, S 是 R 的子环, 且 $|S|>1$. 证明: 当 S 有单位元时, S 的单位元就是 R 的单位元.

7. 设 R 是有单位元 e 的无零因子环. 证明: 如 $ab=e$, 则 $ba=e$.

8. 设 R_1, R_2 都是包含非零元的环. 证明: $R_1\oplus R_2$ 不是无零因子环.

9. 求环 $\mathbf{Z}\oplus\mathbf{Q}\oplus\mathbf{Z}$ 的所有零因子和所有单位.

10. 证明: 如果环 R 中两个消去律中有一个成立, 则 R 一定是无零因子环.

11. 证明: 域的除法满足运算法则 (3) 和 (4).

12. 证明: 有限整环都是域.

13. 证明: 有限无零因子的非零环是除环.

14. 设 $R=\mathbf{Z}_3[\mathrm{i}]=\{a+b\mathrm{i}\mid a,b\in\mathbf{Z}_3,\mathrm{i}^2=-1\}$, 这是模 3 的高斯整环, 其加法和乘法运算如同复数, 但系数要模 3. 试列出 R 的乘法表. 并证明 R 是个 (有 9 个元素的) 域.

15. 利用 14 题的乘法表, 证明: $U(\mathbf{Z}_3[\mathrm{i}])$ 是一个循环群.

16. 设 R 是一个环, $a\in R$. 如果存在 $n\in\mathbf{N}$, 使 $a^n=0$, 则称 a 是 R 的一个**幂零元** (nilpotent element).

(1) 试求 $\mathbf{Z}_{18}$ 的所有幂零元;

(2) 证明: 如果 R 是有单位元 e 的交换环, x 是 R 的一个幂零元, 则 $e-x$ 是 R 的一个可逆元;

(3) 证明: 交换环的幂零元全体构成一个子环.

17. 试求出 $\mathbf{Z}_{18}$ 的所有可逆元和零因子.

18. 试求出 $\mathbf{Z}_3 \oplus \mathbf{Z}_5$ 的所有可逆元和零因子. 它有非零的幂零元吗?

19. 试求出 $\mathbf{Z}_4 \oplus \mathbf{Z}_{10}$ 的所有可逆元、零因子和幂零元.

20. 证明: 除环的中心是一个域.

21. 设 $G = \{\pm 1, \pm \mathrm{i}, \pm \mathrm{j}, \pm \mathrm{k}\} \subseteq \mathbf{H}$.

(1) 证明 G 关于 $\mathbf{H}$ 中的乘法构成一个 8 阶非交换群;

(2) 求 G 的所有子群与正规子群;

(3) 求 G 的中心 $C(G)$ 及换位子群 $[G, G]$.

22. 对下列给定的四元数 α, β, 计算 $\alpha+\beta$, $\alpha\beta$, α^2, β^{-1}.

(1) $\alpha = 1 - 2\mathrm{i} + 3\mathrm{k}$, $\beta = 2 - \mathrm{i} + \mathrm{j} - 2\mathrm{k}$;

(2) $\alpha = 2 + \mathrm{i} - 3\mathrm{j} + \mathrm{k}$, $\beta = -3 - 2\mathrm{i} + \mathrm{j} + 4\mathrm{k}$.

23. 对 $x = a + b\mathrm{i} + c\mathrm{j} + d\mathrm{k} \in \mathbf{H} (a, b, c, d \in \mathbf{R})$, 定义 x 的共轭元为

$$\overline{x} = a - b\mathrm{i} - c\mathrm{j} - d\mathrm{k}.$$

证明:

(1) 对任意 $x, y, \in \mathbf{H}$, $\overline{x+y} = \overline{x} + \overline{y}$, $\overline{x \cdot y} = \overline{y} \cdot \overline{x}$, $\overline{\overline{x}} = x$;

(2) $x \cdot \overline{x} = \overline{x} \cdot x = a^2 + b^2 + c^2 + d^2 \geqslant 0$.

24. 设 $x = -1 + 2\mathrm{i} - 3\mathrm{j} + 4\mathrm{k}$, $y = 1 + 2\mathrm{i} + 2\mathrm{j} + \mathrm{k} \in \mathbf{H}$. 求

(1) $x - \overline{y}$; (2) $xy - yx$; (3) yxy^{-1}.

25. 在四元数体中, 设 $x \in \mathbf{H}$, 称 $\mathcal{N}(x) = x\overline{x}$ 为 x 的范数. 证明: 对任意的 $x, y \in \mathbf{H}$,

(1) $\mathcal{N}(x) = \mathcal{N}(\overline{x})$;

(2) $\mathcal{N}(ax) = a^2 \mathcal{N}(x), a \in \mathbf{R}$;

(3) $\mathcal{N}(xy) = \mathcal{N}(x)\mathcal{N}(y)$.

26. 在 $\mathbf{H}$ 中, 试至少求出方程

$$x^2 + 2x + 13 = 0$$

的 8 个根.

27. 求四元数体 $\mathbf{H}$ 的中心 $C(\mathbf{H})$.

28. 设 F 是数域.

(1) 若 $F \subseteq \mathbf{R}$. 证明 $R = \{a + b\mathrm{i} + c\mathrm{j} + d\mathrm{k} \mid a, b, c, d \in F\} \subseteq \mathbf{H}$ 是四元数除环的子除环;

(2) 若取 $F = \mathbf{C}$, 问这样的 R 还是环吗? 还是除环吗?

29. 设环 $R = M_2(\mathbf{H})$,

$$A = \begin{pmatrix} \mathrm{i} & \mathrm{k} \\ -1 & \mathrm{j} \end{pmatrix} \in R.$$

证明: A 在 R 中可逆, 并求 A 的逆元 A^{-1}.

*30. 证明: 在 $\mathbf{H}$ 中每个判别式小于零的实系数二次方程都有无限多个根.

*31. 设 R 是一个无非零的幂零元的交换环, $r, s \in R$. 证明: 如果存在 $a, b \in \mathbf{N}$, $(a, b) = 1$, 使 $r^a = s^a$, $r^b = s^b$, 则 $r = s$.

哈密顿 小传

哈密顿 (William Rowan Hamilton), 爱尔兰数学家, 物理学家. 1805 年 8 月 4 日生于爱尔兰的都柏林. 五岁时就能读拉丁语、希腊语和希伯来语, 14 岁时已学会了 12 种语言. 1823 年进入都柏林三一学院学习. 1827 年, 当他才 22 岁还是大学生时, 便被任命为邓辛克天文台台长及都柏林三一学院天文学教授, 并获皇家天文学家称号. 1832 年成为爱尔兰科学院院士, 1837~1845 年任院长.

哈密顿在数学上的主要成就是发现了四元数和发展了变分法及微分方程的理论. 四元数是复数的自然推广, 四元数中的 i, j, k 的平方都是 −1, 利用它们, 三维和四维中的旋转可以进行代数化的处理. 但最重要的是, 四元数关于乘法运算是不交换的! 这是当时发现的第一个不满足交换性的环. 哈密顿后来回忆道: 在经历了 15 年的冥思苦想之后, 智慧的火花某一天突然在他的大脑中迸发. 那是 1843 年 10 月 16 日, 星期一, 当哈密顿沿着皇家运河在步行去爱尔兰科学院的路上时, 他的脑海中闪现出了如下的一串基本公式:

$$\mathrm{i}^2 = \mathrm{j}^2 = \mathrm{k}^2 = \mathrm{ijk} = -1.$$

这包含了他 15 年来所考虑的问题的全部解. 他迅速地把它记录在随身携带的笔记本中, 并在路过运河边的一座小桥时, 用小刀将公式刻在了桥边的石头上. 克莱因 (M. Kline) 后来评价说: 四元数的发现 “对代数学具有不可估量的重要性”.

以哈密顿名字命名的术语有: 哈密顿函数, 它代表了物理系统中的总能量, 哈密顿–雅可比微分方程, 以及线性代数中的凯莱–哈密顿定理等. 而向量、标量、张量等术语的使用也归功于哈密顿.

哈密顿 1865 年 9 月 2 日在都柏林附近的邓辛克天文台逝世, 享年 60 岁.

3.3 理想与商环

在群论中, 有一类特殊的子群——正规子群, 它在群论中扮演着重要的角色. 与此类似地, 在环论中, 也有一类特殊的子环——理想, 它在环论中的作用就相当于正规子群在群论中的作用. 大家回忆一下, 在第 2 章中, 通过正规子群, 定义了商群, 并进而得到了群的同态定理. 在环论中, 由理想可以定义商环, 并进而有环的同态定理. 先来给出理想的定义, 讨论它的一些初步性质, 然后给出商环的概念. 环的同态定理将在 3.4 节中给出.

定义 3.3.1 设 R 为环, I 为 R 的非空子集, 如果 I 满足

(I1) 对任意的 $r_1, r_2 \in I$, $r_1 - r_2 \in I$;

(I2) 对任意的 $r \in I, s \in R$, $rs, sr \in I$,

则称 I 为环 R 的**一个理想** (ideal), 记作 $I \lhd R$. 又如果 $I \subsetneq R$, 则称 I 为 R 的**真理想** (proper ideal).

由定义可知, 如果 I 为 R 的理想, 则 I 必为 R 的子环.

例 1 $\{0\}$ 与 R 本身显然都是 R 的理想. 这两个理想称为 R 的**平凡理想** (trivial ideal).

例 2 试求 $\mathbf{Z}$ 的所有理想.

解 设 I 为 $\mathbf{Z}$ 的任一理想, 则 I 为 $\mathbf{Z}$ 的子环. 从而存在 $d \in \mathbf{Z}, d \geqslant 0$, 使 $I = d\mathbf{Z}$(见 3.1 节例 10).

反之, 设 I 为 $\mathbf{Z}$ 的任一子环, 那么存在 $d \in \mathbf{Z}$, 使 $I = d\mathbf{Z}$, 则对任意的 $r = dx, s = dy \in I$, $z \in \mathbf{Z}$,

$$r - s = dx - dy = d(x - y) \in I,$$

$$rz = zr = (dx)z = d(xz) \in I,$$

所以 $d\mathbf{Z}$ 为 $\mathbf{Z}$ 的理想.

由此知, I 为 $\mathbf{Z}$ 的理想当且仅当 I 为 $\mathbf{Z}$ 的子环. 因此 $\mathbf{Z}$ 的全部理想为 $d\mathbf{Z}$, 其中 $d \in \mathbf{Z}, d \geqslant 0$.

用类似的方法还可以证明, 对任意的 $m \in \mathbf{Z}(m > 0)$, $\mathbf{Z}_m$ 的所有理想为 $d\mathbf{Z}_m$, 其中 $d = 0$, 或 $d \mid m, 1 \leqslant d < m$.

下面讨论理想的运算.

定义 3.3.2 设 R 为环, I, J 都是 R 的理想, 集合

$$I + J = \{a + b \,|\, a \in I, b \in J\} \quad 与 \quad I \cap J$$

分别称为理想 I 与 J 的**和与交**.

定理 3.3.1 设 R 为环, I, J 都是 R 的理想, 则 I 与 J 的和与交都是 R 的理想.

证明 (1) 设 $a, b \in I + J$, $x \in R$, 则有 $a_1, b_1 \in I$, $a_2, b_2 \in J$, 使 $a = a_1 + a_2$, $b = b_1 + b_2$. 从而

$$a - b = (a_1 + a_2) - (b_1 + b_2) = (a_1 - b_1) + (a_2 - b_2) \in I + J,$$

$$xa = x(a_1 + a_2) = xa_1 + xa_2 \in I + J,$$
$$ax = (a_1 + a_2)x = a_1x + a_2x \in I + J,$$

所以 $I + J$ 为 R 的理想.

(2) 对任意的 $a, b \in I \cap J$, $x \in R$, 则 $a, b \in I$ 且 $a, b \in J$, 从而

$$a - b,\ ax,\ xa \in I \text{ 且 } a - b,\ ax,\ xa \in J,$$

所以

$$a - b,\ ax,\ xa \in I \cap J.$$

因此 $I \cap J$ 为 R 的理想. □

进一步还可以证明下述定理.

定理 3.3.2 (1) 环 R 的任意有限多个理想的和还是 R 的理想;

(2) 环 R 的任意 (有限或无限) 多个理想的交还是 R 的理想.

这个定理的证明作为练习 (见本节习题 3).

设 $a \in R$, 考察 R 中含有元素 a 的全部理想的集合

$$\Sigma = \{I \lhd R \mid a \in I\}.$$

因为 $a \in R$, 且 $R \lhd R$, 所以 $R \in \Sigma$, 从而 Σ 非空. 令

$$\langle a \rangle = \bigcap_{I \in \Sigma} I,$$

则由定理 3.3.2 知, $\langle a \rangle$ 为 R 的一个理想. 这个理想称为 R 的由 a 生成的**主理想** (principal ideal). 因为 $a \in I (I \in \Sigma)$, 所以 $a \in \langle a \rangle$, 从而 $\langle a \rangle \in \Sigma$. 我们看到: 一方面, $\langle a \rangle$ 是包含 a 的理想; 另一方面, $\langle a \rangle$ 是所有包含 a 的理想的交, 所以 $\langle a \rangle$ 是 R 的包含 a 的最小理想.

下面的定理描述了主理想的构成.

定理 3.3.3 设 R 为环, $a \in R$, 则

(1) $\langle a \rangle = \left\{ \sum_{i=1}^{n} x_i a y_i + xa + ay + ma \;\middle|\; x_i, y_i, x, y \in R, n \in \mathbf{N}, m \in \mathbf{Z} \right\}$;

(2) 如果 R 是有单位元的环, 则

$$\langle a \rangle = \left\{ \sum_{i=1}^{n} x_i a y_i \;\middle|\; x_i, y_i \in R, n \in \mathbf{N} \right\};$$

(3) 如果 R 是交换环, 则

$$\langle a \rangle = \{xa + ma \mid x \in R, m \in \mathbf{Z}\};$$

(4) 如果 R 是有单位元的交换环, 则

$$\langle a \rangle = aR = \{ar \mid r \in R\}.$$

证明 (1) 设

$$I = \left\{ \sum_{i=1}^{n} x_i a y_i + xa + ay + ma \,\middle|\, x_i, y_i, x, y \in R, n \in \mathbf{N}, m \in \mathbf{Z} \right\}.$$

易知 I 为 R 的理想. 因为 $a = 1 \cdot a \in I(1 \in \mathbf{Z})$, 所以 I 为包含 a 的理想, 从而 $\langle a \rangle \subseteq I$.

又因为 $\langle a \rangle$ 是由 a 生成的理想, 所以 $\langle a \rangle$ 必包含所有的形如

$$xay,\ xa,\ ay \text{ 与 } ma \quad (x, y \in R, m \in \mathbf{Z})$$

的元素及这些元素的和, 因此 $\langle a \rangle \supseteq I$. 于是 $\langle a \rangle = I$.

(2) 如果 R 有单位元 e, 则

$$ma = (me)ae \ \ (m \in \mathbf{Z}), \quad xa = xae, \quad ay = eay$$

都是形如 xay 的元素. 所以

$$\langle a \rangle = \left\{ \sum_{i=1}^{n} x_i a y_i \,\middle|\, x_i, y_i \in R, n \in \mathbf{N} \right\}.$$

(3) 如果 R 是交换环, 则 $xay = xya$, $ay = ya$. 从而

$$\sum_{i=1}^{n} x_i a y_i + xa + ya + ma = \sum_{i=1}^{n} x_i y_i a + xa + ya + ma = x'a + ma, \quad x' \in R,$$

所以 $\langle a \rangle = \{xa + ma \mid x \in R, m \in \mathbf{Z}\}$.

(4) 如果 R 是有单位元 e 的交换环, 则 $ma = (me)a$, 所以

$$\langle a \rangle = \{xa \mid x \in R\} = aR. \qquad \square$$

将这个定理应用于例 2, 就得到下述结论.

推论 1 整数环 $\mathbf{Z}$ 的每个理想都是主理想.

同样也可以证明下述结论 (见本节习题 7):

推论 2 模 m 剩余类环 $\mathbf{Z}_m$ 的每个理想都是主理想.

设 R 为环, $a_1, a_2, \cdots, a_s \in R$, 则 $\langle a_1\rangle$, $\langle a_2\rangle$, $\cdots$, $\langle a_s\rangle$ 都是 R 的理想. 令

$$\langle a_1, a_2, \cdots, a_s\rangle = \langle a_1\rangle + \langle a_2\rangle + \cdots + \langle a_s\rangle,$$

则 $\langle a_1, a_2, \cdots, a_s\rangle$ 为 R 的理想, 称为 R 的由 a_1, a_2, $\cdots$, a_s 生成的理想. 易知, $\langle a_1, a_2, \cdots, a_s\rangle$ 是 R 的含 a_1, a_2, $\cdots$, a_s 的最小理想.

例 3 在 $\mathbf{Z}$ 中, 如果 $a, b \in \mathbf{Z}$, 则 $\langle a, b\rangle$ 是怎样的主理想?

解 (1) 如果 a, b 都是零, 则显然 $\langle a, b\rangle = \{0\} = \langle 0\rangle$.

(2) 如果 a, b 不全为零, 设 a, b 的最大公因数为 d, 则存在 $s, t \in \mathbf{Z}$, 使

$$d = as + bt \in \langle a, b\rangle,$$

所以 $\langle d\rangle \subseteq \langle a, b\rangle$. 又因为 a, b 都是 d 的倍数, 所以 $a, b \in \langle d\rangle$, 从而 $\langle a, b\rangle \subseteq \langle d\rangle$. 所以

$$\langle a, b\rangle = \langle d\rangle,$$

即 $\langle a, b\rangle$ 是由 a, b 的最大公因数 d 所生成的主理想 $\langle d\rangle$.

例 4 在高斯整环 $\mathbf{Z}[\mathrm{i}]$ 中, 理想 $I = \langle 1+\mathrm{i}\rangle$ 由哪些元素组成?

解 首先, $2 = (1-\mathrm{i})(1+\mathrm{i}) \in I$, 所以对任意的 $z \in \mathbf{Z}$, 有 $2z \in I$. 从而当 $x - y$ 为偶数时,

$$x + y\mathrm{i} = (x - y) + (1+\mathrm{i})y \in I.$$

其次, 对任意的 $x, y \in \mathbf{Z}$, $(1+\mathrm{i})(x + y\mathrm{i}) \neq 1$, 所以 $1 \notin I$. 从而当 $x - y$ 为奇数时,

$$x + y\mathrm{i} = 1 + (x - 1) + y\mathrm{i} \notin I.$$

由此得

$$\langle 1+\mathrm{i}\rangle = \{x + y\mathrm{i} \,|\, x, y \text{ 同为奇数或同为偶数}\}.$$

下面给出商环的定义.

设 R 是一个环, I 是环 R 的一个理想, 则 $(I, +)$ 是 $(R, +)$ 的子加群, 从而 $(I, +)$ 是 $(R, +)$ 的正规子群, 于是有商群:

$$R/I = \{\overline{x} = x + I \,|\, x \in R\},$$

其加法运算定义为

$$\overline{x} + \overline{y} = \overline{x + y}, \quad x, y \in R. \tag{3.3.1}$$

现在来定义 R/I 的乘法. 规定

$$\overline{x} \cdot \overline{y} = \overline{xy}, \quad x, y \in R. \tag{3.3.2}$$

(1) 设 $x_1, y_1, x_2, y_2 \in R$, 且 $\overline{x}_1 = \overline{x}_2$, $\overline{y}_1 = \overline{y}_2$, 则 $x_1 - x_2$, $y_1 - y_2 \in I$, 从而

$$\begin{aligned} x_1y_1 - x_2y_2 &= x_1y_1 - x_1y_2 + x_1y_2 - x_2y_2 \\ &= x_1(y_1 - y_2) + (x_1 - x_2)y_2 \in I. \end{aligned}$$

由此得 $\overline{x_1y_1} = \overline{x_2y_2}$. 所以 (3.3.2) 式定义了 R/I 的乘法运算.

(2) 对任意的 $x, y, z \in R$,

$$\begin{aligned} (\overline{x} \cdot \overline{y}) \cdot \overline{z} = \overline{xy} \cdot \overline{z} = \overline{xyz}, \\ \overline{x} \cdot (\overline{y} \cdot \overline{z}) = \overline{x} \cdot \overline{yz} = \overline{xyz}, \end{aligned}$$

所以 R/I 关于乘法满足结合律.

(3) 对任意的 $x, y, z \in R$,

$$\begin{aligned} \overline{x} \cdot (\overline{y} + \overline{z}) &= \overline{x} \cdot \overline{y+z} = \overline{x(y+z)} \\ &= \overline{xy + xz} = \overline{xy} + \overline{xz} \\ &= \overline{x} \cdot \overline{y} + \overline{x} \cdot \overline{z}, \\ (\overline{y} + \overline{z}) \cdot \overline{x} &= \overline{y+z} \cdot \overline{x} = \overline{(y+z)x} \\ &= \overline{yx + zx} = \overline{yx} + \overline{zx} \\ &= \overline{y} \cdot \overline{x} + \overline{z} \cdot \overline{x}, \end{aligned}$$

所以 R/I 关于加法与乘法满足两个分配律.

这就证明了, R/I 关于由 (3.3.1) 式与 (3.3.2) 式所规定的运算构成环.

定义 3.3.3 称环 R/I 为环 R 关于它的理想 I 的**商环** (quotient ring).

由商环的定义, 容易推出下述结论.

定理 3.3.4 设 R 为环, I 是 R 的理想, 则

(1) $\overline{0} = I$ 为 R/I 的零元;

(2) 如果 R 有单位元 e, 且 $e \notin I$, 则 $\overline{e} = e + I$ 为 R/I 的单位元;

(3) 如果 R 是交换环, 则 R/I 也是交换环.

例 5 设 $m \in \mathbf{Z}, m > 1$, 则

$$\mathbf{Z}/\langle m \rangle = \{\overline{a} = a + \langle m \rangle \mid a = 0, 1, 2, \cdots, m-1\}$$

且

$$\overline{a} + \overline{b} = \overline{a+b}, \quad \overline{a} \cdot \overline{b} = \overline{a \cdot b}.$$

因此, $\mathbf{Z}$ 对于 $\langle m \rangle$ 的商环就是 $\mathbf{Z}$ 关于模 m 的剩余类环, 即

$$\mathbf{Z}/\langle m\rangle=\mathbf{Z}_m.$$

由此可知, $\mathbf{Z}/\langle m\rangle$ 为域的充分必要条件是 m 为素数.

例 6 设 $\mathbf{Z}[\mathrm{i}]$ 为高斯整环, 试确定 $\mathbf{Z}[\mathrm{i}]/\langle 1+\mathrm{i}\rangle$.

解 设 $x+y\mathrm{i}\in\mathbf{Z}[\mathrm{i}]$, 由例 4 可知:

(1) 如果 $x-y$ 为偶数, 则 $x+y\mathrm{i}\in\langle 1+\mathrm{i}\rangle$, 所以 $\overline{x+y\mathrm{i}}=\overline{0}$.

(2) 如果 $x-y$ 为奇数, 则 $x+y\mathrm{i}=1+(x-1)+y\mathrm{i}\in 1+\langle 1+\mathrm{i}\rangle$, 所以 $\overline{x+y\mathrm{i}}=\overline{1}$.

由此得

$$\mathbf{Z}[\mathrm{i}]/\langle 1+\mathrm{i}\rangle=\{\overline{0},\overline{1}\}.$$

这是一个仅有两个元素的域.

和正规子群一样, 一个环的理想也不具备传递性, 即如果 J 是环 R 的理想, I 是 J 的理想, 而 I 不一定是 R 的理想.

例 7 设 $R=\mathbf{Q}[x]/\langle x^2\rangle$, $J=\langle\bar{x}\rangle$, $I=\langle 2\bar{x}\rangle$. 则 $J\lhd R$, $I\lhd J$. 但是, 取 $\dfrac{1}{2}\in R$, 而 $\dfrac{1}{2}\cdot 2\bar{x}=\bar{x}\notin I$. 所以 I 不是 R 的理想.

习 题 3-3

1. 设 R 为由全体实函数关于函数的加法与乘法所构成的环. 下列子集哪些是它的理想?

(1) $S=\{f\in R\,|\,f(0)=0\}$;

(2) $S=\{f\in R\,|\,f(0)=f(1)\}$;

(3) $S=\{f\in R\,|\,f(1)=f(2)=0\}$.

2. 设 R 为加法群, 定义 R 的乘法为

$$a\cdot b=0,\quad\forall\, a,b\in R.$$

证明: $(R,+,\cdot)$ 为环, 并求出 R 的所有理想.

3. 证明定理 3.3.2.

4. 设 X 是一个非空集合, $\mathcal{P}(X)$ 为习题 3-1 的 23 题中所定义的环. 证明: 对任意的 $Y\subseteq X$, $\mathcal{P}(Y)$ 是 $\mathcal{P}(X)$ 的理想.

5. 设 S 是 R 的子环, I 是 R 的理想, 且 $I\subseteq S$. 证明:

(1) S/I 是 R/I 的子环;

(2) 如果 S 是 R 的理想, 则 S/I 是 R/I 的理想.

6. 设环 $S=\left\{\begin{pmatrix}a & b\\ 0 & d\end{pmatrix}\,\middle|\, a,b,d\in\mathbf{R}\right\}$. 求 S 的所有理想.

7. 证明定理 3.3.3 的推论 2.

8. 设 R 为环, I,J 是 R 的两个理想. 令

$$[I:J]=\{x\in R\,|\,xJ,Jx\subseteq I\}.$$

证明: $[I:J]$ 是 R 的理想.

9. 设 $\mathbf{Z}[\mathrm{i}]$ 为高斯整环, $I=\langle 1+2\mathrm{i}\rangle$. 试写出 I 的元素的明显表达式, 并求商环 $\mathbf{Z}[\mathrm{i}]/I$.

10. 设 R 是有单位元的交换环, $a\in R$. 证明: a 是单位当且仅当 $\langle a\rangle=R$.

11. 设 R 是交换环, X 是 R 的非空子集. 令

$$\mathrm{Ann}(X)=\{r\in R\,|\,rx=0,\forall\, x\in X\}.$$

证明: $\mathrm{Ann}(X)$ 是 R 的理想.

12. 设 R 是交换环, I 是 R 的理想. 令

$$\sqrt{I}=\{r\in R\,|\,\text{存在 } n\in\mathbf{N}, \text{使 } r^n\in I\}.$$

证明: $\sqrt{I}$ 是 R 的理想.

13. 设 I, J 为 R 的理想. 令

$$IJ=\left\{\sum_{i=1}^{n}x_iy_i\;\middle|\; n\in\mathbf{N}, x_i\in I, y_i\in J\right\}.$$

证明: IJ 为 R 的理想, 且 $IJ\subset I\cap J$.

14. 试确定 $\mathbf{Z}_{18}$ 的所有商环.

15. 设 R 为环, I 为 R 的非空子集. 如果对任意的 $r_1,r_2\in I$, $s\in R$, 有 $r_1-r_2\in I$, $sr_1\in I(r_1s\in I)$, 则称 I 为环 R 的**左理想** (**右理想**). 验证:

$$I=\left\{\begin{pmatrix}a & 0\\ b & 0\end{pmatrix}\;\middle|\; a,b\in\mathbf{R}\right\}$$

是环 $M_2(\mathbf{R})$ 的左理想.

16. 证明: 环 $M_n(\mathbf{R})$ 没有非平凡的理想.

17. 设 $I=\langle 6\rangle$, $J=\langle 15\rangle$ 都是 $\mathbf{Z}$ 的理想. 求以下各理想的生成元:

(1) $I+J$;　(2) $I\cap J$;　(3) IJ.

18. 设 R_1, R_2 是环, $R=R_1\oplus R_2$. 记 $R_1'=\{(a,0)\in R\mid a\in R_1\}$, $R_2'=\{(0,b)\in R\mid b\in R_2\}$. 证明:

(1) R_1', R_2' 是 R 的理想;

(2) $R=R_1'+R_2'$.

19. 设 R 是交换环. 证明 R 中所有幂零元的集合构成 R 的理想. 称此理想为 R 的**诣零根** (nil radical), 记作 $\mathrm{rad}\,R$.

20. 求剩余类环 $\mathbf{Z}_{24}$ 的诣零根 $\mathrm{rad}\,\mathbf{Z}_{24}$.

21. 设 $I=\langle d\rangle$ 是 $\mathbf{Z}$ 的理想, 其中 $d=p_1^{k_1}p_2^{k_2}\cdots p_s^{k_s}$, p_1, p_2, $\cdots$, p_s 是不同的素数, $k_1,k_2,\cdots,k_s\in\mathbf{N}$. 证明 $\sqrt{I}=\langle p_1p_2\cdots p_s\rangle$.

22. 设 $I=\langle f(x)\rangle$ 是 $\mathbf{R}[x]$ 的理想, 其中 $f(x)=(x-1)^2(x+3)^5$, 求 $\sqrt{I}$.

23. 设 $R=\mathbf{Z}_{27}$. 求

(1) $\mathrm{rad}\,R$;　(2) $\sqrt{\langle\overline{3}\rangle}$;　(3) $\sqrt{\langle\overline{9}\rangle}$.

24. 设 I 是交换环 R 的理想. 证明: $\sqrt{\sqrt{I}}=\sqrt{I}$.

25. 设 R 是交换环. 证明: $R/\mathrm{rad}\,R$ 没有非零幂零元, 即

$$\mathrm{rad}(R/\mathrm{rad}\,R)=\{0\}.$$

26. 设 R 是交换环. I 是 R 的理想. 证明:

$$\mathrm{rad}(R/I) = \sqrt{I}/I.$$

克鲁尔 小传

克鲁尔 (Wolfgang Krull), 德国数学家. 1899 年 8 月 26 日生于巴登–巴登 (Baden–Baden). 1921 年获弗赖堡大学博士学位. 1922 年留校任教. 1926 年任教授. 自 1928 年起任埃尔朗根大学数学教授, 直至退休. 克鲁尔是诺特、阿廷所创建的德国代数学派的代表人物. 克鲁尔 1926 年建立了带算子阿贝尔群和群的线性表示两个概念间的关系. 该问题后为诺特进一步发展. 随着拓扑代数系概念的形成, 他推广了戴德金的思想, 建立了无限代数扩张的伽罗瓦理论 (1928). 克鲁尔还发表了许多交换环方面的论文, 对诺特环与交换环论的发展作出了重要贡献. 1932 年又开始研究一般赋值论及局部环理论. 加法赋值论的研究就是从他开始的. 在近世代数中有许多以他名字命名的概念、定理、引理 (如克鲁尔维数、克鲁尔环、克鲁尔拓扑、克鲁尔交定理等). 著有《理想论》(1935) 等.

克鲁尔 1971 年 4 月 12 日卒于波恩.

3.4 环的同态

研究环可以从两方面入手, 一是从环的本身特点、从环的内部结构去研究环, 就如在前几节所做的那样; 二是从一个环与另一个环的相互关系中去了解环、揭示环的性质. 而环与环之间的联系往往是通过环同态来实现的.

定义 3.4.1 设 R 和 R' 为两个环, ϕ 是集合 R 到 R' 的映射. 如果对任意的 $a, b \in R$, 有

(1) $\phi(a+b) = \phi(a) + \phi(b)$;

(2) $\phi(ab) = \phi(a)\phi(b)$,

则称 ϕ 为环 R 到环 R' 的一个**同态映射** (homomorphism), 简称同态.

由定义可知, 环同态就是环之间保持运算的映射. 又如果同态映射 ϕ 是单映射, 则称 ϕ 为**单同态** (monomorphism); 如果 ϕ 是满映射, 则称 ϕ 为**满同态** (epimorphism). 如果 ϕ 既是单同态, 又是满同态, 则称 ϕ 为**同构** (isomorphism),

此时, 称环 R 与 R' 同构, 记作 $\phi : R \cong R'$. 与群的相应概念类似, 环的同构是环之间的一个等价关系, 并且从环的观点来看, 同构的环有完全相同的代数性质.

例 1　设 R 与 R' 是两个环. 对任意的 $a \in R$, 令

$$\begin{aligned} \phi:\ R &\longrightarrow R', \\ a &\longmapsto 0, \end{aligned}$$

则对任意的 $a, b \in R$,

$$\phi(a+b) = 0 = \phi(a) + \phi(b),$$
$$\phi(ab) = 0 = \phi(a)\phi(b),$$

所以 ϕ 是 R 到 R' 的一个同态. 这个同态称为**零同态** (zero homomorphism).

例 2　设 $R = \mathbf{Z}$, $R' = \mathbf{Z}_m$. 对任意的 $a \in \mathbf{Z}$, 令

$$\begin{aligned} \psi:\ \mathbf{Z} &\longrightarrow \mathbf{Z}_m, \\ a &\longmapsto \overline{a}, \end{aligned}$$

则 ψ 为 $\mathbf{Z}$ 到 $\mathbf{Z}_m$ 的满映射. 又对任意的 $a, b \in \mathbf{Z}$,

$$\psi(a+b) = \overline{a+b} = \overline{a} + \overline{b} = \psi(a) + \psi(b),$$
$$\psi(ab) = \overline{ab} = \overline{a}\overline{b} = \psi(a)\psi(b).$$

从而 ψ 为 $\mathbf{Z}$ 到 $\mathbf{Z}_m$ 的满同态.

例 3　设 R 是环, I 是 R 的理想. 对任意的 $a \in R$, 令

$$\begin{aligned} \eta:\ R &\longrightarrow R/I, \\ a &\longmapsto \overline{a}, \end{aligned}$$

则 η 为 R 到它的商环 R/I 的满映射. 又对任意的 $a, b \in R$,

$$\eta(a+b) = \overline{a+b} = \overline{a} + \overline{b} = \eta(a) + \eta(b),$$
$$\eta(ab) = \overline{ab} = \overline{a}\overline{b} = \eta(a)\eta(b),$$

所以 η 为 R 到它的商环 R/I 的一个满同态. 这个同态称为**自然同态** (natural homomorphism).

下面给出环同态的一些简单性质.

定理 3.4.1　设 ϕ 是环 R 到 R' 的同态, 则对任意的 $a \in R$,

(1) $\phi(0_R) = 0_{R'}$;

(2) $\phi(na) = n\phi(a), \forall n \in \mathbf{Z}$;

(3) $\phi(a^n) = (\phi(a))^n, \forall n \in \mathbf{N}$.

这个定理的证明作为练习 (见本节习题 11).

定理 3.4.2 设 R 与 R' 都是有单位元的环, e 与 e' 分别是它们的单位元, ϕ 是 R 到 R' 的环同态.

(1) 如果 ϕ 是满同态, 则 $\phi(e) = e'$;

(2) 如果 R' 为无零因子环, 且 $\phi(e) \neq 0$, 则 $\phi(e) = e'$;

(3) 如果 $\phi(e) = e'$, 则对 R 的任一单位 u, $\phi(u)$ 是 R' 的单位, 且 $(\phi(u))^{-1} = \phi(u^{-1})$.

证明 (1) 对任意的 $a' \in R'$, 因 ϕ 是满映射, 所以存在 $a \in R$, 使 $\phi(a) = a'$, 则

$$\phi(e)a' = \phi(e)\phi(a) = \phi(ea) = \phi(a) = a',$$
$$a'\phi(e) = \phi(a)\phi(e) = \phi(ae) = \phi(a) = a'.$$

因此, $\phi(e)$ 是单位元, 由单位元的唯一性 (见习题 3-1 的 9 题) 得 $\phi(e) = e'$.

(2) 令 $r' = \phi(e)$, 则 $r' \neq 0$, 从而

$$r'e' = r' = \phi(e) = \phi(ee) = \phi(e)\phi(e) = r'\phi(e).$$

因为 R' 无零因子, 所以消去律成立. 在上式两边消去 r' 得 $e' = \phi(e)$.

(3) 设 u 为 R 的任一单位, 则

$$e' = \phi(e) = \phi(uu^{-1}) = \phi(u)\phi(u^{-1}),$$
$$e' = \phi(e) = \phi(u^{-1}u) = \phi(u^{-1})\phi(u),$$

所以 $\phi(u)$ 是 R' 的单位, 且 $(\phi(u))^{-1} = \phi(u^{-1})$. □

与群类似, 环论中也有所谓的同态基本定理.

定义 3.4.2 设 ϕ 为环 R 到环 R' 的同态映射. 称集合

$$K = \{a \in R \mid \phi(a) = 0\}$$

为环同态 ϕ 的**核** (kernel), 记作 $\operatorname{Ker}\phi$.

定理 3.4.3 设 ϕ 为环 R 到 R' 的环同态, 则 $\operatorname{Ker}\phi$ 为 R 的理想.

证明 对任意的 $a, b \in \operatorname{Ker}\phi$, $r \in R$, 有

$$\phi(a - b) = \phi(a) - \phi(b) = 0 - 0 = 0,$$

$$\phi(ra) = \phi(r)\phi(a) = \phi(r)0 = 0,$$
$$\phi(ar) = \phi(a)\phi(r) = 0\phi(r) = 0.$$

从而 $a-b, ra, ar \in \operatorname{Ker}\phi$, 所以 $\operatorname{Ker}\phi$ 为 R 的理想. □

例 4 对于例 1、例 2、例 3 中的环同态 ϕ, ψ 和 η, 它们的核分别是

$$\operatorname{Ker}\phi = R, \quad \operatorname{Ker}\psi = \langle m\rangle, \quad \operatorname{Ker}\eta = I.$$

例 5 设 $R = \mathbf{Q}[x]$, $R' = \mathbf{Q}[\sqrt{2}] = \{a + b\sqrt{2} \mid a, b \in \mathbf{Q}\}$, 令

$$\begin{aligned} \sigma:\ \mathbf{Q}[x] &\longrightarrow \mathbf{Q}[\sqrt{2}\,], \\ f(x) &\longmapsto f(\sqrt{2}\,), \end{aligned}$$

则 σ 为 $\mathbf{Q}[x]$ 到 $\mathbf{Q}[\sqrt{2}]$ 的满同态, 并且

$$\operatorname{Ker}\sigma = \big\{(x^2-2)g(x) \mid g(x) \in \mathbf{Q}[x]\big\} = \langle x^2 - 2\rangle.$$

证明 (1) 对任意的 $f(x) \in \mathbf{Q}[x]$, 存在 $q(x) \in \mathbf{Q}[x]$ 及 $a, b \in \mathbf{Q}$, 使

$$f(x) = (x^2-2)q(x) + a + bx,$$

则

$$f(\sqrt{2}\,) = ((\sqrt{2}\,)^2 - 2)q(\sqrt{2}\,) + a + b\sqrt{2} = a + b\sqrt{2} \in \mathbf{Q}[\sqrt{2}\,],$$

所以 σ 为 $\mathbf{Q}[x]$ 到 $\mathbf{Q}[\sqrt{2}]$ 的映射.

(2) 对任意的 $f(x), g(x) \in \mathbf{Q}[x]$,

$$\sigma(f(x) + g(x)) = f(\sqrt{2}\,) + g(\sqrt{2}\,) = \sigma(f(x)) + \sigma(g(x)),$$
$$\sigma(f(x) \cdot g(x)) = f(\sqrt{2}\,) \cdot g(\sqrt{2}\,) = \sigma(f(x)) \cdot \sigma(g(x)),$$

所以 σ 为 $\mathbf{Q}[x]$ 到 $\mathbf{Q}[\sqrt{2}]$ 的环同态.

(3) 对任意的 $a + b\sqrt{2} \in \mathbf{Q}[\sqrt{2}]$, 有 $a + bx \in \mathbf{Q}[x]$ 使

$$\sigma(a + bx) = a + b\sqrt{2},$$

所以 σ 为 $\mathbf{Q}[x]$ 到 $\mathbf{Q}[\sqrt{2}]$ 的满同态.

(4) 设 $f(x) \in \operatorname{Ker}\sigma$, 存在 $q(x) \in \mathbf{Q}[x]$ 及 $a, b \in \mathbf{Q}$, 使

$$f(x) = (x^2-2)q(x) + a + bx,$$

则 $0=f(\sqrt{2})=a+b\sqrt{2}$, 所以 $a=b=0$, 从而 $f(x)=(x^2-2)q(x)$. 又对任意的 $f(x)=(x^2-2)q(x)$, 显然有 $f(\sqrt{2})=0$. 由此得

$$\operatorname{Ker}\sigma=\{(x^2-2)q(x)\mid q(x)\in\mathbf{Q}[x]\}=\langle x^2-2\rangle. \qquad \square$$

定理 3.4.4 (环同态基本定理) 设 ϕ 是环 R 到 R' 的满同态, 则有环同构

$$\widetilde{\phi}:R/\operatorname{Ker}\phi\cong R'.$$

证明 (1) 记 $K=\operatorname{Ker}\phi$, 则 K 为环 R 的理想. 对任意的 $\overline{a}\in R/K$, 令

$$\begin{aligned}\widetilde{\phi}:\ R/K &\longrightarrow R',\\ \overline{a} &\longmapsto \phi(a).\end{aligned}$$

(2) 设 $\overline{a}=\overline{b}$, 即 $a-b\in K$, 则 $\phi(a-b)=0$, 从而 $\phi(a)=\phi(b)$, 于是

$$\widetilde{\phi}(\overline{a})=\phi(a)=\phi(b)=\widetilde{\phi}(\overline{b}),$$

所以 $\widetilde{\phi}$ 是 R/K 到 R' 的映射.

(3) 对任意的 $\overline{a},\overline{b}\in R/K$, 有

$$\begin{aligned}\widetilde{\phi}(\overline{a}+\overline{b})=\widetilde{\phi}(\overline{a+b})=\phi(a+b)=\phi(a)+\phi(b)=\widetilde{\phi}(\overline{a})+\widetilde{\phi}(\overline{b}),\\ \widetilde{\phi}(\overline{a}\overline{b})=\widetilde{\phi}(\overline{ab})=\phi(ab)=\phi(a)\phi(b)=\widetilde{\phi}(\overline{a})\widetilde{\phi}(\overline{b}),\end{aligned}$$

所以 $\widetilde{\phi}$ 是 R/K 到 R' 的同态映射.

(4) 对任意的 $a'\in R'$, 因为 ϕ 是满同态, 所以存在 $a\in R$ 使 $\phi(a)=a'$. 从而

$$\widetilde{\phi}(\overline{a})=\phi(a)=a'.$$

于是, $\widetilde{\phi}$ 是 R/K 到 R' 的满同态.

(5) 设 $\overline{a},\overline{b}\in R/K$, 如果 $\widetilde{\phi}(\overline{a})=\widetilde{\phi}(\overline{b})$, 则

$$\phi(a-b)=\widetilde{\phi}(\overline{a-b})=\widetilde{\phi}(\overline{a})-\widetilde{\phi}(\overline{b})=0.$$

从而 $a-b\in\operatorname{Ker}\phi$, 由此得 $\overline{a}=\overline{b}$, 所以 $\widetilde{\phi}$ 是 R/K 到 R' 的单同态.

这就证明了 $\widetilde{\phi}$ 是 R/K 到 R' 的同构映射, 即

$$\widetilde{\phi}:R/K\cong R'. \qquad \square$$

如果利用群的同态基本定理, 可以使上述证明大大简化, 有兴趣的读者可试着应用群同态基本定理将此定理再证一遍.

例 6 由例 2 和例 4 知, ψ 是 $\mathbf{Z}$ 到 $\mathbf{Z}_m$ 的满同态, 且 $\operatorname{Ker}\psi=\langle m\rangle$, 则由环同态基本定理得

$$\mathbf{Z}/\langle m\rangle\cong\mathbf{Z}_m.$$

例 7 在例 5 中, σ 是 $\mathbf{Q}[x]$ 到 $\mathbf{Q}[\sqrt{2}]$ 的满同态且

$$\operatorname{Ker}\sigma=\langle x^2-2\rangle.$$

从而由环同态基本定理得

$$\mathbf{Q}[x]/\langle x^2-2\rangle\cong\mathbf{Q}[\sqrt{2}\,].$$

因为上式右边是一个有理数域 $\mathbf{Q}$ 的扩域, 所以从同构的意义来看, 上式左边也是一个有理数域 $\mathbf{Q}$ 的扩域. 这使我们想到, 一个域的扩域, 也许可以用域上的多项式环关于某个理想的商环来代替. 这一想法正是研究域的结构的出发点. 第 5 章将基于这一想法对域的结构进行讨论.

例 8 (环的第二同构定理) 设 S 为 R 的子环, I 为 R 的理想, 则 $S\cap I$ 是 S 的理想且

$$S/(S\cap I)\cong(S+I)/I.$$

证明 显然 I 为环 $S+I$ 的理想, 从而有自然同态.

$$\eta:S+I\longrightarrow(S+I)/I.$$

因而 η 在 S 上的限制

$$\begin{aligned}\eta|_S:\ S&\longrightarrow(S+I)/I,\\ s&\longmapsto\eta(s)\end{aligned}$$

是一个 S 到 $(S+I)/I$ 的同态.

又对任意的 $\overline{s+x}\in(S+I)/I(s\in S,x\in I)$, 有

$$\eta|_S(s)=\eta(s)=\overline{s}=\overline{s+x},$$

所以 $\eta|_S$ 为满同态. 而

$$\operatorname{Ker}\eta|_S=\{s\in S\mid\eta(s)=\overline{0}\}=\{s\in S\mid s\in I\}=S\cap I.$$

从而 $S\cap I$ 是 S 的理想. 由环同态基本定理知, 有环同构

$$S/(S\cap I)\cong(S+I)/I.\qquad\square$$

在对环进行讨论时, 我们经常要用到下面的定理.

定理 3.4.5 (环的扩张定理) 设 $\overline{S}$ 与 R 是两个没有公共元素的环, $\overline{\phi}$ 是环 $\overline{S}$ 到环 R 的单同态, 则存在一个与环 R 同构的环 S 及由环 S 到 R 的同构映射 ϕ, 使 $\overline{S}$ 为 S 的子环且 $\phi|_{\overline{S}} = \overline{\phi}$.

证明 (1) 令 $S = (R - \overline{\phi}(\overline{S})) \cup \overline{S}$. 对任意的 $x \in S$, 规定

$$\phi(x) = \begin{cases} \overline{\phi}(x), & x \in \overline{S}, \\ x, & x \notin \overline{S}, \end{cases}$$

则由 $\overline{S}$ 与 R 没有公共元素这一条件可知 ϕ 是 S 到 R 一一对应, 且 $\phi|_{\overline{S}} = \overline{\phi}$.

(2) 对任意的 $x, y \in S$, 规定

$$x + y = \phi^{-1}(\phi(x) + \phi(y)),$$
$$x \cdot y = \phi^{-1}(\phi(x) \cdot \phi(y)).$$

易知, 如此定义的加法与乘法是 S 的代数运算.

(3) 由环的定义直接验证可知 $(S, +, \cdot)$ 构成环. 且对任意的 $x, y \in S$,

$$\phi(x + y) = \phi(x) + \phi(y),$$
$$\phi(xy) = \phi(x) \cdot \phi(y),$$

所以 ϕ 是 S 到 R 的环同态. 又因为 ϕ 是一一对应, 即 ϕ 既是单的, 又是满的, 所以 ϕ 是环同构:

$$\phi : S \cong R.$$

(4) 由 S 的定义知 $\overline{S}$ 是 S 的非空子集, 且对任意的 $x, y \in \overline{S}$,

$$\begin{aligned} x \underset{S}{+} y &= \phi^{-1}(\phi(x) \underset{R}{+} \phi(y)) = \phi^{-1}(\overline{\phi}(x) + \overline{\phi}(y)) \\ &= \phi^{-1}(\overline{\phi}(x \underset{\overline{S}}{+} y)) = \phi^{-1}(\phi(x \underset{\overline{S}}{+} y)) \\ &= x \underset{\overline{S}}{+} y. \end{aligned}$$

同理可证

$$x \underset{S}{\cdot} y = x \underset{\overline{S}}{\cdot} y.$$

从而知 S 的加法与乘法在 $\overline{S}$ 上的限制就是环 $\overline{S}$ 的加法与乘法, 所以 $\overline{S}$ 为 S 的子环. □

定理 3.4.5 有广泛的应用. 借助于这一定理, 可将一已知的环扩大为某一具有特定性质的环. 注意在定理 3.4.5 的证明中, 集合 S 是通过在 R 中先将 $\overline{S}$ 的象 $\overline{\phi}(\overline{S})$ 挖去, 再补上集合 $\overline{S}$ 而得到的 (这一过程常称作将 $\overline{S}$ 嵌入 R 中), 所以定理 3.4.5 也称作**挖补定理**. 在应用这个定理时, 常使用 "将 $\overline{S}$ 嵌入 R 中" 这一说法, 并且在不会引起误解的情况下, 将 S 仍记为 R. 我们以下面的例子来说明定理 3.4.5 的应用.

例 9 设 R 是一个没有单位元的环, 则存在一个有单位元的环 R', 使 R 为 R' 的子环.

证明 (1) 令 $S' = \{(n,x)\,|\,n \in \mathbf{Z}, x \in R\}$. 对任意的 $(n,x),(m,y) \in S'$, 规定

$$(n,x)+(m,y) = (n+m, x+y),$$
$$(n,x)\cdot(m,y) = (nm, ny+mx+xy).$$

易知 S' 关于如此定义的加法与乘法构成一个环.

(2) 对任意的 $(n,x) \in S'$, 有

$$(n,x)(1,0) = (n\cdot 1, n0+1x+x0) = (n,x),$$
$$(1,0)(n,x) = (1\cdot n, 1x+n0+0x) = (n,x),$$

即 $(1,0)$ 是 S' 的单位元. 所以 S' 是有单位元的环.

(3) 对任意的 $x \in R$, 令

$$\begin{aligned}\phi:\ R &\longrightarrow S',\\ x &\longmapsto (0,x),\end{aligned}$$

则 ϕ 为 R 到 S' 的单同态. 又显然 R 与 S' 没有公共元素, 从而由定理 3.4.5, 存在 R 的扩环 R' 使 $R' \cong S'$. 因 S' 是有单位元的环, 所以 R' 也是有单位元的环. □

习 题 3-4

1. 指出下列映射中哪些是环同态, 并说明理由.

(1) $\phi: \mathbf{R} \longrightarrow \mathbf{R}$, $\phi(x) = |x|$;

(2) $\phi: \mathbf{C} \longrightarrow \mathbf{C}$, $\phi(a+b\mathrm{i}) = a - b\mathrm{i}$;

(3) $\phi: \mathbf{C} \longrightarrow \mathbf{R}$, $\phi(a+b\mathrm{i}) = a$;

(4) $R = \{a+b\sqrt{2}\,|\,a,b \in \mathbf{Z}\}$, $S = \{a+b\sqrt{3}\,|\,a,b \in \mathbf{Z}\}$.

$$\phi: R \longrightarrow S, \quad \phi(a+b\sqrt{2}) = a+b\sqrt{3};$$

(5) $R = \mathbf{R}[x]$, $\phi: R \longrightarrow R$, $\phi(f(x)) = f'(x)$;

(6) $R = \mathbf{R}[x]$, $\phi: R \longrightarrow R$, $\phi(f(x)) = \int_0^x f(t)\,\mathrm{d}t$.

2. 设 $\phi: \mathbf{Z}_6 \longrightarrow \mathbf{Z}_2$ 使 $\phi(x+\langle 6\rangle)=x+\langle 2\rangle$. 证明: ϕ 为 $\mathbf{Z}_6$ 到 $\mathbf{Z}_2$ 的环同态并求同态的核 $\operatorname{Ker}\phi$.

3. 集合

$$S=\left\{\begin{pmatrix} x & y \\ 0 & z \end{pmatrix} \middle| x, y, z \in \mathbf{Z}\right\}$$

按矩阵通常的加法与乘法构成一个环. 令

$$\begin{aligned} \psi: \quad S & \longrightarrow \mathbf{Z}, \\ \begin{pmatrix} x & y \\ 0 & z \end{pmatrix} & \longmapsto z. \end{aligned}$$

(1) 证明: ψ 为 S 到 $\mathbf{Z}$ 的满同态;

(2) 求 ψ 的核 K, 并给出 S/K 到 $\mathbf{Z}$ 的一个同构映射.

4. 试求 $\mathbf{Z}_5$ 到 $\mathbf{Z}_{10}$ 的所有环同态.

5. 试求 $\mathbf{Z}_4$ 到 $\mathbf{Z}_{12}$ 的所有环同态.

6. 试求 $\mathbf{Z}_{20}$ 到 $\mathbf{Z}_{30}$ 的所有环同态.

7. 对给定的正整数 n, 试求环 $\mathbf{Z}_n$ 的所有自同态.

(1) $n=6$; (2) $n=10$; (3) $n=12$;

(4) $n=18$; (5) $n=24$; (6) $n=36$.

8. 设 $\phi: \mathbf{Z}_3 \longrightarrow \mathbf{Z}_6$, $\phi(x+\langle 3\rangle)=2x+\langle 6\rangle$. ϕ 是否为环同态?

9. 设 $\phi: \mathbf{Z}_6 \longrightarrow \mathbf{Z}_6$, $\phi(\overline{x})=4\overline{x}$. 证明: ϕ 是环同态, 并求同态的核. 指出 ϕ 是否为满同态? 是否为单同态?

10. 试求环 $\mathbf{Q}[\sqrt{2}]$ 的所有自同构.

11. 证明定理 3.4.1.

12. 设 ϕ 为环 R 到环 R' 的满同态. 证明: 如果 R 是交换环, 则 R' 也是交换环.

13. 设 ϕ 为环 R 到环 R' 的同态. 证明: ϕ 是单同态的充分必要条件是 $\operatorname{Ker}\phi=\{0\}$.

14. 环 $2\mathbf{Z}$ 与 $3\mathbf{Z}$ 是否同构?

15. 环 $2\mathbf{Z}$ 与 $4\mathbf{Z}$ 是否同构?

16. 设 ϕ 是环 R 到 R' 的环同态. 证明:

(1) 如果 S 是 R 的子环, 则 $\phi(S)$ 是 R' 的子环;

(2) 如果 S' 是 R' 的子环, 则 $\phi^{-1}(S')$ 是 R 的子环;

(3) 如果 I' 是 R' 的理想, 则 $\phi^{-1}(I')$ 是 R 的理想;

(4) 如果 I 是 R 的理想且 ϕ 是满同态, 则 $\phi(I)$ 是 R' 的理想.

17. 设 I 和 J 是环 R 的理想且满足 $I+J=R$, $I\cap J=\{0\}$. 证明: 环 $R/I\cong J$.

18. 设 ϕ 是环 R 到 R' 的满同态, I 和 J 分别是 R 和 R' 的理想. 证明: 如果 $\phi(I)=J$ 且 $\operatorname{Ker}\phi\subseteq I$, 则有环同构

$$R/I\cong R'/J.$$

19. 证明 (环的第一同构定理): 设 ϕ 是环 R 到 R' 的环同态, 则有环同构

$$\overline{\phi}: R/\operatorname{Ker}\phi\cong\phi(R).$$

20. 证明 (环的第三同构定理): 设 I 与 J 都是 R 的理想, $I \subseteq J$, 则 J/I 是 R/I 的理想, 且有环同构:

$$(R/I) \,/\, (J/I) \cong R/J.$$

21. 设 $R = \mathbf{Z}$ 为整数集. 对任意的 $x, y \in R$, 规定

$$x \oplus y = x + y + 1, \quad x \odot y = xy + x + y.$$

(1) 证明: $(R, \oplus, \odot)$ 构成一个环;

(2) 证明: R 与整数环 $\mathbf{Z}$ 同构.

22. 证明如果 m 与 n 是不同的正整数, 则环 $m\mathbf{Z}$ 与 $n\mathbf{Z}$ 不同构.

*23. 设 m 与 n 是不同的正整数. 试给出存在 $\mathbf{Z}_m$ 到 $\mathbf{Z}_n$ 的非零环同态的条件.

*24. 设 m 与 n 是互素的正整数. 证明: 存在环同构: $\mathbf{Z}_{mn} \cong \mathbf{Z}_m \oplus \mathbf{Z}_n$.

参考文献及阅读材料

[1] Gallian J A, Van Buskirk J. The number of homomorphisms from $\mathbf{Z}_m$ into $\mathbf{Z}_n$. American Mathematical Monthly, 1984, 91: 196~197.

文中给出了从 $\mathbf{Z}_m$ 到 $\mathbf{Z}_n$ 的群同态的个数以及从 $\mathbf{Z}_m$ 到 $\mathbf{Z}_n$ 的环同态的个数.

诺特　小传

诺特 (Amalie Emmy Noether), 德国女数学家. 1882 年 3 月 23 日生于埃尔朗根. 出生于犹太族书香之家, 父亲是埃尔朗根大学的一位卓越的数学教授. 她是家中的长女. 在她进入埃尔朗根大学旁听学习时, 她是 1000 多名学生中仅有的 2 名女生之一. 毕业后来到哥廷根从事研究工作. 1904 年埃尔朗根大学取消限制女生的规定, 诺特闻讯后立即返回再读. 1907 年在代数学家戈丹 (P. Gordan, 1837~1912) 的指导下以有关代数不变量的论文获得博士学位. 她的论文将导师的研究工作提高到一个新的水平. 然而当时社会对妇女的歧视及严格的晋级制度使她无权授课, 但诺特凭着对数学的热爱, 仍在科研道路上奋进, 着手创建抽象代数这门新兴的数学分支, 并经常代替多病的父亲上课. 1916 年受大数学家希尔伯特的邀请, 来到哥廷根大学, 进行有关广义相对论的数学基础的研究. 1919 年在经历了多年的坎坷之后, 诺特终于得到许可当上了哥廷根第一位女讲师. 1922 年成为副教授. 随后, 她的数学研究进入了一个全盛时期. 她用公理化方法发展了理想理论和非交换代数理论. 她的工作使她成为 20 世纪 30 年代初哥廷根数学活动最有力的中心. 1933 年希特勒推行排犹政策, 连最优秀

的科学家也未能幸免. 诺特在那年秋天被迫远涉重洋来到美国. 受聘宾夕法尼亚州布林莫尔女子学院任数学教授, 同时在普林斯顿高等研究所兼职. 不幸的是, 没过多久, 诺特就患上癌症, 在动完了手术几小时之后, 于 1935 年 4 月 14 日在布林莫尔去世.

3.5 素理想与极大理想

我们知道, 利用一个环的理想, 可以构造出新的环——商环. 商环在一定程度上继承了原环的一些性质, 同时也产生了一些新的特点. 这启示我们, 如果对环及其理想添加一些不同的限制, 就有可能构造出具有不同特点的环来. 我们特别感兴趣的是, 当环 R 及其理想 I 满足什么条件时, R/I 是整环, 或者是域? 本节的主要目的就是来解决这两个问题. 本节的主要内容, 特别是有关极大理想的定理, 是第 5 章讨论域的结构的基础. 另外, 素理想和极大理想也是代数几何理论的基础. 当 R 是含有单位元的交换环时, 素理想对应代数簇, 而极大理想对应点. 有兴趣的同学可以进一步参见交换代数及代数几何基础教程.

定义 3.5.1 设 R 是一个交换环, P 是 R 的真理想. 如果对任意的 $a, b \in R$, 由 $ab \in P$, 可推出 $a \in P$ 或 $b \in P$, 则称 P 为 R 的一个**素理想** (prime ideal).

例 1 试求 $\mathbf{Z}_{18}$ 的素理想.

解 $\mathbf{Z}_{18}$ 一共有 6 个理想 ①:

$$\{0\}, \quad \mathbf{Z}_{18}, \quad \langle 2\rangle, \quad \langle 3\rangle, \quad \langle 6\rangle, \quad \langle 9\rangle.$$

(1) 显然, $\mathbf{Z}_{18}$ 不是 $\mathbf{Z}_{18}$ 的素理想. 又因为 $2 \cdot 3 = 6 \in \langle 6\rangle$, 而 $2, 3 \notin \langle 6\rangle$, 所以 $\langle 6\rangle$ 也不是 $\mathbf{Z}_{18}$ 的素理想. 同理可证, $\{0\}$ 与 $\langle 9\rangle$ 都不是 $\mathbf{Z}_{18}$ 的素理想.

(2) 考察 $\langle 3\rangle$. 设 $a, b \in \mathbf{Z}_{18}$, $ab \in \langle 3\rangle$, 则 $ab = r \cdot 3$ (在 $\mathbf{Z}_{18}$ 中), 所以 $18|ab - 3r$ (在 $\mathbf{Z}$ 中), 从而存在 $l \in \mathbf{Z}$ 使

$$ab - 3r = 18l.$$

因 $3 \mid 18$, 所以 $3 \mid ab$, 从而 $3 \mid a$ 或 $3 \mid b$. 由此得 $a \in \langle 3\rangle$ 或 $b \in \langle 3\rangle$, 所以 $\langle 3\rangle$ 为 $\mathbf{Z}_{18}$ 的素理想.

同理可证, $\langle 2\rangle$ 也是 $\mathbf{Z}_{18}$ 的素理想, 所以 $\mathbf{Z}_{18}$ 的素理想为 $\langle 2\rangle$ 与 $\langle 3\rangle$.

例 2 设 n 为正整数, 证明: $\langle n\rangle$ 为 $\mathbf{Z}$ 的素理想的充分必要条件是 n 为素数.

证明 **必要性**. 如果 n 不是素数, 则 $n = 1$ 或 n 为合数.

(1) 如果 $n = 1$, 则 $\langle n\rangle = \mathbf{Z}$ 不是 $\mathbf{Z}$ 的素理想.

---

① 为简便起见, 从现在起, 我们将 $\mathbf{Z}_m$ 中的元素 $\overline{a}$ 简记为 a.

(2) 如果 n 为合数. 设 $n=ab, 1<a<n, 1<b<n$, 则 $a\notin\langle n\rangle, b\notin\langle n\rangle$, 而 $ab=n\in\langle n\rangle$, 则 $\langle n\rangle$ 也不是 $\mathbf{Z}$ 的素理想.

这就证明了必要性.

充分性. 设 n 为素数. 如果 $ab\in\langle n\rangle$, 则 $n\,|\,ab$. 因为 n 是素数, 所以 $n\,|\,a$ 或 $n\,|\,b$, 即 $a\in\langle n\rangle$ 或 $b\in\langle n\rangle$, 所以 n 为素理想. □

易知 $\{0\}$ 也是 $\mathbf{Z}$ 的素理想, 所以 $\mathbf{Z}$ 的全部素理想为

$$\langle p\rangle(p\text{ 为素数})\text{ 以及 }\{0\}.$$

例 3 在 $\mathbf{Z}_2[x]$ 中, 由于 $x+1\notin\langle x^2+1\rangle$, 而 $(x+1)^2=x^2+1\in\langle x^2+1\rangle$, 所以 $\langle x^2+1\rangle$ 不是 $\mathbf{Z}_2[x]$ 的素理想.

定理 3.5.1 *设 R 是有单位元 $e\neq 0$ 的交换环, I 是 R 的理想, 则 I 是 R 的素理想的充分必要条件是 R/I 是整环.*

证明 **必要性**. 设 I 为 R 的素理想, 则 I 为 R 的真理想, 所以 $R/I\neq\{\overline{0}\}$. 因 R 是有单位元的交换环, 所以 R/I 也是有单位元的交换环. 又设 $\overline{a},\overline{b}\in R/I$ 使 $\overline{a}\cdot\overline{b}=\overline{0}$, 则 $ab\in I$, 从而有 $a\in I$ 或 $b\in I$. 由此得 $\overline{a}=\overline{0}$ 或 $\overline{b}=\overline{0}$. 这说明, 商环 R/I 无零因子, 所以 R/I 为整环.

充分性. 如果 R/I 为整环, 则 I 是 R 的真理想. 又设 $a,b\in R$ 且 $ab\in I$, 则 $\overline{a}\cdot\overline{b}=\overline{0}\in R/I$, 所以必有 $\overline{a}=\overline{0}$ 或 $\overline{b}=\overline{0}$. 由此得 $a\in I$ 或 $b\in I$. 所以 I 为 R 的素理想. □

定义 3.5.2 *设 R 是一个交换环, M 是 R 的真理想. 如果对 R 的任一包含 M 的理想 N, 必有 $N=M$ 或 $N=R$, 则称 M 为 R 的一个***极大理想** (maximal ideal).

注 存在没有极大理想的非零交换环. 但是, 如果非零交换环 R 含有单位元, 则 R 一定有极大理想. 证明需要用到佐恩 (Zorn) 引理. 由于此证明和我们后续内容关系不大, 在此就不赘述了.

例 4 $\mathbf{Z}_{18}$ 的极大理想是 $\langle 2\rangle$ 与 $\langle 3\rangle$.

例 5 设 p 是正整数. 证明: $\langle p\rangle$ 是 $\mathbf{Z}$ 的极大理想的充分必要条件是 p 是素数.

证明 **必要性**. 如果 p 不是素数, 则 $p=1$ 或 p 是一个合数.

(1) 如果 $p=1$, 则 $\langle p\rangle=\mathbf{Z}$ 不是 $\mathbf{Z}$ 的极大理想.

(2) 如果 p 是合数, 设 $p=ab$ $(1<a<p,\ 1<b<p)$, 则 $\langle p\rangle\subseteq\langle a\rangle$. 因为 $a<p$, 所以 $a\notin\langle p\rangle$, 从而 $\langle p\rangle\subsetneq\langle a\rangle$. 又因为 $a>1$, 所以 $\langle a\rangle\subsetneq\mathbf{Z}$. 因此 $\langle p\rangle$ 也不是 $\mathbf{Z}$ 的极大理想.

这就证明了必要性.

充分性. 设 p 是素数, I 是 $\mathbf{Z}$ 的任一理想, 使 $\langle p\rangle \subsetneq I \subseteq \mathbf{Z}$, 则存在 $a \in I$, 使 $a \notin \langle p\rangle$. 从而 $p \nmid a$. 因为 p 是素数, 所以 $(a,\ p) = 1$. 从而存在 $u, v \in \mathbf{Z}$, 使 $au + pv = 1$. 于是, 对任意的 $z \in \mathbf{Z}$,

$$z = z \cdot 1 = zau + zpv \in I.$$

由此得 $I = \mathbf{Z}$. 所以 $\langle p\rangle$ 为 $\mathbf{Z}$ 的极大理想. □

根据例 2 和例 5 我们知道, $\mathbf{Z}$ 的非零素理想都是极大理想.

例 6 设 $R = 2\mathbf{Z}$, $I = 4\mathbf{Z}$ 为 R 的理想, 则 I 为 R 的极大理想, 但不是素理想.

证明 设 J 为 R 的任一理想且 $I \subsetneq J \subseteq R$, 则存在 $a \in J$ 且 $a \notin I$. 令 $a = 2b$, 则 $2 \nmid b$, 所以 $(4, a) = 2$. 从而存在 $u, v \in \mathbf{Z}$, 使 $au + 4v = 2$. 由此得 $2 \in J$, 所以 $J = 2\mathbf{Z} = R$, 从而 I 为 R 的极大理想.

又因为 $2 \notin I$, 但 $2 \cdot 2 = 4 \in I$, 所以 I 不是 R 的素理想. □

例 7 设 R 是全体实函数的集合按通常函数的加法与乘法构成的一个环. 令

$$I = \{f(x) \in R \mid f(0) = 0\}.$$

易知 I 为 R 的理想.

设 J 为 R 的任一真包含 I 的理想, 则存在 $h(x) \in J$, 使 $h(0) \neq 0$. 令 $a = \dfrac{1}{h(0)}$, $g(x) \equiv a$, 则 $g(x) \in R$. 又因为 $1 - g(0)h(0) = 1 - 1 = 0$, 所以 $1 - g(x)h(x) \in I$. 从而

$$1 = (1 - g(x)h(x)) + g(x)h(x) \in J.$$

由此得 $J = R$. 所以 I 为 R 的极大理想.

例 8 证明 $\langle x^2 + 1\rangle$ 为 $\mathbf{Z}_3[x]$ 的极大理想.

证明 设 I 为 $\mathbf{Z}_3[x]$ 的任一理想使 $\langle x^2 + 1\rangle \subsetneq I$. 在 I 中任取一个不属于 $\langle x^2 + 1\rangle$ 的多项式 $f(x)$. 存在 $q(x), ax + b \in \mathbf{Z}_3[x]$, 使

$$f(x) = (x^2 + 1)q(x) + ax + b.$$

从而

$$ax + b = f(x) - (x^2 + 1)q(x) \in I.$$

因 $f(x) \notin \langle x^2 + 1\rangle$, 从而 $ax + b \notin \langle x^2 + 1\rangle$, 所以 a, b 不全为零.

(1) 在 $\mathbf{Z}_3[x]$ 中, 如果 $a \neq 0$, 则 $a^2 + b^2 \neq 0$, 且

$$a^2 + b^2 = a^2(x^2 + 1) - (ax + b)(ax - b) \in I,$$

则

$$1=(a^2+b^2)^{-1}(a^2+b^2)\in I.$$

由此得 $I=\mathbf{Z}_3[x]$.

(2) 如果 $a=0$, 则 $b\neq 0$ 且 $b\in I$, 于是 $1=b^{-1}b\in I$, 从而 $I=\mathbf{Z}_3[x]$.

这就证明了 $\langle x^2+1\rangle$ 是 $\mathbf{Z}_3[x]$ 的极大理想. □

定理 3.5.2 设 R 是有单位元 e 的交换环, I 为 R 的理想, 则 I 是 R 的极大理想的充分必要条件是 R/I 是域.

证明 **必要性**. 设 I 为 R 的极大理想, 则 $R/I\neq\{\overline{0}\}$. 因 R 是有单位元的交换环, 所以 R/I 也是有单位元的交换环. 又对任意的 $\overline{a}\in R/I$, 如果 $\overline{a}\neq\overline{0}$, 即 $a\notin I$, 则

$$I\subsetneq\langle a\rangle+I\lhd R,$$

所以 $\langle a\rangle+I=R$. 从而 $e\in\langle a\rangle+I$. 于是存在 $r\in R, b\in I$, 使 $e=ar+b$. 从而

$$\overline{e}=\overline{ar+b}=\overline{ar}=\overline{a}\cdot\overline{r},$$

即 $\overline{a}$ 可逆, 所以 R/I 为域.

充分性. 设 R/I 为域, 则 $R/I\neq\{\overline{0}\}$, 所以 I 为 R 的真理想. 设 J 为 R 的任一真包含 I 的理想, 则有 $a\in J$ 且 $a\notin I$, 从而 $\overline{a}\neq\overline{0}$. 因 R/I 为域, 存在 $\overline{b}\in R/I$, 使 $\overline{a}\cdot\overline{b}=\overline{e}$. 于是 $e\in ab+I\subseteq J$, 从而 $J=R$. 所以 I 为 R 的极大理想. □

由定理 3.5.1 和定理 3.5.2 可以得到下述定理.

定理 3.5.3 设 R 是一个有单位元的交换环, 则 R 的每个极大理想都是素理想.

证明 如果 I 是 R 的极大理想, 由定理 3.5.2, R/I 是域. 从而 R/I 是整环. 又由定理 3.5.1 知, I 是素理想. □

注 如果减弱定理 3.5.3 的条件, 结论就可能不成立. 如在例 6 中, $4\mathbf{Z}$ 是 $2\mathbf{Z}$ 的极大理想, 但却不是 $2\mathbf{Z}$ 的素理想. 另一方面, 一个素理想 (即使是非零素理想) 也不一定是极大理想 (见本节习题 8).

例 9 由 3.3 节例 6 知, $\mathbf{Z}[\mathrm{i}]/\langle 1+\mathrm{i}\rangle$ 是一个 2 元域, 所以 $\langle 1+\mathrm{i}\rangle$ 是 $\mathbf{Z}[\mathrm{i}]$ 的一个极大理想. 读者也可以按定义直接证明 $\langle 1+\mathrm{i}\rangle$ 是 $\mathbf{Z}[\mathrm{i}]$ 的极大理想 (见本节习题 2).

例 10 例 8 中, $\langle x^2+1\rangle$ 是 $\mathbf{Z}_3[x]$ 的极大理想, 所以 $\mathbf{Z}_3[x]/\langle x^2+1\rangle$ 是一个域. 如果记 $\theta=\overline{x}$, 则 $\mathbf{Z}_3[x]/\langle x^2+1\rangle$ 可记为 $\mathbf{Z}_3[\theta]$, 易知

$$\mathbf{Z}_3[\theta]=\{0,1,-1,\theta,-\theta,1+\theta,-1+\theta,1-\theta,-1-\theta\}$$

且其元素的运算满足

$$1+1=-1,$$
$$\theta^2=-1.$$

读者可按此关系分别写出 $\mathbf{Z}_3[\theta]$ 的加法表与 $\mathbf{Z}_3[\theta]^*$ 的乘法表, 并由 $\mathbf{Z}_3[\theta]^*$ 的乘法表证明 $\mathbf{Z}_3[\theta]^*$ 是循环群 (见本节习题 12).

习 题 3-5

1. 求下列剩余类环的素理想与极大理想:

(1) $\mathbf{Z}_6$; (2) $\mathbf{Z}_{12}$;

(3) $\mathbf{Z}_{13}$; (4) $\mathbf{Z}_{16}$;

(5) $\mathbf{Z}_{30}$; (6) $\mathbf{Z}_{48}$.

2. 在高斯整环 $\mathbf{Z}[\mathrm{i}]$ 中, 指出下列理想中哪些是素理想, 哪些是极大理想, 并说明理由.

(1) $\langle 1+\mathrm{i}\rangle$; (2) $\langle 3\rangle$;

(3) $\langle 2+\mathrm{i}\rangle$; (4) $\langle 3+\mathrm{i}\rangle$;

(5) $\{0\}$; (6) $\langle 2+3\mathrm{i}\rangle$.

3. 证明: $\langle\sqrt{2}\rangle$ 是环 $\mathbf{Z}[\sqrt{2}\,]=\{a+b\sqrt{2}\,|\,a,b\in\mathbf{Z}\}$ 的极大理想.

4. 设

$$R=\left\{\begin{pmatrix}a&0\\c&d\end{pmatrix}\,\middle|\,a,c,d\in\mathbf{R}\right\},\quad I=\left\{\begin{pmatrix}a&0\\c&0\end{pmatrix}\,\middle|\,a,c\in\mathbf{R}\right\}.$$

证明: R 关于矩阵的加法与乘法构成一个环, 且 I 是 R 的一个极大理想 ①.

5. 设环 $R=\left\{\begin{pmatrix}a&b\\0&d\end{pmatrix}\,\middle|\,a,b,d\in\mathbf{R}\right\}$. 试求 R 的极大理想与素理想.

6. 证明: $I=\{(3x,\,y)\,|\,x,y\in\mathbf{Z}\}$ 是 $\mathbf{Z}\oplus\mathbf{Z}$ 的极大理想.

7. 找出环 $R=\mathbf{Z}_8\oplus\mathbf{Z}_{30}$ 的所有极大理想. 并对每个极大理想 I, 给出域 R/I 的阶数.

8. 在 $\mathbf{Z}\oplus\mathbf{Z}$ 中, $I=\{(a,0)\,|\,a\in\mathbf{Z}\}$. 证明: I 是一个素理想, 但不是极大理想.

9. 在 $\mathbf{Z}[x]$ 中, 令 $I=\{f(x)\in\mathbf{Z}[x]\,|\,f(0)\text{ 是偶数}\}$. 证明:

(1) $I=\langle x,2\rangle$;

(2) I 为 $\mathbf{Z}[x]$ 的极大理想.

10. 证明: $\mathbf{Z}_2[x]/\langle x^2+x+1\rangle$ 是一个域.

11. 证明: $\mathbf{Z}_3[x]/\langle x^2+x+1\rangle$ 不是一个域.

12. 写出 $\mathbf{Z}_3[\theta]$ 的加法表与 $\mathbf{Z}_3[\theta]^*$ 的乘法表, 并由 $\mathbf{Z}_3[\theta]^*$ 的乘法表证明 $\mathbf{Z}_3[\theta]^*$ 为循环群.

13. $R=\left\{\dfrac{a}{b}\,\middle|\,a,b\in\mathbf{Z},\text{且 } b \text{ 为奇数}\right\}$. 证明: R 有唯一的极大理想.

14. 设 X 为非空集合. 试求环 $\mathcal{P}(X)$ 的极大理想 (见习题 3-1 的 23 题).

15. 设交换环 R 不是零环. 证明: 环 R 的零理想为素理想的充分必要条件是 R 是无零因子环.

① 非交换环上的素理想与极大理想的定义, 请参见《近世代数习题解答》(韩士安, 林磊, 2010).

16. 设 R 是有单位元的交换环, I 是 R 的真理想. 证明: 如果 R 的每个不在 I 中的元素都可逆, 则 I 是 R 的唯一的极大理想.

17. 设 R 为交换环, I 是 R 的非零理想, J 是 I 的素理想. 证明: J 是 R 的理想.

18. 设 R 与 R' 是交换环, ϕ 是 R 到 R' 的环同态. 证明:

(1) 如果 I' 是 R' 的素理想, 则 $\phi^{-1}(I')$ 是 R 的素理想;

(2) 如果 I 是 R 的素理想, ϕ 是满同态并且 $\operatorname{Ker}\phi \subseteq I$, 则 $\phi(I)$ 是 R 的素理想.

19. 设 R 是有单位元的有限交换环. 证明: R 的每一个非零素理想都是 R 的极大理想.

20. 设 R 是一个交换环. P 是 R 的一个真理想. 证明: P 是 R 的素理想的充分必要条件是对 R 的任意两个理想 I, J, 如果 $IJ \subseteq P$, 则有 $I \subseteq P$ 或 $J \subseteq P$.

21. 设 R 是一个交换环. I, J 是 R 的两个理想, 且 $I \subseteq J$. 证明: 如果 J/I 是 R/I 的素理想, 则 J 是 R 的素理想.

*22. 设 P 是交换环 R 的素理想, $A_1, A_2, \cdots, A_s$ 是环 R 的理想. 证明: 如果 $P = \bigcap\limits_{i=1}^{s} A_i$, 则存在 $i(1 \leqslant i \leqslant s)$, 使 $P = A_i$.

*23. 设 A 是交换环 R 的理想, $P_1, P_2, \cdots, P_s$ 是环 R 的素理想. 证明: 如果 $A \subseteq \bigcup\limits_{i=1}^{s} P_i$, 则存在 $i(1 \leqslant i \leqslant s)$, 使 $A \subseteq P_i$.

戴德金　小传

戴德金 (Julius Wilhelm Richard Dedekind), 德国数学家. 1831 年 10 月 6 日生于高斯的故乡不伦瑞克. 戴德金是法学教授家中四个孩子中的老四. 他早期的兴趣在物理和化学上. 但在 21 岁时他在高斯的指导下在哥廷根大学获得了数学博士学位. 在哥廷根继续研究了一段时间后, 1854 年戴德金担任了哥廷根大学的讲师.

1858 ～ 1862 年戴德金任苏黎世工业大学教授. 1862 年回家乡在他的母校不伦瑞克工业大学任教授. 虽然这一学校的学术水平远不如一般的综合性大学, 但戴德金在以后的五十年中一直在那里工作. 并于 1916 年 2 月 12 日在不伦瑞克去世.

在他的学术生涯中, 戴德金对数学作出了许多基础性的贡献. 他处理无理数的“戴德金分割”, 坚固了分析的基础. 他在环的唯一分解方面的工作建立了代数数论的现代理论. 他还是环论和域论的先驱者. 理想的术语及记号都源于戴德金. 1899 年率先研究“格”, 对有限格进行初步分类, 成为格论的奠基人. 数学史专家克莱因 (M. Kline) 称赞他是一位“抽象代数的有效创始人”.

3.6 环的特征与素域

本节的目的是介绍环的特征以及素域的概念. 而域的特征是域的一个重要特性. 特征不同的域在结构上有很大的不同. 这一点在第 5 章中将会看到. 首先来给出环的特征的概念.

定义 3.6.1 设 R 为环. 如果存在最小的正整数 n, 使得对所有的 $a \in R$, 有 $na = 0$, 则称 n 为环 R 的**特征** (characteristic). 如果这样的正整数不存在, 则称环 R 的特征为 0. 环 R 的特征记作 $\mathrm{Char}\, R$.

例 1 $\mathbf{Z}$, $\mathbf{Q}$, $\mathbf{R}$, $\mathbf{C}$ 的特征都等于 0. 一般地, 如果 R 是一个数环, 则 $\mathrm{Char}\, R = 0$.

例 2 设 $\mathbf{Z}_m$ 是模 m 剩余类环, 则对每个 $\overline{n} \in \mathbf{Z}_m$, 有

$$m\overline{n} = \overline{mn} = \overline{0}.$$

而对于任何正整数 $k < m$, 有

$$k\overline{1} = \overline{k} \neq \overline{0},$$

所以 $\mathrm{Char}\, \mathbf{Z}_m = m$. 类似地可以证明, 对于 $\mathbf{Z}_m$ 上的一元多项式环 $\mathbf{Z}_m[x]$, 也有 $\mathrm{Char}\, \mathbf{Z}_m[x] = m$.

从特征的定义可知, 一个有限环的特征是一个正整数 (见本节习题 1). 从例 2 中可以看出, 一个无限环可以有非零的特征. 如果一个环有单位元, 则由以下的定理可发现求特征的问题就变得简单了.

定理 3.6.1 设 R 是有单位元 e 的环. 如果 e 关于加法的阶为无穷大, 那么 R 的特征等于 0. 如果 e 关于加法的阶等于 n, 那么 $\mathrm{Char}\, R = n$.

证明 如果 e 关于加法的阶为无穷大, 那么不存在正整数 n, 使得 $ne = 0$. 所以由特征的定义知, R 的特征等于 0.

如果 e 关于加法的阶等于正整数 n, 则 $ne = 0$. 而且 n 是满足这一性质的最小正整数. 因此, 对于任意的 $a \in R$, 根据倍数法则以及定理 3.1.1(1), 有

$$na = n(e \cdot a) = (ne) \cdot a = 0 \cdot a = 0.$$

于是, R 的特征等于 n. □

由例 2 看出每个正整数都可以是某个环的特征. 但对于整环的情形, 特征就有限制了.

定理 3.6.2 整环的特征是 0 或者是一个素数.

证明 由定理 3.6.1, 只要证明, 如果整环 R 的单位元 e 关于加法的阶有限, 则它必为素数.

设 e 关于加法的阶为 n. 显然 $n > 1$. 假设 $n = st$, $1 \leqslant s, t \leqslant n$, 则由倍数法则得

$$0 = ne = (st)e = s(te) = s(e \cdot te) = (se) \cdot (te).$$

故 $se = 0$ 或 $te = 0$. 因为 n 是使得 $ne = 0$ 成立的最小正整数, 所以 $s = n$ 或 $t = n$. 因此 n 是素数. □

设 F 是一个域, 将域 F 的特征 $\operatorname{Char} F$ 就定义为将域看作环时的特征. 由于域是一类特殊的整环, 所以域的特征也只能是 0 或素数.

定理 3.6.3 设 R 是有单位元 e 的环, 则映射

$$\begin{aligned} \phi: \quad \mathbf{Z} &\longrightarrow R, \\ n &\longmapsto ne \end{aligned}$$

是环 $\mathbf{Z}$ 到 R 的同态.

证明留作练习 (见本节习题 2).

推论 1 设 R 是有单位元的环.

(1) 如果 R 的特征为 $n > 0$, 则 R 包含一个与 $\mathbf{Z}_n$ 同构的子环;

(2) 如果 R 的特征为 0, 则 R 包含一个与 $\mathbf{Z}$ 同构的子环.

证明 设 $R' = \{me \mid m \in \mathbf{Z}\}$, 则 R' 显然是 R 的一个子环. 如果 R 的特征是 $n > 0$, 则 $n \in \operatorname{Ker} \phi$, 因此 $\langle n \rangle \subseteq \operatorname{Ker} \phi$. 另一方面, 对任意的 $m \in \operatorname{Ker} \phi$, 存在 $q, r \in \mathbf{Z}$, 使得

$$m = qn + r, \quad 0 \leqslant r < n,$$

则

$$\begin{aligned} 0 &= \phi(m) = me \\ &= (qn + r)e = q(ne) + re \\ &= re. \end{aligned}$$

由定理 3.6.1 得 $r = 0$ (否则 R 的特征等于 $r < n$). 因此 $\operatorname{Ker} \phi \subseteq \langle n \rangle$. 于是, $\operatorname{Ker} \phi = \langle n \rangle$. 由环同态基本定理知, $\mathbf{Z}_n \cong R'$.

如果 R 的特征是 0, 则 ϕ 是单射, 因此 R' 同构于 $\mathbf{Z}$. □

定理 3.6.4 设 F 是域.

(1) 如果 F 的特征是 0, 则 F 包含一个与有理数域同构的子域;

(2) 如果 F 的特征是素数 p, 则 F 包含一个与模 p 剩余类环 $\mathbf{Z}_p$ 同构的子域.

证明 设 e 是域 F 的单位元. 因此 F 必包含所有 ne (n 是整数). 令

$$R' = \{ne \mid n \in \mathbf{Z}\},$$

则定理 3.6.3 中所定义的映射 ϕ 是整数环 $\mathbf{Z}$ 到 R' 的一个满同态.

(1) 若 F 的特征是 0, 则 ϕ 是单射. 于是 ϕ 是一个同构, 即 $\mathbf{Z} \cong R'$. 设

$$F' = \{(ne)(me)^{-1} \mid n, m \in \mathbf{Z}, m \neq 0\}.$$

可以证明 F' 是 F 的子域. 将 $\mathbf{Z}$ 到 R' 的环同构扩充为 $\mathbf{Q}$ 到 F' 的环同态:

$$\phi' : \frac{n}{m} \longmapsto (ne)(me)^{-1}, \quad n, m \in \mathbf{Z}, m \neq 0. \tag{3.6.1}$$

如果 $\dfrac{n}{m} = \dfrac{n'}{m'}$, 则 $nm' = n'm$, 从而 $(ne)(m'e) = (n'e)(me)$, 因此

$$(ne)(me)^{-1} = (n'e)(m'e)^{-1}.$$

这说明, 由 (3.6.1) 式所定义的 ϕ' 是 $\mathbf{Q}$ 到 F' 的映射, 且 $\phi'|_{\mathbf{Z}} = \phi$. 可以证明 (见本节习题 3) ϕ' 是有理数域 $\mathbf{Q}$ 到 F' 的满同态. 但是由于 $\operatorname{Ker}\phi$ 是域 $\mathbf{Q}$ 的理想, 而显然 $\phi' \neq 0$, 所以 $\operatorname{Ker}\phi' = \{0\}$, 即 ϕ' 是域的同构. 于是 F 中存在一个与 $\mathbf{Q}$ 同构的子域 F'.

(2) 若 F 的特征是素数 p, 则由推论 1 得 F 包含一个与 $\mathbf{Z}_p$ 同构的子环. 但 p 是素数, 所以 $\mathbf{Z}_p$ 是域. □

有理数域 $\mathbf{Q}$ 和模 p 剩余类域 $\mathbf{Z}_p$ 显然都不含真子域. 对于具有这样性质的域, 给它一个特别的名称.

定义 3.6.2 一个域 F 如果不含任何真子域, 则称 F 是一个**素域** (prime field).

因此, 定理 3.6.4 又可改写为下述定理.

定理 3.6.5 设 F 是个域. 如果 $\operatorname{Char} F = 0$, 那么 F 包含一个与 $\mathbf{Q}$ 同构的素域; 如果 $\operatorname{Char} F = p > 0$, 那么 F 包含一个与 $\mathbf{Z}_p$ 同构的素域.

例 3 在特征是 p (素数) 的交换环 R 中, 证明如下公式:

$$(a+b)^p = a^p + b^p, \quad a, b \in R.$$

证明 因为 (见习题 3-1 的 15 题)

$$(a+b)^p = a^p + \mathrm{C}_p^1 a^{p-1} b + \cdots + \mathrm{C}_p^{p-1} a b^{p-1} + b^p.$$

而 $p \mid \mathrm{C}_p^j\ (j=1,2,\cdots,p-1)$, 所以 $\mathrm{C}_p^j a^{p-j}b^j=0\ (j=1,2,\cdots,p-1)$, 因此得

$$(a+b)=a^p+b^p.$$

□

习 题 3-6

1. 证明: 有限环的特征是一个正整数.
2. 证明定理 3.6.3.
3. 完成定理 3.6.4 的证明细节.
4. 证明: 在一个无零因子环中所有非零元对于加法来说的阶都是一样的.
5. 假设 F 是一个四个元素的域. 证明:

(1) F 的特征是 2;

(2) F 的不等于 0 和单位元的两个元都满足方程 $x^2=x+1$.

6. 求环 $R=\mathbf{Z}_4\oplus\mathbf{Z}_5\oplus\mathbf{Z}_6$ (见 3.1 节例 7) 的特征.
7. 求商环 $\mathbf{Z}[\mathrm{i}]/\langle 1+\mathrm{i}\rangle$ 的特征.
8. 设 X 是一个非空集合. $R=\mathcal{P}(X)$ 是如习题 3-1 的 23 题所定义的环. 求环 R 的特征.
9. 求商环 $R=\mathbf{Z}_3[x]/\langle x^2+x+1\rangle$ 的特征.
10. 求域 $\mathbf{Z}_3[\theta]$(见 3.5 节例 10) 的特征.
11. 求商环 $\mathbf{Z}[x]/\langle x,5\rangle$ 的特征.
12. 设 R 是环 $\mathbf{R}$ 与环 $\mathbf{Z}_8$ 的直和, 即 $R=\mathbf{R}\oplus\mathbf{Z}_8$. 证明: R 中存在关于加法的阶为无限的非零元, 也存在关于加法的阶为有限的非零元.

雅各布森　小传

雅各布森 (Nathan Jacobson), 美国数学家. 1910 年 10 月 5 日生于波兰华沙的一个犹太族家庭. 1917 年随父母移居美国. 1930 年在阿拉巴马大学获学士学位. 1934 年获普林斯顿大学博士学位. 此后先后到过布林莫尔学院、芝加哥大学、北卡罗来纳大学、约翰斯·霍普金斯大学任教. 1947 年起到耶鲁大学任教, 两年后任教授, 直至 1981 年退休.

雅各布森对于代数学的主要贡献有环论、李代数、若尔当代数. 特别是他发展了这些系统的结构理论. 他成功地建立了不可分域扩张上的伽罗瓦理论. 在环论中引进了现以他名字命名的根基这一重要概念. 他还是素特征李代数的早期研究者之一. 他一生著述甚丰, 出版了九本专著, 其中有《环论》(1943)、《李代数》(1962)、《基础代数学》(1974, 1980) 等. 曾担任过美国数学会副会长 (1957~1958) 和会长 (1971~1973).

雅各布森于 1999 年 12 月 5 日在康涅狄格州的哈姆顿 (Hamden) 去世.

第 4 章　环的进一步讨论

整数环 $\mathbf{Z}$ 与数域 F 上的多项式环 $F[x]$ 是两类最重要且应用最广的环. 其之所以重要, 是因为在这两类环上有所谓整除的概念, 并由此建立了数论与多项式理论. 本章将在一般的整环上讨论整除的概念以及多项式的概念, 并建立相应的理论. 4.1 节建立一般环上的多项式的概念. 4.2 节给出整环的商域的概念. 4.3 节、4.4 节讨论整环上的整除理论, 这是本章的中心内容. 4.5 节讨论唯一分解整环上的多项式环的整除问题.

4.1　多 项 式 环

本节的主要目的是把多项式的概念从系数取自数域推广到系数取自一般的有单位元的环上. 说到多项式, 读者自然会想到形如

$$f(x) = 3x^4 - 2x^3 + x^2 + x - 2$$

的表达式, 其中 $3, -2, 1, 1, -2$ 称为多项式 $f(x)$ 的系数. 如果 $f(x)$ 的系数属于某个数域 F (或数环 D), 就称 $f(x)$ 为数域 F (或数环 D) 上的多项式. 在第 3 章中, 也曾讨论过剩余类域 $\mathbf{Z}_p$ (p 为素数) 上的多项式. 对于一个多项式 $f(x)$, 它的系数是很明确的. 但如果问: 这其中的 x 是什么? 却很难简单地说清楚. 不说别的, 就是对 x 的称呼, 也是五花八门, 众说纷纭. 有的把它叫做一个符号; 有的把它叫做一个文字; 还有的则把它叫做一个变量; 等等. 这样, 如果不把 x 的真实身份搞清楚, 我们总有一种捉摸不定的感觉, 但这还不是最重要的. 关键是, 如果在对 x 的真实意义都还没有彻底弄清楚的情况下, 怎能确信由此而得到的多项式在理论上是毫无缺陷的呢? 为了能够把多项式的概念推广到一般的环上, 首先必须揭开遮在 x 上的这一层神秘面纱.

以下, 总假定环 R 是有单位元的环, 并用 1 表示环 R 的单位元.

定义 4.1.1　设 R 是一个有单位元的环, $\overline{R}$ 是 R 的扩环, x 是 $\overline{R}$ 中的一个元素. 如果 x 满足

(1) 对任意的 $r \in R$, $xr = rx$;

(2) $1x = x$;

(3) 对 R 的任意一组不全为零的元素 $a_0, a_1, \cdots, a_n$,

$$f(x) = a_0 + a_1x + a_2x^2 + \cdots + a_nx^n \neq 0,$$

则称 x 为 R 上的一个**未定元** (indeterminate).

下面的定理保证了有单位元的环上未定元的存在性.

定理 4.1.1　设 R 是一个有单位元的环, 则一定存在环 R 上的一个未定元 x.

证明　在此仅写出证明的概要, 而把证明的细节留给读者作为练习 (见本节习题 1).

(1) 构造集合

$$\overline{S}=\{(a_0,a_1,\cdots,a_n,\cdots)\,|\,a_0,a_1,\cdots,a_n,\cdots\in R\}.$$

(2) 对 $\alpha=(a_0,a_1,\cdots,a_n,\cdots)$, $\beta=(b_0,b_1,\cdots,b_n,\cdots)\in\overline{S}$, 规定

$$\begin{aligned}\alpha+\beta&=(a_0+b_0,a_1+b_1,\cdots,a_n+b_n,\cdots),\\ \alpha\cdot\beta&=(c_0,c_1,\cdots,c_n\cdots),\end{aligned}\tag{4.1.1}$$

其中 $c_k=\sum\limits_{i+j=k}a_ib_j$ $(k=0,1,2,\cdots,n,\cdots)$, 则如此定义的 “+” 与 “·” 都是 $\overline{S}$ 的代数运算.

(3) $\overline{S}$ 关于 (4.1.1) 式所定义的加法与乘法构成一个有单位元的环, 且 $\overline{S}$ 的单位元是

$$\overline{1}=(1,0,0,\cdots,0,\cdots).$$

(4) 令

$$S=\{\overline{r}=(r,0,0,\cdots,0,\cdots)\,|\,r\in R\},$$

则 S 为 $\overline{S}$ 的子环, 且 $\overline{1}$ 为 S 的单位元.

(5) 令 $\overline{x}=(0,1,0,\cdots,0,\cdots)$, 则

(i) 对任意的 $\overline{r}\in S$, 有

$$\overline{x}\cdot\overline{r}=\overline{r}\cdot\overline{x}=(0,r,0,\cdots,0,\cdots);$$

(ii) $\overline{1}\overline{x}=\overline{x}$;

(iii) 对任意的 $n\in\mathbf{N}$,

$$\overline{x}^n=(\underbrace{0,0,\cdots,0}_{n\text{ 个零}},1,0,0,\cdots).$$

于是, 对任意一组不全为零的元素 $\overline{a}_i\in S$ $(i=0,1,2,\cdots,n)$, 有

$$\overline{a}_0+\overline{a}_1\overline{x}+\overline{a}_2\overline{x}^2+\cdots+\overline{a}_n\overline{x}^n=(a_0,a_1,\cdots,a_n,0,\cdots)\neq 0,$$

所以 $\overline{x}$ 为 S 上的一个未定元.

(6) 令

$$\begin{aligned}\phi:\ R &\longrightarrow \overline{S},\\ r &\longmapsto (r,0,\cdots,0,\cdots),\end{aligned}$$

则 ϕ 是环 R 到 $\overline{S}$ 的单同态, 且 $\phi(R)=S$.

(7) 因 $R\cap\overline{S}=\varnothing$, 从而由环的扩张定理 (定理 3.4.5) 知, 存在 R 的扩环 $\overline{R}$ 以及 $\overline{R}$ 到 $\overline{S}$ 的同构映射 $\overline{\phi}$, 使 $\overline{\phi}|_R=\phi$.

(8) 设 $x\in\overline{R}$, 使 $\overline{\phi}(x)=\overline{x}$, 则

(i) 对任意的 $r\in R$, 由于

$$\overline{\phi}(rx)=\overline{\phi}(r)\overline{\phi}(x)=\overline{r}\,\overline{x}=\overline{x}\,\overline{r}=\overline{\phi}(x)\overline{\phi}(r)=\overline{\phi}(xr),$$

所以 $rx=xr$;

(ii) 因为

$$\overline{\phi}(1x)=\overline{\phi}(1)\overline{\phi}(x)=\overline{1}\overline{x}=\overline{x},$$

所以 $1x=x$;

(iii) 对任意一组不全为零的元素 $a_i\in R$ $(i=0,1,2,\cdots,n)$, 因为

$$\begin{aligned}\overline{\phi}(a_0+a_1x+a_2x^2+\cdots+a_nx^n)&=\overline{a}_0+\overline{a}_1\overline{x}+\overline{a}_2\overline{x}^2+\cdots+\overline{a}_n\overline{x}^n\\&=(a_0,a_1,\cdots,a_n,0,\cdots)\neq 0,\end{aligned}$$

所以

$$a_0+a_1x+a_2x^2+\cdots+a_nx^n\neq 0.$$

从而知 x 为 R 上的一个未定元. □

注 在证明过程中还得到环 $\overline{R}$, 这是由所有形如

$$a_0+a_1x+a_2x^2+\cdots+a_nx^n+\cdots$$

的表达式 (称为环 R 上的**形式幂级数** (formal power series)) 所组成的环, 这个环称为环 R 上的**形式幂级数环** (formal power series ring), 记作 $R[[x]]$. 环 R 上的形式幂级数环在组合数学中有重要应用.

定义 4.1.2 设 R 是一个有单位元的环, x 是 R 上的一个未定元, a_0, a_1, a_2, $\cdots$, $a_n\in R$. 称形如

$$f(x)=a_0+a_1x+a_2x^2+\cdots+a_nx^n$$

的表达式为 R **上 (关于 x 的) 一元多项式** (polynomial), 其中 a_ix^i 称为多项式 $f(x)$ 的 i 次**项** (term), a_i 称为 i 次项的**系数**, a_0 也称为**常数项** (constant term). 如果 $a_n \neq 0$, 则称 a_n 为**首项系数** (leading coefficient), 并称 $f(x)$ 的次数为 n, 记作 $\deg f(x) = n$. 系数全为零的多项式称为零多项式, 零多项式不规定次数.

注 为方便起见, 有些教材中将零多项式的次数规定为 $-\infty$.

由上面的讨论可知, R 上的一个多项式 $f(x)$ 是它的扩环 $\overline{R}$ 中的一个元素. 由此进一步可推出, R 上的多项式全体

$$R[x] = \{a_0 + a_1x + a_2x^2 + \cdots + a_nx^n \mid n \geqslant 0, a_0, a_1, a_2, \cdots, a_n \in R\}$$

关于 $\overline{R}$ 的运算构成 R 的一个扩环.

定义 4.1.3 设 R 是一个有单位元的环, x 是 R 上的一个未定元. 称环 $R[x]$ 为 R 上的以 x 为未定元的**一元多项式环** (polynomial ring).

定理 4.1.1 指出, 对任意一个有单位元的环, 一定存在其上的一个一元多项式环. 下面的定理则说明环 R 上的一元多项式环本质上是唯一的.

定理 4.1.2 设 R 与 R' 是两个有单位元的环, x 与 y 分别是其上的未定元. 如果 $R \cong R'$, 则

$$R[x] \cong R'[y].$$

证明 设 $\phi: R \cong R'$, 则对任意的 $f(x) = a_0 + a_1x + a_2x^2 + \cdots + a_nx^n \in R[x]$, 规定

$$\begin{aligned} \widetilde{\phi}: \quad R[x] &\longrightarrow R'[y], \\ f(x) &\longmapsto f(y) = a_0' + a_1'y + a_2'y^2 + \cdots + a_n'y^n, \end{aligned}$$

其中 $a_i' = \phi(a_i), i = 0, 1, 2, \cdots, n$, 则 $\widetilde{\phi}$ 为环 $R[x]$ 到 $R'[y]$ 的同构 (详细的证明作为练习 (见本节习题 2)). □

由多项式环的定义立即可以得到如下定理.

定理 4.1.3 设 R 是一个有单位元的环, x 是 R 上的一个未定元.

(1) R 的零元 0 就是 $R[x]$ 的零元 (即零多项式);

(2) $R[x]$ 是有单位元的环, 且 R 的单位元就是 $R[x]$ 的单位元;

(3) 如果 R 是无零因子环, 则 $R[x]$ 也是无零因子环, 且 $R[x]$ 的单位就是 R 的单位;

(4) 如果 R 是交换环, 则 $R[x]$ 也是交换环;

(5) 如果 R 是整环, 则 $R[x]$ 也是整环.

这个定理的证明作为练习 (见本节习题 3).

设 R 是一个有单位元的环, x 是 R 上的未定元, 则 $R[x]$ 仍是一个有单位元的环, 从而存在环 $R[x]$ 上的未定元 y, 于是又有 $R[x]$ 上的多项式环 $R[x][y]$, 称为环 R 上的二元多项式环, 记作 $R[x,y]$. 显然, y 也是 R 上的未定元, 于是可归纳地定义 R 上的以 $x_1,x_2,\cdots,x_n$ 为 n 个未定元的 n 元多项式环 $R[x_1,x_2,\cdots,x_n]$, 其中每个 x_{i+1} 是 $R[x_1,\cdots,x_i]$ 上的未定元, $i=1,2,\cdots,n-1$.

习 题 4-1

1. 完成定理 4.1.1 的证明中的细节.

2. 完成定理 4.1.2 的证明中的细节.

3. 证明定理 4.1.3.

4. 证明: R 上的一元多项式环 $R[x]$ 能与它的某个真子环同构.

5. 设 R 是整环. 证明: 对 R 上的任何非零多项式 $f(x)$, $g(x)$, 有

$$\deg(f(x)g(x))=\deg f(x)+\deg g(x).$$

如果 R 不是整环, 这一结论还成立吗?

6. 在 $R[x]$ 中计算乘积.

(1) $(2x^2+5x-3)(4x^3-3x^2-x+6)$, $R=\mathbf{Z}_8$;

(2) $(3x^2+3x-3)(2x^2-2x+2)$, $R=\mathbf{Z}_6$;

(3) $(7x^2+2x-3)(5x^3-2x^2+7x+2)$, $R=\mathbf{Z}_{11}$.

*7. 设 R 是有单位元的环, x 是 R 上的未定元, y 是 $R[x]$ 上的未定元. 证明:

(1) y 是 R 上的未定元;

(2) x 是 $R[y]$ 上的未定元.

*8. 设 R 是有单位元的环, x 是 R 上的未定元, y 是 $R[x]$ 上的未定元. 证明: $R[x,y]=R[y,x]$.

波利亚 小传

波利亚 (George Pólya), 1887 年 12 月 13 日生于匈牙利布达佩斯. 早年在布达佩斯、维也纳、哥廷根、巴黎等地攻读哲学、数学和物理. 1912 年获博士学位. 因为憎恨希特勒和第二次世界大战, 波利亚于 1940 年来到美国, 并入美国籍. 先在布朗大学教了两年书, 之后就到斯坦福大学任教, 1946 年起任教授, 直至 1985 年 9 月 7 日在加州去世.

1924 年波利亚在结晶体杂志上发表了一篇论文, 对平面对称群进行了分类, 并给出了一整页的 17 个周

期模式的插图. 几何学家 B. G. 埃舍尔 (B. G. Escher) 将论文复印了一份寄给他的艺术家的兄弟 M. C. 埃舍尔. 他兄弟利用波利亚的黑白几何模式绘制了以鸟、爬行动物和鱼为特色的连锁式彩色模式画.

波利亚在数学的许多领域都有很深入的研究, 特别是在泛函分析、数理统计和组合分析等方面尤为突出. 他不仅是数学家, 而且是数学方法论专家, 也是一位优秀的教育家. 一生发表过 200 多篇研究论文和专著, 最著名的有《分析的原理与习题》《怎样解题》《数学的发现》等. 工业与应用数学学会、伦敦数学会和美国数学协会每个都有以他名字命名的奖.

4.2　整环的商域

在一个有单位元的环中, 并不是每个非零元都是可逆的. 例如, 在整数环中, 可逆元仅有 ± 1, 这使得像 $2x=1$ 这样的方程在整数环中就没有解. 为了使方程 $ax=b(a\neq 0)$ 都有解, 必须把整数环扩充为有理数域, 也就是说, 必须由整数环出发, 去构造一个更大的代数体系——有理数域. 我们知道, 有理数域是由所有形如 $\dfrac{a}{b}$ $(a,b\in \mathbf{Z}, b\neq 0)$ 的分数所组成的, 并且它还以整数环作为它的子环. 这启发我们, 对一般的环, 是否也可以把它扩充为一个更大的环, 使其上每个非零元都可逆? 答案是否定的. 比如, 对于一个有零因子的环, 这样的扩充显然是不可能的, 所以如果一个环 R 可被一个除环或域所包含, 则它必须是无零因子环, 但当 R 是非交换环时, 这一条件还是不够充分的. 因为有例子说明, 一个无零因子的非交换环不一定能被一个除环所包含 [1], 但对于整环, 这一点却是可以实现的. 本节将采用与由整数构造分数相类似的方法, 将整环扩充为一个域.

以下, 设 D 是整环, 1 是 D 的单位元. 我们从 D 出发, 分几步来完成这样的构造.

1. 构作集合 S

令

$$S=\{(a,b)\mid a,b\in D, b\neq 0\}.$$

2. 在 S 上定义一个等价关系

对任意的 $(a,b),(c,d)\in S$, 令

$$(a,b)\sim(c,d)\Longleftrightarrow ad=bc.$$

(1) 由 $ab=ba$, 得 $(a,b)\sim(a,b)$, 所以 “$\sim$” 具有反身性;

(2) 如果 $(a,b)\sim(c,d)$, 则 $ad=bc$, 从而 $cb=da$, 于是 $(c,d)\sim(a,b)$, 所以 “$\sim$” 具有对称性;

(3) 设 $(a,b)\sim(c,d)$, $(c,d)\sim(e,f)$, 则 $ad=bc$, $cf=de$, 所以

$$adcf=bcde. \tag{4.2.1}$$

如果 $c=0$, 则因 $d\neq 0$, 所以 $a=e=0$, 于是 $af=be$, 从而 $(a,b)\sim(e,f)$. 如果 $c\neq 0$, 则因 $d\neq 0$, 所以 $cd\neq 0$. 因 D 为整环, 消去律成立. 在 (4.2.1) 式的两边消去 cd, 得 $af=be$, 从而 $(a,b)\sim(e,f)$, 所以 "$\sim$" 具有传递性.

这就证明了 "$\sim$" 是 S 的一个等价关系.

3. 由等价关系得到商集 F

对任意的 $(a,b)\in S$, 记 S 中 (a,b) 所在的等价类为

$$\left[\frac{a}{b}\right]=\{(c,d)\in S\mid (c,d)\sim(a,b)\}.$$

令

$$F=S/\sim=\left\{\left[\frac{a}{b}\right]\ \middle|\ a,b\in D,b\neq 0\right\},$$

则

$$\left[\frac{a}{b}\right]=\left[\frac{c}{d}\right]\Longleftrightarrow ad=bc.$$

4. 定义 F 的运算, 使 F 构成一个域

(1) 对任意的 $\left[\frac{a}{b}\right],\left[\frac{c}{d}\right]\in F$, 规定

$$\left[\frac{a}{b}\right]+\left[\frac{c}{d}\right]=\left[\frac{ad+bc}{bd}\right],$$

$$\left[\frac{a}{b}\right]\cdot\left[\frac{c}{d}\right]=\left[\frac{ac}{bd}\right].$$

如果 $\left[\frac{a'}{b'}\right]=\left[\frac{a}{b}\right]$, $\left[\frac{c'}{d'}\right]=\left[\frac{c}{d}\right]$, 则有 $a'b=ab'$, $c'd=cd'$, 从而

$$\begin{aligned}(ad+bc)b'd'&=adb'd'+bcb'd'=a'bdd'+bb'c'd\\&=(a'd'+b'c')bd,\\acb'd'&=a'bcd'=a'bc'd=bda'c'.\end{aligned}$$

由此得

$$\left[\frac{ad+bc}{bd}\right]=\left[\frac{a'd'+b'c'}{b'd'}\right],$$

$$\left[\frac{ac}{bd}\right]=\left[\frac{a'c'}{b'd'}\right],$$

所以 “$+$” 与 “$\cdot$” 都是 F 的代数运算.

(2) 对任意的 $\left[\frac{a}{b}\right],\left[\frac{c}{d}\right],\left[\frac{e}{f}\right]\in F$,

$$\begin{aligned}\left(\left[\frac{a}{b}\right]+\left[\frac{c}{d}\right]\right)+\left[\frac{e}{f}\right]&=\left[\frac{ad+bc}{bd}\right]+\left[\frac{e}{f}\right]=\left[\frac{adf+bcf+bde}{bdf}\right]\\&=\left[\frac{a}{b}\right]+\left[\frac{de+cf}{df}\right]=\left[\frac{a}{b}\right]+\left(\left[\frac{c}{d}\right]+\left[\frac{e}{f}\right]\right),\\\left(\left[\frac{a}{b}\right]\cdot\left[\frac{c}{d}\right]\right)\cdot\left[\frac{e}{f}\right]&=\left[\frac{ac}{bd}\right]\cdot\left[\frac{e}{f}\right]=\left[\frac{ace}{bdf}\right]\\&=\left[\frac{a}{b}\right]\cdot\left[\frac{ce}{df}\right]=\left[\frac{a}{b}\right]\cdot\left(\left[\frac{c}{d}\right]\cdot\left[\frac{e}{f}\right]\right),\end{aligned}$$

所以加法与乘法满足结合律.

(3) 对任意的 $\left[\frac{a}{b}\right],\left[\frac{c}{d}\right]\in F$,

$$\begin{aligned}\left[\frac{a}{b}\right]+\left[\frac{c}{d}\right]&=\left[\frac{ad+bc}{bd}\right]=\left[\frac{c}{d}\right]+\left[\frac{a}{b}\right],\\\left[\frac{a}{b}\right]\cdot\left[\frac{c}{d}\right]&=\left[\frac{ac}{bd}\right]=\left[\frac{c}{d}\right]\cdot\left[\frac{a}{b}\right],\end{aligned}$$

所以加法与乘法满足交换律.

(4) 对任意的 $\left[\frac{a}{b}\right],\left[\frac{c}{d}\right],\left[\frac{e}{f}\right]\in F$,

$$\begin{aligned}\left(\left[\frac{a}{b}\right]+\left[\frac{c}{d}\right]\right)\cdot\left[\frac{e}{f}\right]&=\left[\frac{ad+bc}{bd}\right]\cdot\left[\frac{e}{f}\right]=\left[\frac{ade+bce}{bdf}\right]\\&=\left[\frac{ade}{bdf}\right]+\left[\frac{bce}{bdf}\right]=\left[\frac{ae}{bf}\right]+\left[\frac{ce}{df}\right]\\&=\left[\frac{a}{b}\right]\cdot\left[\frac{e}{f}\right]+\left[\frac{c}{d}\right]\cdot\left[\frac{e}{f}\right],\end{aligned}$$

所以乘法对加法也满足分配律.

(5) 对任意的 $\left[\frac{a}{b}\right]\in F$,

$$\left[\frac{0}{1}\right]+\left[\frac{a}{b}\right]=\left[\frac{0\cdot b+1\cdot a}{1\cdot b}\right]=\left[\frac{a}{b}\right],$$

所以 $\left[\dfrac{0}{1}\right]=0_F$ 为 F 的零元.

(6) 对任意的 $\left[\dfrac{a}{b}\right]\in F$,

$$\left[\frac{1}{1}\right]\cdot\left[\frac{a}{b}\right]=\left[\frac{1\cdot a}{1\cdot b}\right]=\left[\frac{a}{b}\right],$$

所以 $\left[\dfrac{1}{1}\right]=1_F$ 为 F 的单位元. 显然 $0_F\neq 1_F$.

(7) 对任意的 $\left[\dfrac{a}{b}\right]\in F$, 有 $\left[\dfrac{-a}{b}\right]\in F$ 且

$$\left[\frac{a}{b}\right]+\left[\frac{-a}{b}\right]=\left[\frac{ab-ba}{b^2}\right]=\left[\frac{0}{1}\right]=0_F,$$

所以 F 的每个元都有负元.

(8) 对任意的 $\left[\dfrac{a}{b}\right]\neq 0_F$, 有 $a\neq 0$, 所以 $\left[\dfrac{b}{a}\right]\in F$. 而

$$\left[\frac{a}{b}\right]\cdot\left[\frac{b}{a}\right]=\left[\frac{ab}{ab}\right]=\left[\frac{1}{1}\right]=1_F,$$

所以 F 的每个非零元都可逆.

这就证明了 F 是一个域.

5. 由 F 构作一个包含 D 的域

令

$$\begin{aligned}\phi:\quad D&\longrightarrow F,\\ x&\longmapsto\left[\frac{x}{1}\right],\end{aligned}$$

则 ϕ 为 D 到 F 的映射.

(1) 对任意的 $x,y\in D$, 如果 $\left[\dfrac{x}{1}\right]=\left[\dfrac{y}{1}\right]$, 则 $x\cdot 1=y\cdot 1$, 即 $x=y$, 所以 ϕ 为 D 到 F 的单映射.

(2) 对任意的 $x,y\in D$,

$$\phi(x+y)=\left[\frac{x+y}{1}\right]=\left[\frac{x}{1}\right]+\left[\frac{y}{1}\right]=\phi(x)+\phi(y),$$

$$\phi(x\cdot y)=\left[\frac{xy}{1}\right]=\left[\frac{x}{1}\right]\cdot\left[\frac{y}{1}\right]=\phi(x)\cdot\phi(y),$$

所以 ϕ 为 D 到 F 的同态映射.

(3) $D \cap F = \varnothing$, 从而由环的扩张定理 (定理 3.4.5) 知, 存在 D 的扩环 Q 及环同构

$$\widetilde{\phi} : Q \cong F.$$

因为 F 是域, 所以 Q 也是域.

由此得到下面的定理.

定理 4.2.1 每一个整环都可以扩充为一个域.

6. Q 的元素的表达式

因为域 Q 包含 D, 所以也一定包含 D 的每个非零元的逆元, 从而也一定包含这些元素的乘积, 因此 Q 一定包含全体形如

$$ab^{-1}, \quad a, b \in D, b \neq 0$$

的元素.

又对任意的 $\left[\frac{a}{b}\right] \in F$, 由环的扩张定理 (定理 3.4.5) 的证明及 ϕ 的定义, 有

$$\begin{aligned}
\widetilde{\phi}^{-1}\left(\left[\frac{a}{b}\right]\right) &= \widetilde{\phi}^{-1}\left(\left[\frac{a}{1}\right] \cdot \left[\frac{1}{b}\right]\right) \\
&= \widetilde{\phi}^{-1}\left(\left[\frac{a}{1}\right]\right) \cdot \widetilde{\phi}^{-1}\left(\left[\frac{1}{b}\right]\right) \\
&= \widetilde{\phi}^{-1}\left(\left[\frac{a}{1}\right]\right) \cdot \widetilde{\phi}^{-1}\left(\left(\left[\frac{b}{1}\right]\right)^{-1}\right) \\
&= a\left(\widetilde{\phi}^{-1}\left(\left[\frac{b}{1}\right]\right)\right)^{-1} \\
&= ab^{-1}.
\end{aligned}$$

这说明 Q 的每个元素都可表为

$$ab^{-1}, \quad a, b \in D, b \neq 0$$

的形式, 所以

$$Q = \{ab^{-1} \mid a, b \in D, b \neq 0\}.$$

因为 Q 是域, 故可记 $\frac{a}{b} = ab^{-1}$. 这样

$$Q = \left\{\frac{a}{b} \mid a, b \in D, b \neq 0\right\},$$

即 Q 由所有的商 $\dfrac{a}{b}$ $(a,b\in D, b\neq 0)$ 所组成. 这同有理数域的构成是类似的.

定义 4.2.1　称域 Q 为整环 D 的**商域** (quotient field).

例 1　整数环 $\mathbf{Z}$ 的商域就是有理数域 $\mathbf{Q}$.

例 2　高斯整环 $\mathbf{Z}[\mathrm{i}]$ 的商域是

$$\mathbf{Q}[\mathrm{i}]=\{a+b\mathrm{i}\,|\,a,b\in\mathbf{Q}\}.$$

证明　首先, 由 3.2 节例 8 知, 如果 $d\neq 0,1$, 且为无平方因子的整数, 则 $\mathbf{Q}[\sqrt{d}]$ 是一个域. 取 $d=-1$, 则 $\mathbf{Q}[\mathrm{i}]$ 是一个域.

其次, 对任意的 $\alpha=\dfrac{a}{b}+\dfrac{c}{d}\mathrm{i}\in\mathbf{Q}[\mathrm{i}](a,b,c,d\in\mathbf{Z}, b,d\neq 0)$, 则

$$\alpha=\frac{ad+bc\mathrm{i}}{bd}=(ad+bc\mathrm{i})\cdot(bd)^{-1},$$

其中 $ad+bc\mathrm{i}, bd\in\mathbf{Z}[\mathrm{i}]$. 于是, 由以上关于商域元素表达式的讨论知, $\mathbf{Q}[\mathrm{i}]$ 是 $\mathbf{Z}[\mathrm{i}]$ 的商域. □

例 3　域 F 的商域就是其本身.

例 4　设 F 为域, F 上的一元多项式环 $F[x]$ 是一个整环. $F[x]$ 的商域就是 $F[x]$ 的有理分式域

$$F(x)=\left\{\frac{f(x)}{g(x)}\;\middle|\; f(x),g(x)\in F[x], g(x)\neq 0\right\}.$$

定理 4.2.2　设 D 与 D' 是同构的两个整环, 则它们的商域也同构.

证明作为练习 (见本节习题 4).

习　题　4-2

1. 求 $\mathbf{Z}[\sqrt{3}]$ 的商域.
2. 求 $\mathbf{Z}[\sqrt[3]{2}]$ 的商域.
3. 求 $\mathbf{Z}[x]$ 的商域.
4. 证明定理 4.2.2.

参考文献及阅读材料

[1] Malcev A. On the immersion of an algebraic ring into a field. Math. Ann., 1936, 113: 686~691.

阿廷　小传

阿廷 (Emil Artin), 德国数学家. 1898 年 3 月 3 日出生在奥地利维也纳. 1921 年获莱比锡大学博士学位. 1923~1937 年在汉堡大学任教授. 1937 年赴美国, 先后在圣玛利亚大学、印第安纳大学和普林斯顿大学任教. 1958 年回到汉堡. 1962 年 12 月 20 日因心脏病卒于汉堡.

阿廷的数学研究既宽又深. 他在数论、群论、环论 (有一类环称为阿廷环)、域论、伽罗瓦理论、几何代数、代数拓扑、复变函数论等方面都有重要贡献, 并创立了辫子理论. 曾荣获美国数学会的科尔奖 (数论). 他解决了希尔伯特 23 个数学问题中的第 9 题, 即证明了任意数域中的一般互反律. 阿廷的主要著作有《Γ 函数引论》(1931)、《伽罗瓦理论》(1942) 和《代数几何学》(1957) 等. 此外, 他还对化学、天文学、生物学和古典音乐深感兴趣, 能熟练地演奏拨弦古钢琴. 阿廷还是一名出色的数学教师, 他的许多博士生都成了有名的数学家.

4.3　唯一分解整环

在整数环 **Z** 上, 有如下所谓的**算术基本定理**:

不计因子的次序, 每一个大于 1 的正整数可唯一分解为素数的乘积.

这个定理之所以基本, 是因为数论中的许多结论都基于这个定理. 我们自然要问, 能否把这个定理推广到一般的环上, 特别是推广到整环上, 从而进一步把整数环中的相关概念与定理也推广到整环上呢? 答案是否定的, 但如果给整环加以一定的限制, 则这种推广还是部分地可达到的. 本节及随后两节的目的, 就是要对整环中的整除性和唯一分解问题作一些讨论.

在本节及随后的几节中, 以 D 表示整环, F 表示整环 D 的商域, U 表示 D 的单位群, 1 与 0 分别表示 D 的单位元与零元.

首先讨论整除的概念.

定义 4.3.1　设 D 是整环, $a, b \in D$. 如果存在 $c \in D$, 使 $a = bc$, 则称 b 是 a 的一个**因子** (divisor), 并称 a 能被 b 整除, 或 b 整除 a, 记作 $b|a$. 如果 b 不是 a 的因子, 则称 a 不能被 b 整除, 或 b 不整除 a, 记作 $b\nmid a$.

例 1　设 $a \in D$, 则对 D 的任一单位 u, u 与 au 显然都是 a 的因子. 这两类因子统称为 a 的**平凡因子** (trivial divisor). a 的非平凡因子 (如果有的话) 称为 a

的**真因子** (proper divisor).

设 $D=\mathbf{Z}$, 则 1 和 -1 是单位. 3 只有平凡因子 ±1 及 ±3, 而 10 有真因子 ±2 及 ±5.

例 2 在 $\mathbf{Z}[\mathrm{i}]$ 中, $(2+\mathrm{i})(2-\mathrm{i})=5$, 所以 $2+\mathrm{i}\mid 5$. 而

$$\frac{3+\mathrm{i}}{2+\mathrm{i}}=\frac{7}{5}-\frac{\mathrm{i}}{5}\notin\mathbf{Z}[\mathrm{i}],$$

所以 $2+\mathrm{i}\nmid 3+\mathrm{i}$.

例 3 在 $\mathbf{Q}[x]$ 中, $x+1\nmid x^2+1$. 而在 $\mathbf{Z}_2[x]$ 中, 因为 $(x+1)(x+1)=x^2+1$, 所以 $x+1\mid x^2+1$.

由整除的定义, 立即可得下述定理.

定理 4.3.1 在整环 D 中,

(1) 如果 $a\mid b$, 则对任一 $u\in U$, 有 $au\mid b$;

(2) 如果 $a\mid b$, 且 $a\mid c$, 则对任意的 $x,y\in D$, 有 $a\mid bx+cy$;

(3) 如果 $a\mid b$, 且 $b\mid c$, 则 $a\mid c$.

这个定理的证明作为练习 (见本节习题 2).

定义 4.3.2 设 D 是整环, $a,b\in D$. 如果 $a|b$, 且 $b|a$, 则称 a 与 b **相伴**, 记作 $a\sim b$.

易知, D 的元素之间的相伴关系是一个等价关系 (见本节习题 4).

定理 4.3.2 设 D 是整环, $a,b\in D$, 则下列条件等价:

(1) $a\sim b$;

(2) $\langle a\rangle=\langle b\rangle$;

(3) 存在单位 $u\in D$, 使 $a=bu$.

证明 (1)$\Rightarrow$(2). 设 $a\sim b$, 则 $a\mid b$. 从而存在 $c\in D$, 使 $b=ac$, 所以 $b\in\langle a\rangle$, 由此得 $\langle b\rangle\subseteq\langle a\rangle$. 同理可证, $\langle a\rangle\subseteq\langle b\rangle$, 所以 $\langle b\rangle=\langle a\rangle$.

(2)$\Rightarrow$(3). 设 $\langle a\rangle=\langle b\rangle$. 如果 $a=0$, 则 $b=0$, 从而对任意的单位 $u\in D$, 都有 $a=bu$. 如果 $a\neq0$, 则因 $a\in\langle b\rangle$, 存在 $u\in D$, 使 $a=bu$. 同理可得, 存在 $v\in D$, 使 $b=av$, 从而

$$a=bu=avu.$$

由消去律得 $1=vu$, 所以 u 为单位.

(3)$\Rightarrow$(1). 设 u 是单位, 使 $a=bu$, 则 $b\mid a$. 又因 u 是单位, 故 $u^{-1}\in D$, 又可得 $b=au^{-1}$, 所以 $a\mid b$, 从而 $a\sim b$. □

例 4 整数环 $\mathbf{Z}$ 的单位仅有 1 和 -1, 所以任一非零整数 $a\in\mathbf{Z}$ 恰有两个相伴元 a 和 $-a$.

例 5 在 $\mathbf{Z}[\mathrm{i}]$ 中, $2+\mathrm{i}$ 与 $2-\mathrm{i}$, $3+\mathrm{i}$ 与 $-1+3\mathrm{i}$ 是否分别相伴?

解 (1) 因为 $(2+\mathrm{i})\nmid(2-\mathrm{i})$, 所以 $2+\mathrm{i}$ 与 $2-\mathrm{i}$ 不相伴.

(2) 因为 $(3+\mathrm{i})\cdot\mathrm{i}=-1+3\mathrm{i}$, 而 i 为 $\mathbf{Z}[\mathrm{i}]$ 的单位, 所以 $3+\mathrm{i}$ 与 $-1+3\mathrm{i}$ 相伴.

在整数环中, 素数在整数的理论中有着特别重要的地位. 把这一概念推广到整环上, 就得到下面的概念.

定义 4.3.3 整环 D 中非零非单位且无真因子的元素称为 D 的**不可约元** (irreducible element).

定义 4.3.4 设 p 是整环 D 的一个非零非单位的元素, 如果对任意的 $a,b\in D$, 由 $p\mid ab$ 可推出 $p\mid a$ 或 $p\mid b$, 则称 p 为 D 的一个**素元** (prime element).

显然, 如果 p 是素元 (或不可约元), 则 p 的每一个相伴元也都是素元 (或不可约元).

例 6 在整数环中, 每一个素数既是素元也是不可约元.

定理 4.3.3 在整环中, 每一个素元都是不可约元.

证明 设 p 为素元, 如果 $p=ab$, 则 $p\mid ab$, 从而 $p\mid a$ 或 $p\mid b$. 不妨设 $p\mid a$, 则存在 $c\in D$, 使 $a=pc$, 从而

$$p=pcb.$$

由消去律得 $bc=1$, 所以 b 为单位, 从而 $p\sim a$. 由此知 p 不可约. □

注 虽然在整数环中, 每一个不可约元也都是素元, 但这对一般的整环并不成立. 为了说明这一点, 先要作一点准备.

定义 4.3.5 设 $d\neq 1,0$ 且为无平方因子的整数, 对任意的 $a+b\sqrt{d}\in\mathbf{Q}[\sqrt{d}]$, 称

$$\mathcal{N}(a+b\sqrt{d})=|a^2-db^2|$$

为 $a+b\sqrt{d}$ 的**范数** (norm).

容易证明, 范数有下列性质.

定理 4.3.4 设 $d\neq 1,0$ 且为无平方因子的整数, $D=\mathbf{Z}[\sqrt{d}]$, 则对任意的 $\alpha,\beta\in D$, 有

(1) $\mathcal{N}(\alpha)\in\mathbf{N}\cup\{0\}$, 且 $\mathcal{N}(\alpha)=0$ 当且仅当 $\alpha=0$;

(2) $\mathcal{N}(\alpha\beta)=\mathcal{N}(\alpha)\mathcal{N}(\beta)$, 且 α 为单位当且仅当 $\mathcal{N}(\alpha)=1$;

(3) 如果 $\alpha\mid\beta$(在 D 中), 则 $\mathcal{N}(\alpha)\mid\mathcal{N}(\beta)$(在 $\mathbf{Z}$ 中).

这个定理的证明作为练习 (见本节习题 11).

例 7 设 p 为素数. 由初等数论 [1] 可知

(1) 如果 $p\equiv 3 \pmod 4$ 时, 则 p 为 $\mathbf{Z}[\mathrm{i}]$ 的素元;

(2) 如果 $p\equiv 1 \pmod 4$ 时, 则存在 $a,b\in\mathbf{Z}$, 使 $p=a^2+b^2$, 且 $a\pm b\mathrm{i}$ 都是 $\mathbf{Z}[\mathrm{i}]$ 的素元.

例 8 证明: $2+\sqrt{-3}$ 为 $\mathbf{Z}[\sqrt{-3}]$ 的素元.

证明 设 $x+y\sqrt{-3},u+v\sqrt{-3}\in\mathbf{Z}[\sqrt{-3}]$, 使

$$2+\sqrt{-3}\mid(x+y\sqrt{-3})(u+v\sqrt{-3}). \tag{4.3.1}$$

由于

$$x+y\sqrt{-3}=(x-2y)+y(2+\sqrt{-3}), \tag{4.3.2}$$

$$u+v\sqrt{-3}=(u-2v)+v(2+\sqrt{-3}), \tag{4.3.3}$$

将 (4.3.2) 式及 (4.3.3) 式代入 (4.3.1) 式得

$$2+\sqrt{-3}\mid(x-2y)(u-2v),$$

由此得

$$7=\mathcal{N}(2+\sqrt{-3})\mid\mathcal{N}((x-2y)(u-2v))=(x-2y)^2(u-2v)^2.$$

由于 7 是素数, 所以在 $\mathbf{Z}$ 中, 有 $7\mid(x-2y)$ 或 $7\mid(u-2v)$. 不妨设 $7\mid(x-2y)$, 而 $7=(2+\sqrt{-3})(2-\sqrt{-3})$, 所以在 $\mathbf{Z}[\sqrt{-3}]$ 中有

$$2+\sqrt{-3}\mid 7.$$

从而由整除的传递性得

$$2+\sqrt{-3}\mid(x-2y),$$

由此得

$$2+\sqrt{-3}\mid(x-2y)+y(2+\sqrt{-3})=x+y\sqrt{-3}.$$

这就证明了 $2+\sqrt{-3}$ 为 $\mathbf{Z}[\sqrt{-3}]$ 的素元. □

例 9 在 $\mathbf{Z}[\sqrt{-3}]$ 中, 2 是不可约元, 但却不是素元.

证明 (1) 证明 2 是不可约元.

设 $2=\alpha\beta$ 且 α 不是单位, 则由

$$4=\mathcal{N}(\alpha\beta)=\mathcal{N}(\alpha)\mathcal{N}(\beta)$$

得 $\mathcal{N}(\alpha)=2$ 或 $\mathcal{N}(\alpha)=4$.

因为对任意的 $\alpha\in\mathbf{Z}[\sqrt{-3}]$, $\mathcal{N}(\alpha)\neq 2$, 所以 $\mathcal{N}(\alpha)=4$, 于是 $\mathcal{N}(\beta)=1$. 由此得 β 为单位, 从而 $2\sim\alpha$. 这就证明了 2 不可约.

(2) 证明 2 不是素元.

因为 $2 \mid 4$, 而 $4=(1+\sqrt{-3})(1-\sqrt{-3})$, 所以

$$2 \mid (1+\sqrt{-3})(1-\sqrt{-3}).$$

但 $\dfrac{1\pm\sqrt{-3}}{2}=\dfrac{1}{2}\pm\dfrac{1}{2}\sqrt{-3}\notin \mathbf{Z}[\sqrt{-3}]$, 即 2 既不整除 $1+\sqrt{-3}$ 也不整除 $1-\sqrt{-3}$, 所以 2 不是素元.

同样的方法可知, $1+\sqrt{-3}$ 与 $1-\sqrt{-3}$ 也都是不可约元, 但都不是素元. □

由例 9 知, 在一般的整环中, 不可约元不一定是素元, 但在整数环中每一个不可约元都是素元. 那么, 在怎样的环中, 不可约元才一定是素元呢? 这就要引入下面的概念.

定义 4.3.6 设 D 是一个整环, a 是 D 的一个非零非单位的元素.

(1) 如果存在有限多个不可约元 $p_1,p_2,\cdots,p_s(s\geqslant 1)$, 使

$$a=p_1p_2\cdots p_s,$$

则称 a 有不可约分解, 并称上述分解式为 a 的一个不可约分解.

(2) 如果 a 有不可约分解, 并且 a 的不可约分解在相伴的意义下是唯一的, 即如果 a 有两个不可约分解

$$a=p_1p_2\cdots p_s=q_1q_2\cdots q_t,$$

则 $s=t$, 并且适当交换因子的次序, 有

$$p_i\sim q_i,\quad i=1,2,\cdots,s,$$

则称 a 有唯一分解.

定义 4.3.7 设 D 是一个整环. 如果 D 中每一个非零非单位的元素都有唯一分解, 则称 D 为**唯一分解整环** (unique factorization domain), 记作 **UFD**.

例 10 $\mathbf{Z}$ 是唯一分解整环.

例 11 设 $D=\mathbf{Z}[\sqrt{-3}]$, 则

(1) D 的每个非零非单位的元素都有不可约分解;

(2) D 不是唯一分解整环.

证明 (1) 设 a 为 D 中任一非零非单位的元素, 对 $\mathcal{N}(a)$ 用数学归纳法.

(i) 因为 a 非零非单位, 所以 $\mathcal{N}(a)\geqslant 3$. 如果 $\mathcal{N}(a)=3$, 则 $a=\pm\sqrt{-3}$, 不可约, 所以结论对 $\mathcal{N}(a)=3$ 成立.

(ii) 假设结论对 $3\leqslant\mathcal{N}(a)<n$ 成立, 考察 $\mathcal{N}(a)=n$ 的情况.

如果 a 不可约, 则结论成立. 如果 a 可约, 则存在 $b,c\in D$, 使 $a=bc$, 其中 b, c 都是 a 的真因子, 从而 $\mathcal{N}(b),\mathcal{N}(c)>1$. 因为

$$\mathcal{N}(a)=\mathcal{N}(b)\mathcal{N}(c),$$

所以 $\mathcal{N}(b)<\mathcal{N}(a)$, $\mathcal{N}(c)<\mathcal{N}(a)$. 由归纳假设, b 与 c 都可分解为 D 的不可约元的乘积. 设

$$b=p_1p_2\cdots p_s,\quad c=q_1q_2\cdots q_t,$$

其中 $p_i,q_j(i=1,2,\cdots,s;j=1,2,\cdots,t)$ 都是 D 的不可约元, 则

$$a=p_1p_2\cdots p_sq_1q_2\cdots q_t$$

为 a 在 D 中的一个不可约分解. 从而由归纳法原理知, D 中每个非零非单位的元素都可分解为不可约元的乘积.

(2) 我们有等式

$$2\cdot 2=4=(1+\sqrt{-3})(1-\sqrt{-3}),$$

由例 9 知, 2, $1\pm\sqrt{-3}$ 都不可约. 又因为 $2\nmid 1\pm\sqrt{-3}$, 所以

$$2\not\sim 1+\sqrt{-3},\quad 2\not\sim 1-\sqrt{-3}.$$

从而知

$$4=2\cdot 2\quad 与\quad 4=(1+\sqrt{-3})(1-\sqrt{-3})$$

是 4 的两个不相伴的分解, 所以 $\mathbf{Z}[\sqrt{-3}]$ 不是唯一分解整环. □

注 不是唯一分解整环并不意味着 D 中不存在有唯一分解的元素. 例如, 在 $D=\mathbf{Z}[\sqrt{-3}]$ 中,

$$14=2\cdot(2+\sqrt{-3})(2-\sqrt{-3})$$

就是 14 的唯一分解 (证明作为练习 (见本节习题 12)).

下面讨论唯一分解整环的性质.

定理 4.3.5 *在唯一分解整环中, 每一个不可约元都是素元.*

证明 设 D 是唯一分解整环, $p\in D$ 为 D 的不可约元. 设 $p\mid ab$, 则存在 $c\in D$ 使 $pc=ab$.

(1) 如果 a, b, c 中有一个为单位, 则结论显然成立.

(2) 如果 a, b, c 都不是单位, 则 a, b, c 分别有分解式

$$a=q_1q_2\cdots q_s,$$

$$b = q_{s+1}q_{s+2}\cdots q_{s+t},$$
$$c = p_1p_2\cdots p_r,$$

其中 $q_i, p_j(i = 1, 2, \cdots, s+t; j = 1, 2, \cdots, r)$ 都是 D 的不可约元, 于是

$$pp_1\cdots p_r = q_1\cdots q_s q_{s+1}\cdots q_{s+t}.$$

由于 D 是唯一分解整环, 则有 q_i, $1 \leqslant i \leqslant s+t$, 使 $p \sim q_i$. 如果 $1 \leqslant i \leqslant s$, 则 $p \mid a$. 如果 $s+1 \leqslant i \leqslant s+t$, 则 $p \mid b$. 这就证明了 p 是 D 的素元. □

定义 4.3.8 设 D 是整环,

$$a_1, a_2, \cdots, a_n, \cdots \tag{4.3.4}$$

是 D 中的一列元素 (有限或无限). 如果对任意的 $i > 1$, a_i 为 a_{i-1} 的真因子, 则称元素列 (4.3.4) 为 D 的一个**真因子链** (chain of proper divisors).

定理 4.3.6 在唯一分解整环中, 每一个真因子链都是有限的.

证明 设 a 为 D 的任一个非零元素. 定义 a 的长度 $l(a)$ 如下:

如果 a 是 D 的单位, 则规定 $l(a) = 0$. 如果 a 不是 D 的单位, 于是 a 有唯一分解

$$a = p_1p_2\cdots p_s,$$

则规定 $l(a) = s$. 易知, 如果 b 是 a 的真因子, 则 $l(b) < l(a)$.

设

$$a_1, a_2, \cdots, a_n, \cdots \tag{4.3.5}$$

为 D 的任一真因子链, 则

$$l(a_1) > l(a_2) > \cdots > (a_n) > \cdots. \tag{4.3.6}$$

因为 $l(a_1)$ 是一个有限数, 而每一个 $l(a_i)$ 都是正整数, 所以 (4.3.6) 式不可能是无限的, 从而 (4.3.5) 式也不可能是无限的. □

定理 4.3.7 整环 D 是唯一分解整环的充分必要条件是

(1) D 中每一个真因子链都有限;

(2) D 的每一个不可约元都是素元.

证明 **必要性**. 定理 4.3.5 及定理 4.3.6 已证.

充分性. (1) 首先证明分解的存在性.

应用反证法. 假设 D 中存在某个非零非单位的元素 a 没有分解, 则 a 可约 (否则 $a = p$ 已是 D 的分解). 设

$$a = a_1b_1,$$

其中 a_1, b_1 都是 a 的真因子. 因 a 没有分解, 则 a_1, b_1 中至少有一个没有分解 (否则 a_1 与 b_1 的分解式的乘积就是 a 的一个分解式). 不妨设 a_1 没有分解. 重复上述过程, 则又可得 a_1 的真因子 a_2, 使 a_2 没有分解. 以此类推, 如果已求得 n 个元素

$$a_1, a_2, \cdots, a_n,$$

其中每一个后继元素都是它前面元素的真因子, 且每一个元素都没有分解. 特别地, 由于 a_n 没有分解, 则又可求得 a_n 的真因子 a_{n+1}, 使 a_{n+1} 没有分解. 从而得到一个无限的真因子链

$$a, a_1, a_2, \cdots, a_n, \cdots,$$

这与条件 (1) 矛盾.

(2) 证明分解的唯一性.

设 D 的非零非单位的元素 a 有两个分解式

$$a = p_1 p_2 \cdots p_s = q_1 q_2 \cdots q_t,$$

其中 p_i 与 q_j 都是 D 的不可约元. 对 s 应用数学归纳法.

(i) 当 $s = 1$ 时, 则 $a = p_1$ 不可约, 于是 $t = 1$, 且 $p_1 = q_1$.

(ii) 假定结论对 $s - 1$ 成立, 则因 $p_1 \mid a$, 所以

$$p_1 \mid q_1 q_2 \cdots q_t.$$

由于 p_1 是不可约元, 由条件 (2), p_1 为素元. 所以 p_1 必整除 q_j 中的某一个. 适当改变因子的次序, 不妨设 $p_1 \mid q_1$, 则存在 $c \in D$, 使 $q_1 = cp_1$. 又 q_1 不可约, 所以 c 为单位, 从而有

$$p_1 p_2 \cdots p_s = p_1 (c q_2) \cdots q_t.$$

由消去律得

$$p_2 \cdots p_s = (c q_2) \cdots q_t.$$

由归纳假设知, $s - 1 = t - 1$. 从而 $s = t$, 且适当交换因子的次序, 有

$$p_i \sim q_i, \quad i = 2, 3, \cdots, s.$$

又 $p_1 \sim q_1$ 已证. 这就证明了结论. □

设 D 是唯一分解整环, a 是 D 的一个非零非单位的元素, 则 a 有唯一分解. 设 a 的所有互不相伴的不可约因子为

$$p_1, p_2, \cdots, p_s,$$

则对 a 的任一不可约因子 p, 有 p_i, 使

$$p \sim p_i.$$

从而 a 的分解式可表示为

$$a = \epsilon p_1^{r_1} p_2^{r_2} \cdots p_s^{r_s}, \tag{4.3.7}$$

其中 ϵ 为 D 的单位, $r_1, \cdots, r_s \in \mathbf{N}$. 称 (4.3.7) 式为 a 的**标准分解式**.

与整数环类似, 在整环中也可引入最大公因子的概念.

定义 4.3.9　设 D 是一个整环, $a, b, d \in D$. 如果 d 满足

(1) $d\,|\,a$, 且 $d\,|\,b$, 即 d 是 a 与 b 的公因子;

(2) 如果 c 是 a 与 b 的任一公因子, 则有 $c\,|\,d$,

则称 d 为 a 与 b 的一个**最大公因子** (greatest common divisor), 记作 $d = \gcd(a, b)$, 或简记为 $d = (a, b)$.

易知, 如果 $d = \gcd(a, b)$, 则对 D 的任一单位 u, du 也是 a 与 b 的最大公因子. 又如果 d_1, d_2 都是 a 与 b 的最大公因子, 则必有 $d_1 \sim d_2$(见本节习题 15), 所以 a 与 b 如果有最大公因子, 则它们的最大公因子可能不止一个, 但任何两个最大公因子都相伴. 而等式

$$d = \gcd(a, b)$$

仅仅表示 d 是 a, b 的一个最大公因子.

例 12　在 $\mathbf{Z}$ 中, $\gcd(4, 6) = 2$.

在 $\mathbf{Q}[x]$ 中, $\gcd(x^2 - 1, x^3 - 1) = x - 1$.

例 13　证明: 在 $\mathbf{Z}[\sqrt{-3}]$ 中, $a = 2 + 2\sqrt{-3}$ 与 $b = 4$ 没有最大公因子.

证明　易知 2 与 $1 + \sqrt{-3}$ 都是 a 与 b 的公因子.

假设 $d = x + y\sqrt{-3}$ $(x, y \in \mathbf{Z})$ 是 a 与 b 的最大公因子, 则 $2\,|\,d$, $1 + \sqrt{-3}\,|\,d$, $d\,|\,4$, 所以在 $\mathbf{Z}$ 中有

$$4\,|\,\mathcal{N}(d), \quad \mathcal{N}(d)\,|\,16.$$

因此 $\mathcal{N}(d)$ 可能的值为 4, 8, 16.

(1) 倘若 $\mathcal{N}(d) = 4$, 则 $d = \pm 2$ 或 $\pm 1 \pm \sqrt{-3}$. 而 $2\,|\,d$ 与 $1 + \sqrt{-3}\,|\,d$ 不可能同时成立, 所以 $\mathcal{N}(d) \neq 4$.

(2) 因为 $\mathcal{N}(d) = 8$ (即 $x^2 + 3y^2 = 8$) 无解, 所以 $\mathcal{N}(d) \neq 8$.

(3) 倘若 $\mathcal{N}(d) = 16$, 即 $x^2 + 3y^2 = 16$, 解得 $d = \pm 4$ 或 $d = \pm 2\ (1 \pm \sqrt{-3})$. 此时, $d\,|\,a$ 与 $d\,|\,b$ 也不能同时成立, 所以 $\mathcal{N}(d) \neq 16$.

这就证明了在 $D = \mathbf{Z}[\sqrt{-3}]$ 中, $2 + 2\sqrt{-3}$ 与 4 没有最大公因子 (虽然它们有公因子). □

从这个例子可知, 在一般的整环中, 任何两个元素不一定有最大公因子, 但在唯一分解整环中, 却有如下的结论.

定理 4.3.8 在唯一分解整环中, 任何两个元素都有最大公因子.

证明 设 D 为唯一分解整环, $a,b\in D$, $u\in U$. 由定义容易证明: $\gcd(a,0)=\gcd(0,a)=a$, $\gcd(u,a)=\gcd(a,u)=1$, 所以以下不妨设 a, b 都是非零非单位的元素, 且 a,b 已表为

$$a=\epsilon p_1^{k_1}p_2^{k_2}\cdots p_s^{k_s},$$
$$b=\mu p_1^{l_1}p_2^{l_2}\cdots p_s^{l_s},$$

其中 ϵ,μ 为 D 的单位, $p_1,\cdots,p_s$ 为互不相伴的不可约元, $k_i,l_i\geqslant 0, i=1,2,\cdots,s$, 其中当 p_i 不是 a(或 b) 的因子时, k_i(或 l_i) 等于零. 令 $m_i=\min\{k_i,l_i\}$, 则

$$p_1^{m_1}p_2^{m_2}\cdots p_s^{m_s}\,|\,a,\quad p_1^{m_1}p_2^{m_2}\cdots p_s^{m_s}\,|\,b.$$

设 c 为 a 与 b 的任一公因子, p 为 c 的任一不可约因子, 则

$$p\,|\,a,\quad p\,|\,b,$$

所以存在 i, 使 $p\sim p_i$. 从而可设 c 的标准分解式为

$$c=\eta p_1^{r_1}p_2^{r_2}\cdots p_s^{r_s},\quad r_i\geqslant 0, i=1,2,\cdots,s,$$

其中 η 为 D 的单位, 则由

$$p_i^{r_i}\,|\,a,\quad p_i^{r_i}\,|\,b$$

知 $r_i\leqslant k_i$, $r_i\leqslant l_i$, 所以 $r_i\leqslant m_i$, 从而 $p_i^{r_i}\,|\,p_i^{m_i}(i=1,2,\cdots,s)$. 于是,

$$c\,|\,p_1^{m_1}p_2^{m_2}\cdots p_s^{m_s},$$

所以

$$\gcd(a,b)=p_1^{m_1}p_2^{m_2}\cdots p_s^{m_s}.$$ □

注 类似地, 可以定义多个元素的最大公因子, 并且也有相应的结论 (见本节习题 17).

有了最大公因子的概念, 可以将整数环中互素的概念推广到一般的整环上.

定义 4.3.10 设 D 是一个整环, $a,b\in D$. 如果 $\gcd(a,b)=1$, 则称 a 与 b **互素** (coprime).

定理 4.3.9 设 D 为唯一分解整环, $a,b,c\in D$ 且 $\gcd(a,b)=1$, 则

(1) 如果 $a\,|\,bc$, 则 $a\,|\,c$;

(2) 如果 $a\,|\,c$ 且 $b\,|\,c$, 则 $ab\,|\,c$;

(3) $\gcd(a,c)\gcd(b,c)=\gcd(ab,c)$.

这个定理的证明作为练习 (见本节习题 16).

习　题　4-3

1. 在下列的整环中, 元素 α 能否被 β 整除.

(1) $D=\mathbf{Z}[\mathrm{i}]$, $\alpha=3-5\mathrm{i}$, $\beta=4+\mathrm{i}$;

(2) $D=\mathbf{Z}[\sqrt{2}]$, $\alpha=4-\sqrt{2}$, $\beta=2+3\sqrt{2}$;

(3) $D=\mathbf{Z}[\sqrt{-5}]$, $\alpha=7+\sqrt{-5}$, $\beta=2+\sqrt{-5}$;

(4) $D=\mathbf{Z}_2[x]$, $\alpha=x^3+1$, $\beta=x^2+x+1$;

(5) $D=\mathbf{Z}_3[x]$, $\alpha=x^3+1$, $\beta=x^2+x+1$;

(6) $D=\mathbf{Z}_5[x]$, $\alpha=x^3-x^2+x+1$, $\beta=x+3$.

2. 证明定理 4.3.1.

3. 证明: 在整环 D 中, 如果 $b\mid a_i$, $i=1,2,\cdots,s$, 则对任意的 $x_i\in D$, $i=1,2,\cdots,s$, $b\left|\sum\limits_{i=1}^{s}x_ia_i\right.$.

4. 证明: 整环 D 的元素之间的相伴关系是一个等价关系.

5. 在下列整环中, 判别所给元素是否相伴.

(1) $D=\mathbf{Z}[\sqrt{2}]$, $3+\sqrt{2}$ 与 $5+4\sqrt{2}$, $\sqrt{2}$ 与 $4-3\sqrt{2}$;

(2) $D=\mathbf{Z}[\sqrt{5}]$, $2+\sqrt{5}$ 与 $2-\sqrt{5}$, $3-\sqrt{5}$ 与 $7+3\sqrt{5}$.

6. 在 $\mathbf{Z}[\mathrm{i}]$ 中, 求非零元素 $a+b\mathrm{i}$ 的所有相伴元.

7. 在 $\mathbf{Z}[\mathrm{i}]$ 中, 按定义证明下列元素既是素元又是不可约元.

(1) $2+5\mathrm{i}$;　　(2) 7;

(3) $3-2\mathrm{i}$;　　(4) 23.

8. 在下列整环中, 所给元素是否为素元? 是否为不可约元?

(1) 在 $\mathbf{Z}[\sqrt{-2}]$ 中, $\sqrt{-2}$, 7, $3-\sqrt{-2}$, $2+5\sqrt{-2}$;

(2) 在 $\mathbf{Z}[\sqrt{-6}]$ 中, $\sqrt{-6}$, 7, $5+\sqrt{-6}$, $2+\sqrt{-6}$.

9. 在下列整环中, 证明所给元素都是素元.

(1) 在 $\mathbf{Z}[\sqrt{-3}]$ 中, $\sqrt{-3}$, 5, $2-3\sqrt{-3}$, $4+\sqrt{-3}$;

(2) 在 $\mathbf{Z}[\sqrt{-5}]$ 中, $\sqrt{-5}$, 13, $3+2\sqrt{-5}$, $6-\sqrt{-5}$.

10. 在下列整环中, 证明所给元素都是不可约元, 但却不是素元.

(1) 在 $\mathbf{Z}[\sqrt{-5}]$ 中, $1+\sqrt{-5}$, $2+\sqrt{-5}$;

(2) 在 $\mathbf{Z}[\sqrt{5}]$ 中, 2, $1+\sqrt{5}$.

11. 证明定理 4.3.4.

12. 证明: 在 $\mathbf{Z}[\sqrt{-3}]$ 中, 14 有唯一分解.

13. 将下列元素表示为 $\mathbf{Z}[\mathrm{i}]$ 的不可约元之积:

(1) $1+3\mathrm{i}$;　　(2) 130;

(3) $7+5\mathrm{i}$;　　(4) $99+27\mathrm{i}$;

(5) 174;　　(6) $23-61\mathrm{i}$.

14. 证明下列两个整环都不是唯一分解整环:

(1) $D=\{a+b\sqrt{10}\mid a,b\in\mathbf{Z}\}$;

(2) $D=\{a+b\sqrt{-5}\,|\,a,b\in\mathbf{Z}\}$.

15. 设 D 为整环, $a,b,c,d\in D$, $d=\gcd(a,b)$. 证明: c 也是 a 与 b 的最大公因子的充分必要条件是 c 与 d 相伴.

16. 证明定理 4.3.9.

17. 给出多个元素的最大公因子的定义, 并导出相应的结果.

18. 试给出整环上两个元素 a 与 b 的**最小公倍元** (least common multiple)(记作 $\mathrm{lcm}(a,b)$ 或 $[a,b]$) 的定义.

19. 举例说明, 在一个整环中, 任何两个元素不一定有最小公倍元.

20. 证明: 在唯一分解整环中, 任何两个元素都有最小公倍元.

21. 设 D 为唯一分解整环, $a,b\in D$. 证明:

$$\mathrm{lcm}(a,b)\gcd(a,b)=ab.$$

22. 设 $d\neq 1,0$ 且为无平方因子的整数. 证明: 在 $\mathbf{Z}[\sqrt{d}]$ 中, 每个非零非单位的元素都可分解为不可约元的乘积.

*23. 设 $x\in\mathbf{Z}[\sqrt{-3}]$. 证明: 如果 $\mathcal{N}(x)$ 为 $\mathbf{Z}$ 中的素数, 则 x 为 $\mathbf{Z}[\sqrt{-3}]$ 中的素元.

参考文献及阅读材料

[1] 潘承洞, 潘承彪. 初等数论. 北京: 北京大学出版社, 1998.

[2] Gallian J A. Contemporary Abstract Algebra. Boston, New York: Houghton Mifflin Company, 1998.

该书是一本出色的近世代数教材. 在该书的第 18 章中, 对费马大定理的历史有较详细的介绍.

库默尔 小传

库默尔 (Ernst Eduard Kummer), 德国数学家. 1810 年 1 月 29 日生于索拉乌 (现波兰扎雷). 1828 年进入哈雷大学学习, 1831 年获博士学位. 毕业后在索拉乌和利格尼茨等地的中学教书, 并从事数学研究. 1842 年任布雷斯劳大学教授, 1855 年成为柏林大学教授. 1868~1869 年任柏林大学校长.

库默尔在数论、几何学、函数论、数学分析、方程论等方面都有较大的贡献. 对数论中最困难的问题之一——费马大定理的研究有重要贡献. 在考虑 $x^n+y^n=z^n$ 的非零整数解时, 拉梅 (G. Lamé) 研究了 $n=7$ 的情形, 并在 1847 年宣布他已经完全解决了这个问题. 但他用到了 x^p+y^p 的分解 (其中 p 是奇素数), 但是他默认了环 $\mathbf{Z}[\alpha]$ 中的元素都有唯一分解, 其中 α 是 p 次本原单位根. 可是库默尔证明了这并不总是正确的, 从而创立了甚至比定理本身更重要的理想数理论 (详见文献 [2]). 这不但使他的证明工作取得了空前的进展 (他证明了除 $p = 37$, 59, 67 外, 费马大定理当 $p < 100$ 时都成立), 而且为代数学、函数论、方程论等学科提供了一个新的有效工具.

库默尔于 1893 年 5 月 14 日卒于柏林.

4.4 主理想整环与欧几里得整环

我们知道, 在整数环中, 如果 $d = (a, b)$, 则存在 $s, t \in \mathbf{Z}$, 使

$$as + bt = d,$$

即在整数环中, 任何两个元素的最大公因子可表示为 a 与 b 的一个线性组合. 如果把这一条性质加以推广, 就得到下面的定义.

定义 4.4.1 设 D 是一个整环, 如果 D 的每一个理想都是主理想, 则称 D 为**主理想整环** (principal ideal domain), 记作 **PID**.

例 1 整数环 $\mathbf{Z}$ 是主理想整环.

例 2 在 $\mathbf{Z}[x]$ 中, $\langle x, 2\rangle$ 不是主理想.

证明 首先,

$$\begin{aligned}\langle x, 2\rangle &= \{f(x)\cdot x + g(x)\cdot 2 \mid f(x), g(x) \in \mathbf{Z}[x]\}\\ &= \{f(x)\cdot x + 2z \mid f(x) \in \mathbf{Z}[x], z \in \mathbf{Z}\},\end{aligned}$$

所以 $\langle x, 2\rangle \neq \mathbf{Z}[x]$.

另一方面, 如果存在 $d(x) \in \mathbf{Z}[x]$, 使 $\langle x, 2\rangle = \langle d(x)\rangle$, 则在 $\mathbf{Z}[x]$ 中, 有 $d(x) \mid x$ 且 $d(x) \mid 2$. 由 $d(x) \mid 2$ 知, $\deg d(x) = 0$, 于是 $d(x) = a \in \mathbf{Z}$. 又 $a \mid x$, 所以 $a = \pm 1$. 从而

$$\langle x, 2\rangle = \langle 1\rangle = \mathbf{Z}[x],$$

与前一结论矛盾, 所以 $\langle x, 2\rangle$ 不是主理想. □

由例 2 知, $\mathbf{Z}[x]$ 不是主理想整环. 4.5 节将证明 $\mathbf{Z}[x]$ 是唯一分解整环. 这说明, 唯一分解整环不一定是主理想整环, 但却可以证明下述定理.

定理 4.4.1 每一个主理想整环都是唯一分解整环.

为了证明这个定理, 先给出主理想整环的几个性质.

定理 4.4.2 设 D 是一个主理想整环, 则 D 上每一个真因子链都有限.

证明 设

$$a_1, a_2, \cdots, a_n, \cdots \tag{4.4.1}$$

是 D 的一个真因子链, 则有

$$\langle a_1\rangle \subsetneq \langle a_2\rangle \subsetneq \cdots \subsetneq \langle a_n\rangle \subsetneq \cdots.$$

令

$$I=\bigcup_i \langle a_i\rangle,$$

则 I 是 D 的一个理想. 因为 D 是主理想整环, 所以 I 是主理想. 设 $I=\langle d\rangle$, 则 $d\in I$, 因此必有 $k\in \mathbf{N}$, 使 $d\in\langle a_k\rangle$, 从而 $\langle d\rangle\subseteq\langle a_k\rangle$. 另一方面, $\langle a_k\rangle\subseteq I=\langle d\rangle$, 所以

$$\langle d\rangle\subseteq\langle a_k\rangle\subseteq\langle d\rangle,$$

从而

$$\langle d\rangle=\langle a_k\rangle.$$

由此知, 真因子链 (4.4.1) 仅有 k 项. □

定理 4.4.3 设 a 是主理想整环 D 的一个非零非单位的元素, 则下列条件等价:

(1) a 是素元;

(2) a 是不可约元;

(3) $\langle a\rangle$ 是极大理想;

(4) $\langle a\rangle$ 是素理想.

证明 (1)⇒(2). 见定理 4.3.3.

(2)⇒(3). 因为 a 不是单位, 所以 $\langle a\rangle$ 为 D 的真理想. 设 $\langle a\rangle\subsetneq I\lhd D$. 因为 D 是主理想整环, 所以存在 $b\in D$, 使 $I=\langle b\rangle$. 于是 $a\in\langle b\rangle$, 则存在 $c\in D$, 使 $a=bc$. 因为 a 不可约, 所以 b,c 中至少有一个为单位. 而 $\langle a\rangle\subsetneq\langle b\rangle$, 所以 $a\not\sim b$, 从而 b 为单位. 由此得 $\langle b\rangle=D$, 所以 $\langle a\rangle$ 是 D 的极大理想.

(3)⇒(4). 见定理 3.5.3.

(4)⇒(1). 设 $a\,|\,bc$, 则 $bc\in\langle a\rangle$, 因 $\langle a\rangle$ 是素理想, 故必有 $b\in\langle a\rangle$ 或 $c\in\langle a\rangle$, 即有 $a\,|\,b$ 或 $a\,|\,c$, 所以 a 为素元. □

定理 4.4.1 的证明 由定理 4.4.2, 主理想整环的每一个真因子链都有限. 又由定理 4.4.3, 主理想整环的每一个不可约元都是素元. 从而由定理 4.3.7 知, 主理想整环是唯一分解整环. □

我们知道, 在唯一分解整环中, 任意两个元素 a,b 都有最大公因子. 为了应用标准分解式求它们的最大公因子, 必须首先将这两个元素因子分解. 但即使在整数环中, 因子分解也不是一件轻而易举的事情, 所以, 一般来说, 希望通过因子分

解来求两个元素的最大公因子不是一个好的方法. 但在主理想整环中, 却可以像在整数环中那样, 把 a, b 的最大公因子表示为它们的一个线性组合.

定理 4.4.4 (最大公因子的存在表示定理) *设 D 是一个主理想整环, 则对任意的 $a, b \in D$, 存在 $u, v \in D$, 使*

$$\gcd(a, b) = au + bv.$$

证明 令 $\langle d \rangle = \langle a, b \rangle$, 则 $d \in \langle a, b \rangle$, 从而存在 $u, v \in D$, 使

$$au + bv = d.$$

(1) 因为 $a, b \in \langle a, b \rangle = \langle d \rangle$, 所以 $d \mid a$, $d \mid b$, 即 d 是 a, b 的一个公因子.

(2) 设 c 为 a, b 的任一个公因子, 则 $c \mid a$, $c \mid b$, 从而 $c \mid au + bv = d$. 故 d 是 a, b 的最大公因子. 由此即得结论. □

我们自然要问, 如何求出 u, v, 使 $\gcd(a, b) = au + bv$?

回想在整数环中, 可借助于所谓的辗转相除法具体求出这个表示. 看下面的例子.

例 3 求 187 与 143 的最大公因数 $(187, 143)$, 并求 $u, v \in \mathbf{Z}$, 使

$$(187, 143) = 187u + 143v.$$

解 应用辗转相除法,

	b	a	
$q_1 = 1$	143	187	
	132	143	
$q_3 = 4$	$r_2 = 11$	$r_1 = 44$	$3 = q_2$
		44	
		$r_3 = 0$	

$$\begin{aligned}
187 &= 1 \times 143 + 44, \\
143 &= 3 \times 44 \ \ + 11, \\
44 &= 4 \times 11, \\
11 &= 143 - 3 \times 44 \\
&= 143 - 3 \times (187 - 1 \times 143) \\
&= 187 \times (-3) + 143 \times 4,
\end{aligned}$$

由此得

$$(187, 143) = 11,$$

且

$$11 = 187 \times (-3) + 143 \times 4.$$

这个例子说明, 在整数环中, 可以应用辗转相除法, 通过有限的步骤具体算出 (a, b), 并把它表示成

$$au + bv = (a, b)$$

的形式. 这个算法也叫做**欧几里得算法** (Euclidean algorithm).

进一步的研究发现, 整数环中有辗转相除法, 关键在于整数环中有所谓的**带余除法定理**:

设 $a, b \in \mathbf{Z}$, $b \neq 0$, 则存在 $q, r \in \mathbf{Z}$, $0 \leqslant r < |b|$, 使

$$a = bq + r.$$

把这加以推广, 就得到下面的定义.

定义 4.4.2 设 D 是整环. 如果存在映射

$$\phi : D - \{0\} \longrightarrow \mathbf{N} \cup \{0\},$$

使对任意的 $a, b \in D$, $b \neq 0$, 存在 $q, r \in D$, 使

$$a = bq + r,$$

其中 $r = 0$ 或 $\phi(r) < \phi(b)$, 则称 D 为一个**欧几里得整环** (Euclidean domain), 记作 **ED**.

定义 4.4.2 中的映射 ϕ 通常称为欧氏映射.

例 4 整数环 $\mathbf{Z}$ 是欧几里得整环. $\mathbf{Z}$ 的欧氏映射 ϕ 就是取绝对值.

下面的定理揭示了欧几里得整环与主理想整环以及唯一分解整环之间的关系.

定理 4.4.5 每一个欧几里得整环都是主理想整环, 因而也是唯一分解整环.

证明 设 I 为欧几里得整环 D 的任一理想, ϕ 为欧氏映射.

(1) 如果 $I = \{0\}$, 则 $I = \langle 0 \rangle$.

(2) 如果 $I \neq \{0\}$, 则集合

$$\Sigma = \{\phi(a) \mid a \in I, a \neq 0\}$$

是非负整数集的一个非空子集, 所以 Σ 中有最小数. 设 $0 \neq d \in I$, 使 $\phi(d)$ 最小. 下面证明 $I = \langle d \rangle$.

显然有 $\langle d\rangle \subseteq I$. 又对任意的 $a \in I, a \neq 0$, 因为 $d \neq 0$, 所以存在 $q, r \in D$, 使

$$a = dq + r,$$

其中 $r = 0$ 或 $\phi(r) < \phi(d)$. 如果 $r \neq 0$, 则 $\phi(r) < \phi(d)$. 而 $r = a - dq \in I$, 这与 d 的选取矛盾, 所以 $r = 0$, 从而 $a = dq$, 于是 $a \in \langle d\rangle$. 由此得 $I \subseteq \langle d\rangle$, 因而 $I = \langle d\rangle$, 即 I 为 D 的主理想. □

注意, 这个定理的逆是不成立的. 例如, 可以证明整环

$$\mathbf{Z}[\theta] = \{a + b\theta \mid a, b \in \mathbf{Z}\}, \quad \theta = \frac{1}{2}(1 + \sqrt{-19}\,)$$

是主理想整环, 但却不是欧几里得整环 [1].

例 5 高斯整环 $\mathbf{Z}[\mathrm{i}]$ 是欧几里得整环, 因而也是主理想整环与唯一分解整环.

证明 对任意的 $a + b\mathrm{i} \in \mathbf{Z}[\mathrm{i}]$, 令

$$\phi(a + b\mathrm{i}) = \mathcal{N}(a + b\mathrm{i}) = a^2 + b^2,$$

则 $\phi(a + b\mathrm{i}) \in \mathbf{N} \cup \{0\}$.

设 $\alpha, \beta \in \mathbf{Z}[\mathrm{i}], \beta \neq 0$. 在 $\mathbf{C}$ 中, 令

$$\frac{\alpha}{\beta} = x + y\mathrm{i}, \quad x, y \in \mathbf{Q},$$

则存在 $a, b \in \mathbf{Z}$, 使 $|x - a| \leqslant \dfrac{1}{2}, |y - b| \leqslant \dfrac{1}{2}$. 取

$$q = a + b\mathrm{i}, \quad r = [(x - a) + (y - b)\mathrm{i}]\beta = \alpha - (a + b\mathrm{i})\beta,$$

则 $q, r \in \mathbf{Z}[\mathrm{i}]$, 且

$$\alpha = \beta q + r.$$

如果 $r \neq 0$, 则

$$\begin{aligned}\phi(r) = \mathcal{N}(r) &= \left((x - a)^2 + (y - b)^2\right)\mathcal{N}(\beta)\\ &\leqslant \left(\frac{1}{4} + \frac{1}{4}\right)\mathcal{N}(\beta) < \phi(\beta),\end{aligned}$$

所以 $\mathbf{Z}[\mathrm{i}]$ 为欧几里得整环. □

注 由代数数论可知, 当 $d = -1, -2, 2, 3, 6, 7, 11, 19$ 时, $\mathbf{Z}[\sqrt{d}]$ 为欧几里得整环. 又当 $d = -3, -7, -11, 5, 13, 17, 21, 29, 33, 37, 41, 57, 73$ 时, 如记 $\theta = \dfrac{1}{2} + \dfrac{1}{2}\sqrt{d}$, 则 $\mathbf{Z}[\theta]$ 也是欧几里得整环, 并且, 在二次整数环中, 只有上述整环

才是欧几里得整环 [2].

例 6 设 F 为域, 则 $F[x]$ 为欧几里得整环, 因而也是主理想整环及唯一分解整环.

证明 令

$$\begin{aligned}\phi: \quad F[x]-\{0\} &\longrightarrow \mathbf{N}\cup\{0\},\\ f(x) &\longmapsto \deg f(x).\end{aligned}$$

设 $f(x), g(x)\in F[x]$, $g(x)\neq 0$. 令

$$\Sigma=\{f(x)-g(x)h(x)\mid h(x)\in F[x]\},$$

则因为 $g(x)\neq 0$, 所以 $\Sigma\neq\{0\}$.

如果 $0\in\Sigma$, 则有 $h(x)\in F[x]$, 使

$$0=f(x)-g(x)h(x).$$

取 $r(x)=0$, $q(x)=h(x)$, 则有

$$f(x)=g(x)q(x).$$

如果 $0\notin\Sigma$, 则 $\deg g(x)\geqslant 1$. 取 $r(x)\in\Sigma$, 使 $r(x)$ 为 Σ 中次数最小的多项式, 则有 $q(x)\in F[x]$, 使

$$r(x)=f(x)-g(x)q(x),$$

所以 $f(x)=g(x)q(x)+r(x)$.

下面用反证法证明 $\deg r(x)<\deg g(x)$.

假设 $\deg r(x)\geqslant\deg g(x)$. 设

$$\begin{aligned}g(x)&=a_0x^n+a_1x^{n-1}+\cdots+a_n, \quad a_0\neq 0, n\geqslant 1,\\ r(x)&=b_0x^m+b_1x^{m-1}+\cdots+b_m, \quad b_0\neq 0.\end{aligned}$$

因为 $\deg r(x)\geqslant\deg g(x)$, 所以 $m\geqslant n$. 令

$$q_1(x)=q(x)+\frac{b_0}{a_0}x^{m-n}, \quad r_1(x)=r(x)-g(x)\cdot\frac{b_0}{a_0}x^{m-n},$$

则 $f(x)=g(x)q_1(x)+r_1(x)$, 于是 $r_1(x)\in\Sigma$. 因为 $0\notin\Sigma$, 所以 $r_1(x)\neq 0$, 从而 $\deg r_1(x)<\deg r(x)$. 这与 $r(x)$ 的选取矛盾. 由此知 $\deg r(x)<\deg g(x)$.

这就证明了 ϕ 为欧几里得映射, 所以 $F[x]$ 是欧几里得整环. □

下面讨论欧几里得整环中的辗转相除法.

设 D 是欧几里得整环, ϕ 为 D 的欧几里得映射. 对 $a, b\in D$ 且 $b\neq 0$, 则存在 $q_1, r_1\in D$, 使

$$a=bq_1+r_1,$$

其中 $r_1 = 0$ 或 $\phi(r_1) < \phi(b)$.

如果 $r_1 \neq 0$, 则又有 $q_2, r_2 \in D$, $r_2 = 0$ 或 $\phi(r_2) < \phi(r_1)$, 使

$$b = r_1 q_2 + r_2.$$

以此类推, 有

$$\begin{aligned} a &= bq_1 + r_1, \\ b &= r_1 q_2 + r_2, \\ r_1 &= r_2 q_3 + r_3, \\ &\cdots\cdots \\ r_{k-1} &= r_k q_{k+1} + r_{k+1}, \\ &\cdots\cdots \end{aligned} \tag{4.4.2}$$

从而有

$$\phi(r_1) > \phi(r_2) > \cdots > \phi(r_k) > \cdots.$$

因为 $\phi(r_i) \in \mathbf{N} \cup \{0\}$, 所以必有 $n \in \mathbf{N}$, 使 $r_{n+1} = 0$. 从而

$$\gcd(a, b) = \gcd(b, r_1) = \gcd(r_1, r_2) = \cdots = \gcd(r_{n-1}, r_n) = r_n,$$

且

$$\begin{aligned} r_n &= r_{n-2} - r_{n-1} q_n \\ &= r_{n-2} - (r_{n-3} - r_{n-2} q_{n-1}) q_n \\ &= r_{n-2}(1 + q_{n-1} q_n) - r_{n-3} q_n \\ &= \cdots \\ &= au + bv. \end{aligned} \tag{4.4.3}$$

由此可知, 在欧几里得整环 D 中, 任意两个元素都有最大公因子, 并且如果 a, b 不全为零, 则可通过辗转相除法求得 $u, v \in D$, 使 $\gcd(a, b) = au + bv$.

注意在 (4.4.3) 式中, 为了求得 u, v, 必须将 q_i 与 r_i 一次次地往回代, 计算量很大. 为了简化计算, 可按下列的递归法求 u 与 v.

定理 4.4.6　设 $q_1, q_2, \cdots, q_n$ 如 (4.4.2) 式, 令

$$\begin{aligned} p_0 &= 1, \\ p_1 &= q_n, \\ p_2 &= q_{n-1} p_1 + 1, \end{aligned}$$

$$p_3 = q_{n-2}p_2 + p_1,$$

$$\cdots\cdots$$

$$p_n = q_1 p_{n-1} + p_{n-2}, \tag{4.4.4}$$

则

$$u = (-1)^{n-1}p_{n-1}, \quad v = (-1)^n p_n.$$

这个定理的证明作为练习 (见本节习题 8).

例 7 在 $\mathbf{Z}[\mathrm{i}]$ 中, $a = 8 + 38\mathrm{i}$, $b = 11 + 7\mathrm{i}$, 求 u, v, 使

$$\gcd(a, b) = au + bv.$$

解 应用辗转相除法,

	b	a	
$q_1 = 2 + 2\mathrm{i}$	$11 + 7\mathrm{i}$	$8 + 38\mathrm{i}$	
	$10 + 6\mathrm{i}$	$8 + 36\mathrm{i}$	
$q_3 = 1 + \mathrm{i}$	$1 + \mathrm{i}$	$2\mathrm{i}$	$3 - 5\mathrm{i} = q_2$
		$2\mathrm{i}$	
		0	

则 $n = 2$, 并由 (4.4.4) 式得

q_{n-i+1}		$3 - 5\mathrm{i}$	$2 + 2\mathrm{i}$
p_i	1	$3 - 5\mathrm{i}$	$17 - 4\mathrm{i}$
$\pm$	$+$	$-$	$+$

所以 $u = -(3 - 5\mathrm{i})$, $v = 17 - 4\mathrm{i}$. 于是

$$\gcd(8 + 38\mathrm{i}, 11 + 7\mathrm{i}) = 1 + \mathrm{i},$$

且

$$1 + \mathrm{i} = (8 + 38\mathrm{i})(-3 + 5\mathrm{i}) + (11 + 7\mathrm{i})(17 - 4\mathrm{i}).$$

习 题 4-4

1. 设 D 是欧几里得整环, σ 为 D 的欧几里得映射, 满足

$$\sigma(a) \leqslant \sigma(ab), \quad \text{对任意 } a, b \in D, a, b \neq 0.$$

证明:

(1) $d \in D$ 是单位当且仅当 $\sigma(d) = \sigma(1)$;

(2) 如果存在 $n \in \mathbf{N} \cup \{0\}$, 使对 D 的任一非零元 a, 都有 $\sigma(a) = n$, 则 D 是域;

(3) 如果 $a \sim b$, 则 $\sigma(a) = \sigma(b)$ 或 $a = b = 0$.

2. 证明下列整环都是欧几里得整环.

(1) $D = \mathbf{Z}[\sqrt{3}\,] = \{a + b\sqrt{3} \mid a, b \in \mathbf{Z}\}$;

(2) $D = \mathbf{Z}[\sqrt{-2}\,] = \{a + b\sqrt{-2} \mid a, b \in \mathbf{Z}\}$;

(3) $D = \mathbf{Z}[\sqrt{2}\,] = \{a + b\sqrt{2} \mid a, b \in \mathbf{Z}\}$.

3. 设 F 是域, $F[x, y]$ 是 F 上以 x, y 为未定元的二元多项式环. 证明: $F[x, y]$ 不是主理想整环.

4. 对 $a, b \in \mathbf{Z}$, 求 $u, v \in \mathbf{Z}$, 使 $au + bv = (a, b)$.

(1) $a = 17$, $b = 13$;

(2) $a = 28$, $b = 35$;

(3) $a = 30$, $b = 42$;

(4) $a = 137$, $b = 78$.

5. 对多项式对 $f(x)$, $g(x)$, 求 $u(x)$, $v(x)$, 使

$$u(x)f(x) + v(x)g(x) = (f(x), g(x)).$$

(1) $f(x) = 2x^3 + 9x^2 + 12x + 5$, $g(x) = 2x^5 + 5x^4 + 8x + 20$, $f(x)$, $g(x) \in \mathbf{Q}[x]$;

(2) $f(x) = x^3 + x^2 + 1$, $g(x) = x^2 + x + 1$, $f(x)$, $g(x) \in \mathbf{Z}_2[x]$;

(3) $f(x) = x^3 - x^2 - x + 1$, $g(x) = x^3 + 4x^2 + x - 1$, $f(x)$, $g(x) \in \mathbf{Z}_5[x]$;

(4) $f(x) = x^2 - x + 1$, $g(x) = x^3 + x - 1$, $f(x)$, $g(x) \in \mathbf{Z}_3[x]$.

6. 对 $a, b \in \mathbf{Z}[\mathrm{i}]$, 求 $\gcd(a, b)$, 并求 u, v, 使 $\gcd(a, b) = au + bv$.

(1) $a = 31 - 12\mathrm{i}$, $b = 17 - 8\mathrm{i}$;

(2) $a = 9 + 12\mathrm{i}$, $b = 4 + 8\mathrm{i}$;

(3) $a = 23 - 13\mathrm{i}$, $b = 7 + 3\mathrm{i}$;

(4) $a = 53 + 9\mathrm{i}$, $b = 1 + 7\mathrm{i}$.

7. 设 D 为主理想整环, I 为 D 的非平凡理想. 证明:

(1) D/I 的每一个理想都是主理想, 并说明 D/I 是否是主理想整环;

(2) D/I 仅有有限多个理想.

*8. 证明定理 4.4.6.

9. 设 $D = \left\{ \dfrac{a}{2^n} \;\middle|\; a \in \mathbf{Z}, n \in \mathbf{N} \right\}$.

(1) 证明: D 是唯一分解整环.

(2) D 是否为主理想整环?

(3) D 是否是欧几里得整环?

10. 设 D 为整环, u 为 D 的一个非单位元素. 如果对任意的元素 $a \in D$, 或者 $u \mid a$, 或者存在 D 的单位 ϵ, 使 $u \mid a + \epsilon$, 则称 u 为 D 的一个**泛边缘子** (universal side divisor). 证明: 如果 D 为欧几里得整环, 则 D 一定有泛边缘子 [3].

11. 求整数环 $\mathbf{Z}$ 的所有泛边缘子.

12. 求高斯整环 $\mathbf{Z}[\mathrm{i}]$ 的所有泛边缘子.

13. 求多项式环 $\mathbf{R}[x]$ 的所有泛边缘子.
14. 求整环 $\mathbf{Z}[\sqrt{-3}]$ 的泛边缘子.
15. 证明: 整环 $\mathbf{Z}[\sqrt{-5}]$ 无泛边缘子.

参考文献及阅读材料

[1] Campoli O. A principal ideal domain that is not a Euclidean domain. American Mathematical Monthly, 1988, 95: 868~871.

[2] 聂灵沼, 丁石孙. 代数学引论. 北京: 高等教育出版社, 1988.

[3] Rotman J J. A First Course in Abstract Algebra. London: Prentice-Hall, 2000.
  该书第三章第五节中有关于“泛边缘子”的叙述.

*4.5 唯一分解整环上的多项式环

本节中, 总假定 D 是唯一分解整环, F 是 D 的商域. 本节的主要目的是证明下面的定理.

定理 4.5.1 唯一分解整环上的多项式环还是唯一分解整环.

因此, $\mathbf{Z}[x]$ 是唯一分解整环.

为达到这一目的, 需要引入一个新的概念.

定义 4.5.1 设

$$f(x) = a_0x^n + a_1x^{n-1} + \cdots + a_n$$

是 D 上的多项式, 如果 $\gcd(a_0, a_1, \cdots, a_n) = 1$, 则称 $f(x)$ 为 D 上的一个**本原多项式** (primitive polynomial).

例 1 $f(x) = 2x^3 + 3x^2 + 5$ 是 $\mathbf{Z}$ 上的一个本原多项式.

例 2 $f(x) = 3x^4 + (1+\mathrm{i})x^3 + (2-\mathrm{i})x^2 - 4x$ 是 $\mathbf{Z}[\mathrm{i}]$ 上的一个本原多项式.

下面给出本原多项式的性质.

定理 4.5.2 设 $f(x)$ 是 D 的商域 F 上的任一非零多项式.

(1) 存在 $r \in F$ 及本原多项式 $g(x) \in D[x]$, 使 $f(x) = rg(x)$. 特别地, 如果 $f(x) \in D[x]$, 则 $r \in D$.

(2) 如果另有 $r_1 \in F$ 及本原多项式 $g_1(x)$ 使 $f(x) = r_1g_1(x)$, 则 $r^{-1}r_1$ 是 D 的单位.

证明 (1) 存在非零元 $c \in D$ 使 $cf(x) \in D[x]$. 设

$$cf(x) = a_0x^n + a_1x^{n-1} + \cdots + a_n.$$

令

$$a = \gcd(a_0, a_1, \cdots, a_n), \quad b_i = a^{-1}a_i,$$

则 $b_i \in D$ 且

$$1 = \gcd(b_0, b_1, \cdots, b_n).$$

令

$$g(x) = b_0x^n + b_1x^{n-1} + \cdots + b_n,$$

则 $g(x)$ 为本原多项式, 并且如果取 $r = c^{-1}a$, 则 $r \in F$ 且

$$f(x) = rg(x).$$

又当 $f(x) \in D[x]$ 时, 如果取 $c = 1$, 则 $r = a \in D$.

(2) 设 $r = \dfrac{d}{c}$, $c, d \in D$, $r_1 = \dfrac{d_1}{c_1}$, $c_1, d_1 \in D$, 且

$$g(x) = a_0x^n + a_1x^{n-1} + \cdots + a_n, \quad a_0 \neq 0,$$
$$g_1(x) = b_0x^n + b_1x^{n-1} + \cdots + b_n, \quad b_0 \neq 0,$$

则 $c_1dg(x) = cd_1g_1(x)$. 于是

$$\gcd(c_1da_0, c_1da_1, \cdots, c_1da_n) \sim \gcd(cd_1b_0, cd_1b_1, \cdots, cd_1b_n),$$

所以

$$c_1d\gcd(a_0, a_1, \cdots, a_n) \sim cd_1\gcd(b_0, b_1, \cdots, b_n).$$

而

$$\gcd(a_0, a_1, \cdots, a_n) = 1, \quad \gcd(b_0, b_1, \cdots, b_n) = 1,$$

所以 $c_1d \sim cd_1$. 从而 $r^{-1}r_1 = \dfrac{c}{d} \cdot \dfrac{d_1}{c_1}$ 为 D 的单位. □

定理 4.5.3 (高斯引理)　本原多项式的乘积还是本原多项式.

证明　设

$$f(x) = a_0 + a_1x + a_2x^2 + \cdots + a_nx^n,$$
$$g(x) = b_0 + b_1x + b_2x^2 + \cdots + b_mx^m$$

分别是 n 次与 m 次的本原多项式. 令

$$h(x) = f(x)g(x) = c_0 + c_1x + c_2x^2 + \cdots + c_{m+n}x^{m+n},$$

其中

$$c_k = \sum_{s+t=k} a_s b_t, \quad k = 0, 1, \cdots, m+n.$$

这里, 当 $s > n$ 或 $t > m$ 时, 规定 $a_s = 0$ 及 $b_t = 0$.

假定 $h(x)$ 不是本原的, 则存在 D 的不可约元 (也是素元) p, 使 $p \mid c_k, k = 0, 1, 2, \cdots, m+n$. 已知 $\gcd(a_0, a_1, \cdots, a_n) = 1$, $\gcd(b_0, b_1, \cdots, b_m) = 1$. 设 $a_0, a_1, \cdots, a_n$ 及 $b_0, b_1, \cdots, b_m$ 中最先一个不能被 p 整除的元素分别为 a_k 与 b_l, 则

$$\begin{aligned} c_{k+l} = {} & a_0 b_{k+l} + a_1 b_{k+l-1} + \cdots + a_{k-1} b_{l+1} \\ & + a_k b_l + a_{k+1} b_{l-1} + \cdots + a_{k+l} b_0. \end{aligned}$$

因为 $p \mid a_i$, $i = 0, 1, \cdots, k-1$, $p \mid b_j$, $j = 0, 1, \cdots, l-1$, 而 $p \nmid a_k$, $p \nmid b_l$, 所以 $p \nmid c_{k+l}$. 这与 p 的选取矛盾. 这就证明了 $h(x)$ 为本原多项式. □

定理 4.5.4 设 $f(x)$ 是 D 上的一个本原多项式, 则 $f(x)$ 在 $D[x]$ 中可约的充分必要条件是 $f(x)$ 在 $F[x]$ 中可约.

证明 必要性是显然的, 下面证充分性.

设 $f(x)$ 在 F 上可分解为两个次数较低的多项式的乘积

$$f(x) = g(x)h(x), \quad g(x), h(x) \in F[x],$$

其中 $0 < \deg g(x), \deg h(x) < \deg f(x)$. 令

$$g(x) = r_1 g_1(x), \quad h(x) = r_2 h_1(x),$$

其中 $g_1(x), h_1(x)$ 为本原多项式, $r_1, r_2 \in F$, 则

$$f(x) = r_1 r_2 g_1(x) h_1(x).$$

因为 $g_1(x), h_1(x)$ 都是本原多项式, 所以 $g_1(x)h_1(x)$ 也是本原多项式. 又 $f(x)$ 是本原多项式, 所以 $r_1 r_2 = u$ 为 D 中单位. 从而

$$f(x) = (u g_1(x))(h_1(x))$$

为 $f(x)$ 在 $D[x]$ 中的分解. □

定理 4.5.5 设 $p(x)$ 为 D 上的不可约多项式, 则 $p(x)$ 或者是 D 的不可约元或者是 D 上的本原不可约多项式.

证明 (1) 如果 $p(x) = a \in D$, 则因 a 在 $D[x]$ 中不可约, 从而 a 在 D 上必不可约.

(2) 如果 $p(x) \notin D$, 则因 $p(x)$ 不可约, 故 $p(x)$ 必是本原多项式. 从而 $p(x)$ 为 D 上本原不可约多项式. □

最后给出定理 4.5.1 的证明.

定理 4.5.1 的证明 由定理 4.3.7 及其证明可知, 只需证明

(1) $D[x]$ 的每个非零非单位的元素都可分解为不可约元的乘积;

(2) $D[x]$ 的每个不可约元都是素元.

下面依次证明.

(1) 设 $f(x)$ 是 $D[x]$ 中的一个非零非单位的多项式, 则存在非零元 $a \in D$ 及本原多项式 $g(x) \in D[x]$, 使 $f(x) = ag(x)$. 令

$$\begin{aligned} a &= d_1 d_2 \cdots d_t, \quad \text{当 } a \text{ 不是单位时}, \\ g(x) &= p_1(x) p_2(x) \cdots p_s(x), \quad \text{当 } \deg g(x) > 0 \text{ 时}, \end{aligned}$$

其中 $d_i (i = 1, 2, \cdots, t)$ 为 D 的不可约元, $p_i(x) (i = 1, 2, \cdots, s)$ 为 F 上的不可约多项式. 令

$$p_i(x) = r_i q_i(x), \quad i = 1, 2, \cdots, s,$$

其中 $r_i \in F$, $q_i(x) (i = 1, 2, \cdots, s)$ 为 D 上的本原多项式, 则 $q_i(x)$ 为 D 上的本原不可约多项式, 且

$$g(x) = (r_1 r_2 \cdots r_s) q_1(x) q_2(x) \cdots q_s(x).$$

因为 $g(x)$, $q_i(x)$ 都是本原的, 所以 $u = r_1 r_2 \cdots r_s$ 为 D 的单位. 由此得

$$f(x) = (u d_1) d_2 \cdots d_t \cdot q_1(x) q_2(x) \cdots q_s(x)$$

为 $f(x)$ 在 $D[x]$ 中的一个不可约分解.

(2) 设非零多项式 $f(x), g(x) \in D[x]$, $p(x)$ 为 $D[x]$ 的不可约元, 且

$$p(x) \mid f(x) g(x).$$

如果 $p(x) = p \in D$, 则 p 不可约, 因此它是素元. 由已知, 存在 $h(x) \in D[x]$, 使

$$p h(x) = f(x) g(x).$$

令

$$h(x)=ch_1(x),\quad f(x)=af_1(x),\quad g(x)=bg_1(x),$$

其中 $a,b,c\in D$, $f_1(x),g_1(x),h_1(x)$ 为 D 上本原多项式, 则由

$$pch_1(x)=abf_1(x)g_1(x)$$

知 $p^{-1}c^{-1}ab$ 为 D 中的单位, 所以 $ab\sim pc$. 从而 $p\,|\,ab$, 于是 $p\,|\,a$ 或 $p\,|\,b$. 因此必有 $p\,|\,f(x)$ 或 $p\,|\,g(x)$.

如果 $p(x)$ 为 D 上本原不可约多项式, 则 $p(x)$ 在 F 上不可约, 所以是 F 上的一个素多项式. 又在 F 上, 也有

$$p(x)\,|\,f(x)g(x),$$

所以必有 $p(x)\,|\,f(x)$ 或 $p(x)\,|\,g(x)$. 不妨设 $p(x)\,|\,f(x)$, 则存在 $h(x)\in F[x]$, 使

$$p(x)h(x)=f(x),$$

则有 $r\in F,a\in D$ 及本原多项式 $h_1(x),f_1(x)$, 使

$$h(x)=rh_1(x),\quad f(x)=af_1(x).$$

于是由

$$rp(x)h_1(x)=af_1(x)$$

知 $a^{-1}r=u$ 为 D 的单位, 所以 $r=au\in D$, 从而 $h(x)\in D[x]$. 由此知 $p(x)\,|\,f(x)$.

这就证明了 $D[x]$ 是唯一分解整环. □

由定理 4.5.1 容易推出下述定理.

定理 4.5.6 设 D 是唯一分解整环, $D[x_1,x_2,\cdots,x_n]$ 为 D 上以 $x_1,x_2,\cdots,x_n$ 为未定元的 n 元多项式环, 则 $D[x_1,x_2,\cdots,x_n]$ 是唯一分解整环.

习 题 4-5

1. 设 $f(x)=\left(\frac{1}{2}+\frac{\mathrm{i}}{2}\right)x^4+\frac{\mathrm{i}}{3}x^2+\left(\frac{1}{2}+\frac{\mathrm{i}}{6}\right)x+\frac{2}{3}+\frac{2\mathrm{i}}{3}\in F[x]$, F 是 $\mathbf{Z}[\mathrm{i}]$ 的商域. 试将 $f(x)$ 写成 $r\cdot g(x)$ 的形式, 其中 $r\in F$, $g(x)$ 是 $\mathbf{Z}[\mathrm{i}]$ 上的本原多项式.

2. 设 $f(x,y)=x^4y+x^3+x^2y^3+xy^2\in\mathbf{Z}[\mathrm{i}][x,y]$. 试将 $f(x,y)$ 分解为不可约多项式的乘积.

3. 设 D 是整环, $f(x,y)\in D[x,y]$. 证明: 如果 $f(x,x)=0$, 则 $(x-y)\,|\,f(x,y)$.

4. 应用上题的结论将下列多项式在 $\mathbf{Z}$ 上分解为不可约多项式的乘积:

(1) $(x+y)^5-x^5-y^5$; (2) $(x+y+z)^3-x^3-y^3-z^3$;

(3) $(x+y+z)^5-x^5-y^5-z^5$; (4) $(x+y)^7-x^7-y^7$.

高斯 小传

高斯 (Carl Friedrich Gauss), 德国数学家、物理学家和天文学家. 1777 年 4 月 30 日生于不伦瑞克. 1855 年 2 月 23 日卒于哥廷根. 高斯是近代数学的奠基者之一, 在历史上影响之大, 可以和阿基米德、牛顿、欧拉并列. 他出生在一个贫苦的家庭里. 父亲本不打算让他上学, 但高斯很小就显示出有数学才能. 十岁时就开始学习代数和分析. 1795 年由于好友的推荐, 得到一个公爵的资助, 进入哥廷根大学学习. 他的一生就在哥廷根度过. 19 岁时, 高斯发现了正十七边形的尺规作图法, 这是欧几里得以来悬而未决的问题. 1799 年高斯在普法夫 (J. F. Pfaff) 的指导下获得博士学位, 在他的学位论文中, 他证明了代数基本定理.

1801 年, 高斯发表了他数论方面的不朽巨著《算术探究》, 该书系统总结了以前的工作, 并引入了许多他自己的一些基础性的思想, 包括模算术的概念. 此书奠定了近代数论的基础.

1801 年, 高斯经过几个星期的努力, 创立了行星椭圆轨道法, 利用有限的几个观测数据计算出了一颗当时未知行星的轨道, 以后天文学家在预测的位置上重新找到了这颗星 (谷神星). 高斯后来总结了这种方法, 写成《天体沿圆锥曲线绕日运动的理论》, 在书中他还首次阐述了最小二乘法原理.

1807 年, 高斯成为天文学教授, 并担任了哥廷根大学新天文台的台长. 在以后的几十年中, 高斯不仅继续在数学的几乎所有分支中作出了重要贡献, 而且在天文学、力学、电磁学、光学、测地学等领域也有很大贡献. 他与别人共同发明了电磁电报. 现在磁通量密度的单位就是以高斯命名的. 由于高斯对复数的使用, 才使得许多数学家接受了复数. 复数的名称也是由高斯推广开的. 他还推广了用 i 来表示 $\sqrt{-1}$. 他证明了 $\mathbf{Z}[\mathrm{i}]$ 是唯一分解整环. 高斯还培养了许多著名的数学家, 如黎曼、库默尔、戴德金、艾森斯坦等.

第 5 章　域的扩张

近世代数有三大基本内容, 包括群、环和域. 在前四章中已学习了群和环的理论, 本章要来介绍域的理论. 域的理论内容相当丰富, 如伽罗瓦理论、赋值域等, 但是这些已超出了本课程的范围. 本章的目的是要介绍域的一些基本结果, 特别要对域的扩张作一个粗略的介绍. 5.1 节介绍一般域上向量空间的概念; 5.2 节介绍扩域的一些基本性质; 5.3 节讨论域的代数扩张; 5.4 节讨论多项式的分裂域; 5.5 节介绍有限域的概念; 5.6 节讨论几何作图.

5.1　向量空间

为了较深入地研究域, 特别是研究扩域, 有必要将线性代数中已学过的数域上的向量空间的概念推广到任意域上.

定义 5.1.1　设 V 是一个带有加法 (记作“+”) 运算的非空集合, F 是一个域. 如果 V 关于加法运算构成一个交换群, 并且对每个 $k \in F$, $v \in V$, 在 V 中可唯一地确定一个元素 kv (称为 k 与 v 的**标量乘法**), 使得对所有的 $k, l \in F$, $u, v \in V$, 满足

(M1) $(kl)v = k(lv)$;

(M2) $(k+l)v = kv + lv$;

(M3) $k(u+v) = ku + kv$;

(M4) $1v = v$,

则称 V 为域 F 上的一个**向量空间** (vector space) 或**线性空间** (linear space). 向量空间中的元素称为**向量** (vector), 域中的元素称为**标量**或**纯量** (scalar), 域 F 称为向量空间的基域.

注　在线性代数或高等代数课程中涉及的向量空间 (或线性空间) 的基域都是数域, 因此是无限域, 且是特征为零的域, 但这里的基域可以是一般的域, 它既可以是无限域也可以是有限域, 且域的特征也可以是素数, 要注意这一区别.

例 1　集合 $F^n = \{(a_1, a_2, \cdots, a_n) \mid a_i \in F\}$ 是域 F 上的向量空间, 其加法运算和标量乘法运算分别为

$$(a_1, a_2, \cdots, a_n) + (b_1, b_2, \cdots, b_n) = (a_1 + b_1, a_2 + b_2, \cdots, a_n + b_n),$$

$$k(a_1, a_2, \cdots, a_n) = (ka_1, ka_2, \cdots, ka_n).$$

例 2 域 F 上的所有 2×2 矩阵的集合 $M_2(F)$ 关于如下矩阵的加法和标量乘法运算构成 F 上的向量空间:

$$\begin{pmatrix} a_1 & a_2 \\ a_3 & a_4 \end{pmatrix} + \begin{pmatrix} b_1 & b_2 \\ b_3 & b_4 \end{pmatrix} = \begin{pmatrix} a_1+b_1 & a_2+b_2 \\ a_3+b_3 & a_4+b_4 \end{pmatrix},$$

$$k\begin{pmatrix} a_1 & a_2 \\ a_3 & a_4 \end{pmatrix} = \begin{pmatrix} ka_1 & ka_2 \\ ka_3 & ka_4 \end{pmatrix}.$$

例 3 设 p 是素数, 则 $\mathbf{Z}_p$ 是一个域. 系数在 $\mathbf{Z}_p$ 上的一元多项式环 $\mathbf{Z}_p[x]$ 关于通常多项式的加法和标量乘法构成有限域 $\mathbf{Z}_p$ 上的一个向量空间.

例 4 复数域 $\mathbf{C}$ 是实数域 $\mathbf{R}$ 上的向量空间, 运算是通常的复数的加法和乘法运算.

下一个例子是例 4 的推广. 虽然它看上去很平常, 但却是域论中最重要的例子之一.

例 5 设 E 是域, F 是 E 的子域, 那么 E 是 F 上的向量空间. 向量空间的运算就是域 E 中的运算. 因此, 根据定理 3.6.5, 每个域都可看成是某个素域上的向量空间.

定义 5.1.2 设 V 是域 F 上的向量空间, U 是 V 的非空子集. 如果 U 关于 V 的运算也构成 F 上的向量空间, 则称 U 为 V 的**子空间**.

例 6 集合 $\{a_2x^2 + a_1x + a_0 \mid a_0, a_1, a_2 \in \mathbf{Z}_5\}$ 是 $\mathbf{Z}_5$ 上的由所有系数在域 $\mathbf{Z}_5$ 上的多项式组成的向量空间 $\mathbf{Z}_5[x]$ 的子空间.

例 7 设 V 是域 F 上的向量空间, $v_1, v_2, \cdots, v_n$ 是 V 中的向量 (它们不必互不相同), 那么子集

$$\langle v_1, v_2, \cdots, v_n \rangle = \{a_1v_1 + a_2v_2 + \cdots + a_nv_n \mid a_1, a_2, \cdots, a_n \in F\}$$

称为 V 的由 $v_1, v_2, \cdots, v_n$ **张成的子空间**. 形如 $a_1v_1 + a_2v_2 + \cdots + a_nv_n$ 的元素称为 $v_1, v_2, \cdots, v_n$ 的线性组合. 如果 $\langle v_1, v_2, \cdots, v_n \rangle = V$, 那么称 $v_1, v_2, \cdots, v_n$ **张成** V. 一般地, 设 B 是 V 的任一非空子集, 如果 V 中任一元素都是 B 中有限多个元素的线性组合, 则称 B 张成 V.

定义 5.1.3 设 $v_1, v_2, \cdots, v_n$ 是向量空间 V 的一组向量, 如果存在不全为零的元素 $k_1, k_2, \cdots, k_n \in F$, 使得

$$k_1v_1 + k_2v_2 + \cdots + k_nv_n = 0,$$

则称向量组 $v_1, v_2, \cdots, v_n$ 在 F 上**线性相关** (linearly dependent). 如果一个向量组在 F 上不是线性相关的, 则称这个向量组在 F 上**线性无关** (linearly independent).

例 8 设 $F = \mathbf{Z}_2 = \{0, 1\}$, 则 F^3 中的向量组 $(1,0,0)$, $(1,1,0)$, $(1,1,1)$ 在 F 上是线性无关的. 因为假设存在 $a, b, c \in F$, 使得 $a(1,0,0)+b(1,1,0)+c(1,1,1) = (0,0,0)$, 那么 $(a+b+c, b+c, c) = (0,0,0)$, 于是 $a = b = c = 0$.

与数域上的向量空间一样, 一般域上的向量空间也有基的概念.

定义 5.1.4 设 V 是 F 上的向量空间, B 是 V 的一个非空子集. 如果 B 中任一有限子集都在 F 上线性无关, 且 B 张成 V, 则称 B 为 V 的基.

可以用集合论的方法证明每个向量空间都有基. 以有限多个元素为基的向量空间 (包括零空间) 称为**有限维向量空间** (finite dimensional vector space), 否则称为**无限维向量空间** (infinite dimensional vector space).

例 9 集合

$$V = \left\{ \begin{pmatrix} a & a+b \\ a+b & b \end{pmatrix} \middle| \, a, b \in \mathbf{Z}_5 \right\}$$

是 $\mathbf{Z}_5$ 上的向量空间 (见本节习题 5), 且

$$B = \left\{ \begin{pmatrix} 1 & 1 \\ 1 & 0 \end{pmatrix}, \begin{pmatrix} 0 & 1 \\ 1 & 1 \end{pmatrix} \right\}$$

是 V 的基.

证明 首先, 如果有 $a, b \in \mathbf{Z}_5$, 使得

$$a \begin{pmatrix} 1 & 1 \\ 1 & 0 \end{pmatrix} + b \begin{pmatrix} 0 & 1 \\ 1 & 1 \end{pmatrix} = \begin{pmatrix} 0 & 0 \\ 0 & 0 \end{pmatrix},$$

则

$$\begin{pmatrix} a & a+b \\ a+b & b \end{pmatrix} = \begin{pmatrix} 0 & 0 \\ 0 & 0 \end{pmatrix}.$$

从而 $a = b = 0$, 所以 B 在 $\mathbf{Z}_5$ 上线性无关. 其次, V 中任一元素 $\begin{pmatrix} a & a+b \\ a+b & b \end{pmatrix}$ 都可表示为

$$\begin{pmatrix} a & a+b \\ a+b & b \end{pmatrix} = a \begin{pmatrix} 1 & 1 \\ 1 & 0 \end{pmatrix} + b \begin{pmatrix} 0 & 1 \\ 1 & 1 \end{pmatrix}$$

的形式, 因此 B 生成 V, 所以 B 是 V 的基. □

定理 5.1.1 如果 $\{u_1, u_2, \cdots, u_m\}$ 和 $\{w_1, w_2, \cdots, w_n\}$ 都是域 F 上向量空间 V 的基, 那么 $m = n$.

证明 假设 $m \neq n$. 不妨设 $m < n$. 由于 $u_1, u_2, \cdots, u_m$ 张成 V, 所以可设 $w_1 = k_1u_1 + \cdots + k_mu_m$, 且这些 $k_i \in F$ 不全为零, 对 $u_1, u_2, \cdots, u_m$ 的顺序适当重排后可设 $k_1 \neq 0$, 则 $w_1, u_2, \cdots, u_m$ 张成 V. 又可设 $w_2 = l_1w_1 + l_2u_2 + \cdots + l_mu_m$, 则 $l_2, \cdots, l_m$ 中至少有一个不为零, 不妨设 $l_2 \neq 0$, 则 $w_1, w_2, u_3, \cdots, u_m$ 张成 V. 继续这样去, 最后可得 $w_1, w_2, \cdots, w_m$ 张成 V, 从而可推出 w_{m+1} 是 $w_1, w_2, \cdots, w_m$ 的线性组合, 与已知条件矛盾. □

定义 5.1.5 如果一个向量空间 V 具有一个含 n 个元素的基, 则称 V 的**维数** (dimension) 是 n, 零空间 $\{0\}$ 称为是由空集张成的, 并规定它的维数是 0, 无限维向量空间的维数规定为无穷大 $+\infty$. 域 F 上向量空间 V 的维数记作 $\dim_F V$.

例 10 例 1 中的域 F 上的向量空间 F^n 是 n 维的,

$$\begin{aligned} e_1 &= (1, 0, \cdots, 0), \\ e_2 &= (0, 1, \cdots, 0), \\ &\cdots\cdots \\ e_n &= (0, 0, \cdots, 1) \end{aligned}$$

是 F^n 的一个基, 这个基称为自然基. 而例 3 中的向量空间 $\mathbf{Z}_p[x]$ 是 $\mathbf{Z}_p$ 上的无限维向量空间, $\{x^n \mid n \geqslant 0\}$ 是 $\mathbf{Z}_p[\boldsymbol{x}]$ 的一个基.

从本节习题 16~19 可看出数域上的向量空间与一般域上的向量空间之间的差别. 特别是当 F 是有限域时, F 上 n 维向量空间的一般线性群 $GL_F(V)(\cong GL_n(F))$ 是有限群 (见本节习题 20). 当 $n \geqslant 2$ 时, 因为特殊线性群 $SL_n(F)$ 是其正规子群, 所以它不是单群. 设 C 是 $SL_n(F)$ 的中心, 当 $n \geqslant 2$ 时, 商群 $SL_n(F)/C$(记作 $PSL_n(F)$) 称为**射影特殊线性群**. 若 $n = 2$, 则当 $|F| > 3$ 时这个群是单群, 这是典型单群中的一类 [1].

习 题 5-1

1. 验证例 1~ 例 4 中的每个集合都满足向量空间的公理. 求例 1~ 例 4 中的每个向量空间的基.

2. (子空间判别法) 设 U 是域 F 上向量空间 V 的非空子集. 如果对每个 $u, w \in U$, $k \in F$, 有 $u + v \in U$, $ku \in U$. 证明: U 是 V 的子空间.

3. 验证例 6 中的集合是个子空间. 求该子空间的一个基. 问 $1 + 2x$, $3 + x$, $x^2 + 2x - 1$ 构成基吗?

4. 验证例 7 中所定义的集合 $\langle v_1, v_2, \cdots, v_n \rangle$ 是一个子空间.

5. 验证例 9 中的集合 V 是 $\mathbf{Z}_5$ 上的向量空间.

6. 确定集合 $\{(1,5,2),(7,5,-1),(2,0,-1)\}$ 在 $\mathbf{R}$ 上是否线性无关.

7. 确定集合

$$\left\{\begin{pmatrix}2 & 1\\ 1 & 0\end{pmatrix}, \begin{pmatrix}1 & 1\\ 1 & 1\end{pmatrix}, \begin{pmatrix}0 & 1\\ 1 & 2\end{pmatrix}\right\}$$

在 $\mathbf{Z}_5$ 上是否线性无关.

8. 如果向量组 $v_1, v_2, \cdots, v_n$ 张成一个非零向量空间 V, 证明: 存在由该向量组的一个部分组构成的 V 的基.

9. 设 V 是个有限维向量空间, $v_1, v_2, \cdots, v_n$ 是 V 的一个线性无关向量组. 证明: 存在向量 $w_1, w_2, \cdots, w_m$, 使得 $v_1, v_2, \cdots, v_n$, w_1, w_2, $\cdots$, w_m 构成 V 的基.

10. 如果向量空间具有含无限多个元素的基, 证明: 其每个基都含有无限多个元素.

11. 像群同态及环同态那样定义向量空间之间的同态, 这样的映射称为**线性映射** (linear mapping); 像群同构及环同构那样定义向量空间之间的同构.

12. 如果 V 是域 F 上的 n $(n > 0)$ 维向量空间, 证明: V 同构于向量空间 $F^n = \{(a_1, a_2, \cdots, a_n) \mid a_i \in F\}$.

13. 设 $\mathcal{T}$ 是 V 到 W 的线性映射. 证明: V 在 $\mathcal{T}$ 下的象是 W 的子空间.

14. 设 $\mathcal{T}$ 是 V 到 W 的线性映射. 证明: $\mathcal{T}$ 的**核**

$$\operatorname{Ker}\mathcal{T} = \{v \in V \mid \mathcal{T}(v) = 0\}$$

是 V 的子空间.

15. 设 $\mathcal{T}$ 是 V 到 W 的满线性映射. 如果 $\{v_1,\ v_2,\ \cdots,\ v_n\}$ 张成 V, 证明: $\{\mathcal{T}(v_1),$ $\mathcal{T}(v_2),\ \cdots,\ \mathcal{T}(v_n)\}$ 张成 W.

16. 设 F 是 q 个元素的有限域. 证明: F 上的 n 维向量空间 V 是个有限集合 (提示: 利用习题 12). 求 $|V|$ 的值.

17. 设 F 是个有限域. 证明: F 上的任何 n $(n > 1)$ 维向量空间 V 都可表为有限多个真子空间的并.

18. 设 $V = F^3$ 是域 $F = \mathbf{Z}_2$ 上的向量空间. 证明: V 可以表为 3 个真子空间的并.

*19. 设 $V = F^3$ 是域 $F = \mathbf{Z}_3$ 上的向量空间, 则 V 可以表为 k 个真子空间的并 (见习题 17). 求 k 的最小值.

*20. 设 F 是 q 个元素的有限域. $GL_F(V)$ 是 F 上 n 维向量空间 V 上的全体可逆线性变换关于映射的合成组成的群. 证明: $GL_F(V) \cong GL_n(F)$, 且

$$|GL_F(V)| = (q^n - 1)(q^n - q)\cdots(q^n - q^{n-1}).$$

提示: 考虑 V 的基的个数.

21. 设 F 是 q 个元素的有限域. 求特殊线性群 $SL_n(F)$ 的元素个数.

22. 证明: $PSL_2(\mathbf{Z}_2) \cong S_3$.

23. 证明: $PSL_2(\mathbf{Z}_3)$ 是一个 12 阶的非单群.

参考文献及阅读材料

[1] Jacobson N. Basic Algebra (I). New York: W. H. Freeman and Company, 1985.
该书第六章有关于典型群 (包括射影特殊线性群) 的详细讨论.

5.2 扩 域

在前两章中已经接触了许多域的例子, 其中既有有限域也有无限域. 例如, $\mathbf{Z}_3[x]/\langle x^2+1\rangle$ 是一个有 9 个元素的域 (见 3.5 节例 10), 而域 F 上的有理分式域 $F(x)$ 则是一个无限域. 在下面几节中, 要系统地讨论域的性质.

定义 5.2.1 设 F 和 E 是两个域. 如果 $F\subseteq E$, 并且 F 中的运算就是 E 的运算在 F 上的限制, 则称 E 为域 F 的**扩域** (extension field), 而称 F 为 E 的子域.

由 3.6 节知道, 任一域都是某一素域的扩域, 且从同构的观点来看, 素域仅有 $\mathbf{Q}$ 与 $\mathbf{Z}_p$(p 为素数) 两类, 所以, 从理论上来说, 掌握了 $\mathbf{Q}$ 与 $\mathbf{Z}_p$ 的所有扩域, 也就掌握了所有的域. 但事实上, 有时候一个域是太大了, 如果直接从 $\mathbf{Q}$ 或 $\mathbf{Z}_p$ 出发去研究其结构, 是不现实的. 在大多数情况下, 常常是从一个中间的域开始进行讨论. 下面, 由一个一般的域开始, 从三个方面来简单讨论一下扩域的构造, 为后几节作准备.

设 E 是域, F 是 E 的子域. 首先来看, 如何在 F 上添加一些适当的元素, 以得到 E 的一个更大的子域.

设 S 为 E 的一个非空子集, 令

$$\Sigma=\{L\,|\,L\text{为 }E\text{ 的子域, 且 }F\cup S\subseteq L\},$$

显然, Σ 非空. 令

$$F(S)=\bigcap_{L\in\Sigma}L.$$

易知, $F(S)$ 是 E 的子域, 且 $F\cup S\subseteq F(S)$, 从而 $F(S)\in\Sigma$. 这说明, $F(S)$ 是 E 的包含 F 和 S 的最小子域. 称 $F(S)$ 为 E 的添加集合 S 于 F 的子域.

定理 5.2.1 设 E 是 F 的扩域, S_1 与 S_2 是 E 的两个非空子集, 则

$$F(S_1)(S_2)=F(S_1\cup S_2)=F(S_2)(S_1).$$

证明 因为 $F\cup S_1\cup S_2\subseteq F(S_1)(S_2)$, 而 $F(S_1\cup S_2)$ 为 E 的包含 F 及 $S_1\cup S_2$ 的最小子域, 所以

$$F(S_1\cup S_2)\subseteq F(S_1)(S_2).$$

又因为 $F\cup S_1\subseteq F(S_1\cup S_2)$, 所以 $F(S_1)\subseteq F(S_1\cup S_2)$. 又有 $S_2\subseteq F(S_1\cup S_2)$, 所以 $F(S_1)\cup S_2\subseteq F(S_1\cup S_2)$. 而 $F(S_1)(S_2)$ 为 E 的含 $F(S_1)$ 与 S_2 的最小子域, 所以

$$F(S_1)(S_2)\subseteq F(S_1\cup S_2).$$

从而

$$F(S_1)(S_2) = F(S_1 \cup S_2).$$

同理可证

$$F(S_2)(S_1) = F(S_1 \cup S_2).$$

这就证明了结论. □

这个结论说明, 通过添加所得的扩域与添加的次序无关. 下面来看两个简单的情况.

(1) $S = \{a\}$, 其中 $a \in E$. 记

$$F(\{a\}) = F(a).$$

称 $F(a)$ 为 F 的**单扩域或单扩张** (simple extension).

$F(a)$ 是由 E 中哪些元素组成的呢? 首先, 因为 $a \in F(a)$, 有 $a^k \in F(a)$ $(k \in \mathbf{N})$, 所以对任意的 $f(x) \in F[x]$, $f(a) \in F(a)$. 又对任意的 $g(x) \in F[x]$, 如果 $g(a) \neq 0$, 则 $\dfrac{1}{g(a)} \in F(a)$. 从而

$$\widetilde{F} = \left\{ \frac{f(a)}{g(a)} \;\middle|\; f(x), g(x) \in F[x], g(a) \neq 0 \right\} \subseteq F(a).$$

由域的定义直接验证可知, $\widetilde{F}$ 是一个域, 且 $F \subseteq \widetilde{F}$, $a \in \widetilde{F}$, 从而

$$\widetilde{F} = F(a),$$

即

$$F(a) = \left\{ \frac{f(a)}{g(a)} \;\middle|\; f(x), g(x) \in F[x], g(a) \neq 0 \right\}.$$

(2) $S = \{a_1, a_2, \cdots, a_s\}$, 其中 $a_i \in E$ $(i = 1, 2, \cdots, s)$. 记

$$F(S) = F(a_1, a_2, \cdots, a_s).$$

称 $F(a_1, a_2, \cdots, a_s)$ 为 F 的添加 E 的元素 $a_1, a_2, \cdots, a_s$ 所得的扩域. 由定理 5.2.1 知,

$$F(a_1, a_2, \cdots, a_s) = F(a_1)(a_2)\cdots(a_s).$$

这说明, 添加有限个元素于 F 所得到的扩域可通过逐次的单扩张而得到.

与 (1) 类似, 可得

$$F(a_1, a_2, \cdots, a_s)$$

$$= \left\{ \frac{f(a_1, a_2, \cdots, a_s)}{g(a_1, a_2, \cdots, a_s)} \;\middle|\; f, g \in F[x_1, x_2, \cdots, x_s], g(a_1, a_2, \cdots, a_s) \neq 0 \right\}.$$

注 如果记 $F[a] = \{f(a) \mid f(x) \in F[x]\}$,

$F[a_1, a_2, \cdots, a_s] = \{f(a_1, a_2, \cdots, a_s) \mid f(x_1, x_2, \cdots, x_s) \in F[x_1, x_2, \cdots, x_s]\}$, 则由前面的讨论可知, $F(a)$ 与 $F(a_1, a_2, \cdots, a_s)$ 分别是 $F[a]$ 与 $F[a_1, a_2, \cdots, a_s]$ 的商域.

例 1 设 $d \neq 0, 1$, 且是无平方因子的整数, 则

$$\mathbf{Q}[\sqrt{d}] = \{f(\sqrt{d}) \mid f(x) \in \mathbf{Q}[x]\} = \{a + b\sqrt{d} \mid a, b \in \mathbf{Q}\}$$

是域 (参见 3.2 节例 8), 从而

$$\mathbf{Q}(\sqrt{d}\,) = \mathbf{Q}[\sqrt{d}\,].$$

例 2 设 $F = \mathbf{Q}$, π 为圆周率. 考虑单扩域 $\mathbf{Q}(\pi)$,

$$\mathbf{Q}(\pi) = \left\{ \frac{f(\pi)}{g(\pi)} \;\middle|\; f(x), g(x) \in \mathbf{Q}[x], g(\pi) \neq 0 \right\}.$$

因为对任意的 $g(x) \in \mathbf{Q}[x]$, 如果 $g(x) \neq 0$, 则 $g(\pi) \neq 0$ (这涉及 π 的超越性, 参见文献 [1]), 所以

$$\mathbf{Q}(\pi) = \left\{ \frac{f(\pi)}{g(\pi)} \middle| f(x), g(x) \in \mathbf{Q}[x], g(x) \neq 0 \right\}.$$

事实上, $\mathbf{Q}(\pi)$ 就是 $\mathbf{Q}[\pi]$ 的商域.

例 3 因为

$$\mathbf{Q}(\sqrt{2}\,) = \mathbf{Q}[\sqrt{2}\,] = \{a + b\sqrt{2} \mid a, b \in \mathbf{Q}\},$$

所以

$$\begin{aligned}
\mathbf{Q}(\sqrt{2}, \sqrt{3}\,) &= \mathbf{Q}(\sqrt{2}\,)(\sqrt{3}\,) = \mathbf{Q}[\sqrt{2}\,](\sqrt{3}\,) \\
&= \left\{ \frac{f(\sqrt{3}\,)}{g(\sqrt{3}\,)} \;\middle|\; f(x), g(x) \in \mathbf{Q}[\sqrt{2}\,][x], g(\sqrt{3}\,) \neq 0 \right\} \\
&= \left\{ \frac{\alpha + \beta\sqrt{3}}{\gamma + \delta\sqrt{3}} \;\middle|\; \alpha, \beta, \gamma, \delta \in \mathbf{Q}[\sqrt{2}\,], \gamma + \delta\sqrt{3} \neq 0 \right\}.
\end{aligned}$$

而

$$\frac{\alpha + \beta\sqrt{3}}{\gamma + \delta\sqrt{3}} = \alpha' + \beta'\sqrt{3}, \quad \alpha', \beta' \in \mathbf{Q}[\sqrt{2}\,],$$

所以

$$\begin{aligned}\mathbf{Q}(\sqrt{2},\sqrt{3}\,) &= \{\alpha+\beta\sqrt{3}\,|\,\alpha,\beta\in\mathbf{Q}[\sqrt{2}\,]\}\\ &= \{a+b\sqrt{2}+c\sqrt{3}+d\sqrt{6}\,|\,a,b,c,d\in\mathbf{Q}\}\\ &= \mathbf{Q}[\sqrt{2},\sqrt{3}].\end{aligned}$$

注意例 1 与例 3 中的域, 会发现, 在某种情况下, $F[a]$ 或 $F[a_1,a_2,\cdots,a_s]$ 本身就构成域, 即有 $F(a)=F[a]$ 或 $F(a_1,a_2,\cdots,a_s)=F[a_1,a_2,\cdots,a_s]$. 对此, 将在 5.3 节作详细讨论.

下面, 从向量空间的角度来看扩域的构造.

设 E 为 F 的扩域, 由 5.1 节例 5 可知, 域 E 可看作其子域 F 上的向量空间. 这一想法使我们可以将向量空间中的某些概念、理论与方法移植到域的讨论上来.

定义 5.2.2 设 E 是 F 的扩域. 如果 E 作为 F 上的向量空间是有限维的, 则称 E 是 F 的**有限扩域**或**有限扩张** (finite extension), 否则称 E 为 F 的**无限扩域**或**无限扩张** (infinite extension). E 在 F 上的维数 $\dim_F E$ 称为 E 关于 F 的**扩张次数** (degree of extension), 记作 $[E:F]$, 即

$$[E:F]=\dim_F(E).$$

例 4 复数域 $\mathbf{C}$ 作为实数域 $\mathbf{R}$ 上的向量空间有基 $1,\mathrm{i}$, 所以 $[\mathbf{C}:\mathbf{R}]=2$. 而 $\mathbf{C}$ 是有理数域 $\mathbf{Q}$ 的无限扩张.

例 5 因为 $1,\pi,\pi^2,\cdots,\pi^n,\cdots$ 在 $\mathbf{Q}$ 上线性无关, 所以 $\mathbf{Q}(\pi)$ 在 $\mathbf{Q}$ 上的扩张次数是 $[\mathbf{Q}(\pi):\mathbf{Q}]=+\infty$.

例 6 设 $d\neq 0,1$, 且是无平方因子的整数, 证明: $[\mathbf{Q}(\sqrt{d}\,):\mathbf{Q}]=2$.

证明 因为

$$\mathbf{Q}(\sqrt{d}\,)=\mathbf{Q}[\sqrt{d}\,]=\{a+b\sqrt{d}\,|\,a,b\in\mathbf{Q}\},$$

所以 $1,\sqrt{d}$ 张成 $\mathbf{Q}(\sqrt{d}\,)$.

又如果 $a+b\sqrt{d}=0$, $a,b\in\mathbf{Q}$, 则 $a=b=0$, 所以 $1,\sqrt{d}$ 为 $\mathbf{Q}(\sqrt{d})$ 在 $\mathbf{Q}$ 上的基, 从而 $[\mathbf{Q}(\sqrt{d}):\mathbf{Q}]=2$. □

例 7 $\mathbf{Q}(x)$ 为 $\mathbf{Q}[x]$ 的分式域, 当然是 $\mathbf{Q}$ 的扩域. 对任意的 $n\in\mathbf{N}$, $a_i\in\mathbf{Q}$, $i=0,1,2,\cdots,n$, 当 a_i 不全为零时, 有

$$a_0+a_1x+a_2x^2+\cdots+a_nx^n\neq 0.$$

所以

$$1,x,x^2,\cdots,x^n,\cdots$$

在 $\mathbf{Q}$ 上线性无关. 从而 $[\mathbf{Q}(x):\mathbf{Q}]=+\infty$.

例 8 因为 $\mathbf{Z}_2[x]$ 是欧几里得整环, $f(x)=x^2+x+1$ 在 $\mathbf{Z}_2$ 上不可约, 所以 $I=\langle x^2+x+1\rangle$ 是 $\mathbf{Z}_2[x]$ 的极大理想, 从而 $F=\mathbf{Z}_2[x]/I$ 为域. 而 $2\cdot 1_F=0$, 所以 $\mathrm{Char}\,F=2$. 因此 F 可看作为 $\mathbf{Z}_2$ 的扩域. 记 $\theta=\overline{x}$, 则

$$F=\{0,1,\theta,1+\theta\}.$$

而 $1,\theta$ 在 $\mathbf{Z}_2$ 上线性无关 (见本节习题 9), 所以

$$[F:\mathbf{Z}_2]=2.$$

关于扩张次数, 有下面的定理, 这个定理有点类似于有限群的拉格朗日定理.

定理 5.2.2 设 K 是域 E 的有限扩域, E 是域 F 的有限扩域, 则 K 是域 F 的有限扩域, 且

$$[K:F]=[K:E]\cdot[E:F].$$

证明 设 $X=\{x_1,x_2,\cdots,x_n\}$ 是 K 在 E 上的基, $Y=\{y_1,y_2,\cdots,y_m\}$ 是 E 在 F 上的基, 则只要证明

$$YX=\{y_jx_i \mid 1\leqslant j\leqslant m, 1\leqslant i\leqslant n\}$$

是 K 在 F 上的基. 为此, 设 $a\in K$, 则存在 $b_1,b_2,\cdots,b_n\in E$, 使得

$$a=b_1x_1+b_2x_2+\cdots+b_nx_n.$$

又对每个 $i=1,2,\cdots,n$, 存在元素 $c_{i1},c_{i2},\cdots,c_{im}\in F$, 使得

$$b_i=c_{i1}y_1+c_{i2}y_2+\cdots+c_{im}y_m.$$

于是

$$a=\sum_{i=1}^{n}b_ix_i=\sum_{i=1}^{n}\left(\sum_{j=1}^{m}c_{ij}y_j\right)x_i=\sum_{i,j}c_{ij}(y_jx_i).$$

这就证明了 YX 在 F 上张成 K.

现在假设存在 $c_{ij}\in F$, $1\leqslant i\leqslant n$, $1\leqslant j\leqslant m$, 使得

$$0=\sum_{i,j}c_{ij}(y_jx_i)=\sum_{i}\sum_{j}(c_{ij}y_j)x_i,$$

那么因为每个 $c_{ij}y_j\in E$, 而 X 是 K 在 E 上的基, 所以

$$\sum_{j}c_{ij}y_j=0,\quad i=1,2,\cdots,n.$$

但每个 $c_{ij} \in F$, 且 Y 是 E 在 F 上的基, 因此每个 $c_{ij} = 0$. 这就证明了 YX 在 F 上线性无关, 于是 YX 是 K 在 F 上的基. □

进一步可得如下推论.

推论 1 设 $E_1 \subseteq E_2 \subseteq \cdots \subseteq E_s$ 是一个扩域链, 则

$$[E_s : E_1] = [E_s : E_{s-1}][E_{s-1} : E_{s-2}] \cdots [E_2 : E_1].$$

例 9 设 $K = \mathbf{Q}(\sqrt{2}, \sqrt{3})$, 试求 $[K : \mathbf{Q}]$.

解 由例 6, $[\mathbf{Q}(\sqrt{2}) : \mathbf{Q}] = 2$. 又由例 3 的证明知, $1, \sqrt{3}$ 在 $\mathbf{Q}(\sqrt{2})$ 上张成 $\mathbf{Q}(\sqrt{2}, \sqrt{3})$. 易知 $\sqrt{3} \notin \mathbf{Q}(\sqrt{2})$, 据此可推出 $1, \sqrt{3}$ 在 $\mathbf{Q}(\sqrt{2})$ 上线性无关, 所以 $[\mathbf{Q}(\sqrt{2}, \sqrt{3}) : \mathbf{Q}(\sqrt{2})] = 2$, 从而由定理 5.2.2 得

$$[K : \mathbf{Q}] = [\mathbf{Q}(\sqrt{2}, \sqrt{3}) : \mathbf{Q}(\sqrt{2})][\mathbf{Q}(\sqrt{2}) : \mathbf{Q}] = 2 \cdot 2 = 4.$$

最后, 从多项式根的角度来看扩域的构造.

柯西在 1847 年就观察到了 $\mathbf{R}[x]/\langle x^2 + 1\rangle$ 是一个包含了 $x^2 + 1$ 的根的域. 以下的结论正是这一事实的推广.

定理 5.2.3 (域论基本定理, Kronecker (1887)) *设 F 是域, $f(x)$ 是 $F[x]$ 中次数大于零的多项式, 那么存在 F 的扩域, 使得 $f(x)$ 在此扩域中有根.*

证明 因为 $F[x]$ 是唯一分解整环, 所以 $f(x)$ 至少有一个不可约因式, 设为 $p(x)$. 显然只要构造 F 的一个扩域 $\overline{E}$, 使 $p(x)$ 在 $\overline{E}$ 中有根即可. 先取 E 为 $F[x]/\langle p(x)\rangle$, 由定理 4.4.3 及定理 3.5.2 知 E 是一个域. 由于

$$\begin{aligned} \phi: \quad F &\longrightarrow E, \\ a &\longmapsto a + \langle p(x)\rangle \end{aligned}$$

是单射且保持两个运算, 故 E 中有一个同构于 F 的子域. 显然, $F \cap E = \varnothing$. 于是由环的扩张定理 (定理 3.4.5), 存在 F 的扩环 $\overline{E}$ 以及环同构

$$\tilde{\phi} : \overline{E} \cong E,$$

使得 $\tilde{\phi}|_F = \phi$. 由于 E 是域, 因此 $\overline{E}$ 也是域. 设 $\alpha \in \overline{E}$, 使得 $\tilde{\phi}(\alpha) = x + \langle p(x)\rangle$, 则因为

$$\tilde{\phi}(p(\alpha)) = p(x + \langle p(x)\rangle) = p(x) + \langle p(x)\rangle = 0 + \langle p(x)\rangle,$$

所以 $p(\alpha) = 0$. 故 α 为 $p(x)$ 在 $\overline{E}$ 中的根. □

注 由于 $\overline{E}$ 是 E 中用 $a(a\in F)$ 取代 $a+\langle p(x)\rangle$ 而得到的 F 的扩域, 即 $\overline{E}$ 是将 F 嵌入 E 而得到扩域, 所以不妨就将 $\overline{E}$ 就看成是 E, 而认为 E 包含 F. 以后, 凡是遇到类似的情况, 都将以此观点来看待 F 的扩域.

例 10 设 $f(x)=x^2+1\in \mathbf{Q}[x]$, 则在 $E=\mathbf{Q}[x]/\langle x^2+1\rangle$ 中, 有

$$\begin{aligned}f(x+\langle x^2+1\rangle)&=(x+\langle x^2+1\rangle)^2+1\\&=x^2+\langle x^2+1\rangle+1\\&=x^2+1+\langle x^2+1\rangle\\&=\langle x^2+1\rangle.\end{aligned}$$

当然, 多项式 x^2+1 以复数 i 作为其一个根, 但这里想强调的是仅用有理数就构造出了一个域, 这个域包含有理数集以及多项式 x^2+1 的根. 这里根本不需要任何复数的知识.

例 11 设 $f(x)=x^5+2x^2+2x+2\in \mathbf{Z}_3[x]$, 则 $f(x)$ 在 $\mathbf{Z}_3$ 上的不可约分解形式为 $(x^2+1)(x^3+2x+2)$. 因此, 为求包含 $f(x)$ 根的 $\mathbf{Z}_3$ 的扩域 E, 可取 $E=\mathbf{Z}_3[x]/\langle x^2+1\rangle$(这是一个有 9 个元素的域) 或者取 $E=\mathbf{Z}_3[x]/\langle x^3+2x+2\rangle$(这是一个有 27 个元素的域).

因为每个整环都包含在它的商域中 (见 4.2 节), 所以每个系数取自整环的非常数多项式在包含系数环的某个域中总有一个根, 但以下的例子说明这一结论对于一般的交换环不一定正确.

例 12 设 $f(x)=2x+1\in \mathbf{Z}_4[x]$, 那么 $f(x)$ 在包含 $\mathbf{Z}_4$ 作为子环的任何环中都没有根. 因为如果在 $\mathbf{Z}_4$ 的某个扩环中 $f(x)$ 有根 β, 那么 $0=2\beta+1$, 所以

$$0=2(2\beta+1)=2(2\beta)+2=(2\cdot 2)\beta+2=0\cdot\beta+2=2,$$

但是, 在 $\mathbf{Z}_4$ 中 $0\neq 2$.

习 题 5-2

1. 证明: $\mathbf{Q}(\pi)\neq \mathbf{Q}[\pi]$.
2. 证明: $\mathbf{Q}(\sqrt{2},\sqrt{3})=\mathbf{Q}(\sqrt{2}+\sqrt{3})$.
3. 设 $a,b\in \mathbf{R}$, $b\neq 0$. 证明: $\mathbf{R}(a+b\mathrm{i})=\mathbf{C}$.
4. 证明: $\mathbf{Q}(4-\mathrm{i})=\mathbf{Q}(1+\mathrm{i})$.
5. 证明或否定 $\mathbf{Q}(\sqrt{3})$ 与 $\mathbf{Q}(\sqrt{-3})$ 作为域是同构的.
6. 设 F 是个域, $a,b\in F$ 且 $a\neq 0$. 如果 c 属于 F 的某个扩域, 证明: $F(c)=F(ac+b)$(即 F "吸收" 它自己的元素).
7. 设 $F=\mathbf{Q}(\pi^4)$. 求 $F(\pi)$ 在 F 上的一个基.
8. 对于下列各题中的 E 和 F, 计算 $[E:F]$:

(1) $F=\mathbf{Q}$, $E=\mathbf{Q}(\sqrt{5})$;　(2) $F=\mathbf{R}$, $E=\mathbf{R}(\sqrt{5})$;

(3) $F=\mathbf{Q}$, $E=\mathbf{Q}(\mathrm{i},\sqrt{3})$;　(4) $F=\mathbf{R}$, $E=\mathbf{R}(\mathrm{i},\sqrt{3})$;

(5) $F=\mathbf{Q}$, $E=\mathbf{Q}(\sqrt[3]{2})$;　(6) $F=\mathbf{C}$, $E=\mathbf{C}(x)$, x 为 $\mathbf{C}$ 上的未定元.

9. 证明: 在例 8 中, $1,\theta$ 在 $\mathbf{Z}_2$ 上线性无关.

10. 设 E 为 F 的扩域. 证明:

(1) $E=F\Longleftrightarrow[E:F]=1$;

(2) 如果 $[E:F]$ 为素数, 则在 F 与 E 之间不再有中间域.

11. 设 $[E:\mathbf{Q}]=2$. 证明: 存在整数 d, 使 $E=\mathbf{Q}(\sqrt{d})$, 且 d 不能被任何素数的平方所整除.

12. 设 $a,b\in\mathbf{Q}^*$. 证明: $\mathbf{Q}(\sqrt{a})=\mathbf{Q}(\sqrt{b})$ 当且仅当存在 $c\in\mathbf{Q}^*$, 使得 $a=bc^2$.

13. 设 K 是 F 的扩域, E_1 和 E_2 包含于 K 中, 且都是 F 的扩域. 证明: 如果 $[E_1:F]$ 和 $[E_2:F]$ 都是素数, 则 $E_1=E_2$ 或 $E_1\cap E_2=F$.

14. 证明: 商环 $\mathbf{R}[x]/\langle x^2+1\rangle$ 与复数域 $\mathbf{C}$ 同构.

15. 证明: $\mathbf{Q}[x]/\langle x^2+1\rangle$ 和高斯数域 $\mathbf{Q}[\mathrm{i}]$ 同构.

16. 设 $F=\mathbf{Z}_2$, $f(x)=x^2+x+1\in F[x]$, 假设 a 是 $f(x)$ 在 F 的某扩域中的根. 问 $F(a)$ 中有多少个元素? 试用 a 来表示 $F(a)$ 中的每个元素, 并列出 $(F(a))^*$ 的完全乘法表.

17. 对 $f(x)=x^3+x^2+1$, 做习题 16.

参考文献及阅读材料

[1] 闵嗣鹤, 严士健. 初等数论. 北京: 高等教育出版社, 1957.

该书第八章中有 π 和 e 的超越性的讨论.

克罗内克　小传

克罗内克 (Leopold Kronecker), 德国数学家. 1823 年 12 月 7 日生于利格尼茨. 在学童时代, 他就学习了希腊语、拉丁语、希伯来语、哲学、游泳和体操. 在家乡上中学时受到代数学家库默尔的影响. 1841 年进入柏林大学学习. 1845 年在柏林大学获博士学位.

1845~1853 年克罗内克在家乡经营银行及农业, 之后重返学术界. 1855 年到柏林, 1861 年后在柏林大学任教. 1883 年接替库默尔为柏林大学教授, 直至 1891 年去世. 主要贡献在数论、代数、代数函数论以及积分和拓扑学等领域. 克罗内克将环论和域论应用于他的代数数论研究中, 建立了有限生成阿贝尔群的结构定理, 是最早精通伽罗瓦理论的数学家之一.

在克罗内克早期的研究中, 反对魏尔斯特拉斯的分析, 尤其激烈反对康托尔的集合论. 他否认无理数, 相信所有的数学都应基于与整数的关系之上. 他的名言是:"上帝创造了整数, 其他一切都是人为的 (Die ganzen Zahlen hat Gott gemacht, alles andere ist Menschenwerk)." 这使他成为直觉主义和构造主义的先驱者之一.

克罗内克于 1891 年 12 月 29 日卒于柏林.

5.3 代数扩张

5.2 节曾经指出, 在某种情况下, $F[a]$ 或 $F[a_1, a_2, \cdots, a_s]$ 本身就构成域, 即有 $F(a) = F[a]$ 或 $F(a_1, a_2, \cdots, a_s) = F[a_1, a_2, \cdots, a_s]$, 如域 $\mathbf{Q}(\sqrt{d}) = \mathbf{Q}[\sqrt{d}]$ 与域 $\mathbf{Q}(\sqrt{2}, \sqrt{3}) = \mathbf{Q}[\sqrt{2}, \sqrt{3}]$. 但域 $\mathbf{Q}(\pi)$ 却不具有这一特点, 那么, 究竟在何种条件下, $F[a]$ 或 $F[a_1, a_2, \cdots, a_s]$ 本身就构成域呢? 本节就是围绕这一问题及与之相关的问题而展开的.

先给出下面的定义.

定义 5.3.1 设 E 为域 F 的扩域, $a \in E$, 如果存在 F 上的非零多项式 $f(x)$, 使得 $f(a) = 0$, 则称 a 为 F 上的一个**代数元** (algebraic element). 如果 a 不是 F 上的代数元, 那么称 a 为 F 上的一个**超越元** (transcendental element).

如果 F 的扩域 E 中的每个元素都是 F 上的代数元, 则称 E 是 F 的**代数扩张** (algebraic extension). 如果 E 不是 F 的代数扩张, 则称 E 为 F 的**超越扩张** (transcendental extension).

有理数域上的代数元称为**代数数**, 不是代数数的数称为**超越数**.

最早使用超越数这一术语的是欧拉, 因为 "它们已超越了代数方法的威力". 埃尔米特 (C. Hermite) 证明了 e 是超越数 (1873 年), 林德曼 (F. Lindemann) 证明了 π 是超越数 (1882 年). 但直到今天, 仍不知道 $\pi + \mathrm{e}$ 是否为超越数.

下面的定理说明了为何要区分域上的代数元和超越元.

定理 5.3.1 设 E 是域 F 的扩域, $a \in E$.

(1) 如果 a 是 F 上的超越元, 则 $F(a)$ 同构于 $F[x]$ 的商域 $F(x)$;

(2) 如果 a 是 F 上的代数元, 则 $F(a)$ 同构于 $F[x]/\langle p(x) \rangle$, 其中 $p(x)$ 是 $F[x]$ 中任意一个以 a 为根的不可约多项式.

证明 考虑满同态

$$\begin{aligned} \phi: \quad F[x] &\longrightarrow F[a], \\ f(x) &\longmapsto f(a). \end{aligned}$$

(1) 如果 a 是 F 上的超越元, 则 $\operatorname{Ker} \phi = \{0\}$, 于是 ϕ 为单同态, 因此 ϕ 为同

构. 由定理 4.2.2, 可以将 ϕ 扩张成商域的同构

$$\begin{aligned}\overline{\phi}: \quad F(x) &\longrightarrow F(a),\\ f(x)/g(x) &\longmapsto f(a)/g(a).\end{aligned}$$

(2) 如果 a 是 F 上的代数元, 则 $\operatorname{Ker}\phi \neq \{0\}$. 由于 $F[x]$ 是主理想整环, 因此存在 $F[x]$ 中的多项式 $p(x)$, 使得 $\operatorname{Ker}\phi = \langle p(x)\rangle$. 从而由环同态基本定理, 有同构

$$\begin{aligned}\overline{\phi}: \quad F[x]/\operatorname{Ker}\phi &\longrightarrow F[a],\\ \overline{f(x)} &\longmapsto f(a),\end{aligned}$$

其中

$$\operatorname{Ker}\phi = \langle p(x)\rangle = \{f(x) \in F[x] \mid f(a) = 0\}.$$

由于 $p(x) \in \operatorname{Ker}\phi$, 因此 $p(a) = 0$, 而 $\operatorname{Ker}\phi = \langle p(x)\rangle$, 所以 $p(x)$ 是 $\operatorname{Ker}\phi$ 中所有非零多项式中次数最低的, 即 $p(x)$ 是 F 上以 a 为根的次数最低的非零多项式, 由此立即可知 $p(x)$ 在 F 上是不可约的. 从而由定理 4.4.3 知 $\langle p(x)\rangle$ 是 $F[x]$ 的极大理想, 再由定理 3.5.2 知 $F[x]/\langle p(x)\rangle$ 是域. 由此推出 $F[a]$ 也是域, 从而其商域 $F(a) = F[a]$(参见 4.2 节例 3). 于是上述同构可改写为

$$\begin{aligned}\overline{\phi}: \quad F[x]/\langle p(x)\rangle &\longrightarrow F(a),\\ \overline{f(x)} &\longmapsto f(a).\end{aligned}$$

由于 $F[x]$ 中任意两个以 a 为根的不可约多项式都是相伴的, 所以上述同构中的 $p(x)$ 可取为 $F[x]$ 中任意一个以 a 为根的不可约多项式. 这就证明了结论. □

由定理 4.3.2 知, 定理 5.3.1 中的不可约多项式 $p(x)$ 在相伴的意义下是由域 F 上的代数元 a 所唯一确定的. 因此, 如果进一步要求 $p(x)$ 的首相系数为 1, 则这样的不可约多项式 $p(x)$ 必是唯一的. 这个唯一的首一不可约多项式 $p(x)$ 称为元素 a 在域 F 上的**极小多项式** (minimal polynomial), 记作 $m_a(x)$, 并称 $m_a(x)$ 的次数为 a 在 F 上的**次数** (degree), 记作 $\deg(a)$. 由此可以知道, 域 F 上的每一个代数元都有唯一的极小多项式.

由定理 5.3.1 的证明及上面的讨论还可得到下述推论.

推论 1 设 a 是 F 上的代数元, $p(x)$ 是 F 上的一个首一多项式, 则下列条件等价:

(1) $p(x)$ 是 a 在域 F 上的极小多项式;

(2) $p(x)$ 在 F 上不可约, 且 $p(a) = 0$;

(3) $p(x)$ 是 F 上以 a 为根的次数最小的非零多项式;

(4) 如果 $f(x)$ 是域 F 上任意一个以 a 为根的多项式, 则 $p(x) \mid f(x)$.

这个推论的证明作为练习 (见本节习题 11).

例 1 $\sqrt{2}$ 在 $\mathbf{Q}$ 上的极小多项式为 x^2-2. 而 $\sqrt{2}$ 在 $\mathbf{R}$ 上的极小多项式为 $x-\sqrt{2}$.

例 2 由于 i 在 $\mathbf{Q}, \mathbf{R}$ 上的极小多项式都是 x^2+1, 因此有

$$\mathbf{Q}[\mathrm{i}] \cong \mathbf{Q}[x]/\langle x^2+1\rangle, \quad \mathbf{C}=\mathbf{R}[\mathrm{i}] \cong \mathbf{R}[x]/\langle x^2+1\rangle.$$

例 3 求 $\sqrt{2}+\sqrt{3}$ 在 $\mathbf{Q}$ 上的极小多项式.

解 1 令

$$\begin{aligned} f(x) &= (x-\sqrt{2}-\sqrt{3})(x-\sqrt{2}+\sqrt{3})(x+\sqrt{2}-\sqrt{3})(x+\sqrt{2}+\sqrt{3}) \\ &= x^4-10x^2+1 \in \mathbf{Q}[x], \end{aligned}$$

则 $f(\sqrt{2}+\sqrt{3})=0$. 因为 $f(x)$ 无有理根, 且 $f(x)$ 的分解式中任意两个之积都不是 $\mathbf{Q}$ 上的多项式, 所以 $f(x)$ 在 $\mathbf{Q}$ 上不可约. 从而 $\sqrt{2}+\sqrt{3}$ 在 $\mathbf{Q}$ 上的极小多项式为

$$f(x)=x^4-10x^2+1.$$

解 2 因为 $\sqrt{2}$ 为 x^2-2 的根, 所以 $\sqrt{2}+\sqrt{3}$ 为

$$\begin{aligned} f(x) &= [(x-\sqrt{3})^2-2][(x+\sqrt{3})^2-2] \\ &= x^4-10x^2+1 \end{aligned}$$

的根. $f(x)$ 的不可约性的证明同解 1, 所以 $\sqrt{2}+\sqrt{3}$ 在 $\mathbf{Q}$ 上的极小多项式为

$$f(x)=x^4-10x^2+1.$$

解 3 设 $a=\sqrt{2}+\sqrt{3}$, 则 $a-\sqrt{2}=\sqrt{3}$, 所以 $(a-\sqrt{2})^2=3$, 从而得

$$a^2-1=2a\sqrt{2}.$$

将上式两边平方并化简得

$$a^4-10a^2+1=0.$$

于是 $\sqrt{2}+\sqrt{3}$ 为多项式

$$f(x)=x^4-10x^2+1$$

的根. $f(x)$ 的不可约性的证明同解 1. 故 $\sqrt{2}+\sqrt{3}$ 在 $\mathbf{Q}$ 上的极小多项式为

$$f(x)=x^4-10x^2+1.$$

例 4 设 F 是 5.2 节例 8 中的域, $a=1+\theta$. 求 a 在 $\mathbf{Z}_2$ 上的极小多项式.

解 F 为 $\mathbf{Z}_2$ 上的二维向量空间, $1, \theta$ 为 F 在 $\mathbf{Z}_2$ 上的基, 将 a 看作 F 上的线性变换, 有

$$a(1,\theta)=(1,\theta)\begin{pmatrix}1 & 1\\ 1 & 0\end{pmatrix},$$

则 a 的特征多项式为

$$f(x)=\begin{vmatrix}x-1 & -1\\ -1 & x\end{vmatrix}=x^2+x+1,$$

所以 $f(a)=0$. 易知, $f(x)$ 在 $\mathbf{Z}_2$ 上不可约, 所以

$$m_a(x)=x^2+x+1.$$

定理 5.3.2 设 a 是 F 上的代数元, $p(x)$ 是 a 在 F 上的极小多项式, $\deg(p(x))=n$, 则

(1) $F(a)=F[a]$;

(2) $F(a)$ 是 F 的有限扩张, 且 $[F(a):F]=n$;

(3) $F(a)$ 中的每一个元素都能唯一地表为

$$c_0+c_1a+c_2a^2+\cdots+c_{n-1}a^{n-1} \tag{5.3.1}$$

的形式, 其中 $c_0,c_1,\cdots,c_{n-1}\in F$.

证明 (1) 见定理 5.3.1 的证明. 下面证明 (2), (3).

设 $b\in F(a)$, 由 (1), 存在多项式 $f(x)\in F[x]$, 使 $b=f(a)$. 由带余除法定理知, 存在多项式 $q(x),r(x)\in F[x]$, 使

$$f(x)=q(x)p(x)+r(x),$$

其中 $r(x)=0$ 或 $\deg(r(x))<n$. 令

$$r(x)=c_0+c_1x+c_2x^2+\cdots+c_{n-1}x^{n-1},$$

则

$$b=f(a)=q(a)p(a)+r(a)=r(a)=c_0+c_1a+c_2a^2+\cdots+c_{n-1}a^{n-1}.$$

这说明, 作为 F 上的向量空间, $F(a)$ 可由 $1,a,a^2,\cdots,a^{n-1}$ 张成. 又如果存在 F 中的元素 $c_0,c_1,\cdots,c_{n-1}$, 使

$$c_0+c_1a+c_2a^2+\cdots+c_{n-1}a^{n-1}=0,$$

则存在多项式 $h(x)=c_0+c_1x+c_2x^2+\cdots+c_{n-1}x^{n-1}$, 使 $h(a)=0$, 于是 $p(x)\mid h(x)$, 从而 $h(x)=0$, 即 $c_0,c_1,\cdots,c_{n-1}$ 全为零, 因此 $1,a,a^2,\cdots,a^{n-1}$ 在 F 上线性无关. 这就证明了 $1,a,a^2,\cdots,a^{n-1}$ 构成了 $F(a)$ 在 F 上的一个基. 由此得 $[F(a):F]=n$ 且 F 中的每一个元素都能唯一地表为 (5.3.1) 式的形式. □

例 5 考虑 $\mathbf{Q}$ 上的不可约多项式 $f(x)=x^3-2$. 因为 $\sqrt[3]{2}$ 是 $f(x)$ 的一个根, 由定理 5.3.2, $1, \sqrt[3]{2}, \sqrt[3]{4}$ 是 $\mathbf{Q}$ 上向量空间 $\mathbf{Q}(\sqrt[3]{2})$ 的基. 于是

$$\mathbf{Q}(\sqrt[3]{2})=\mathbf{Q}[\sqrt[3]{2}]=\{a_0+a_1\sqrt[3]{2}+a_2\sqrt[3]{4}\mid a_0,a_1,a_2\in\mathbf{Q}\},$$

且由定理 5.3.1 知该域同构于 $\mathbf{Q}[x]/\langle x^3-2\rangle$.

例 6 将 $\dfrac{1}{1+2\sqrt[3]{2}+3\sqrt[3]{4}}$ 表为 $1, \sqrt[3]{2}, \sqrt[3]{4}$ 的 $\mathbf{Q}$ 线性组合.

解 1 设 $a=\sqrt[3]{2}$, $f(x)=x^3-2$, $g(x)=1+2x+3x^2$, 则由于 $f(x)$ 是 $\mathbf{Q}$ 上的不可约多项式, 因此 $(f(x),g(x))=1$. 从而由定理 4.4.4 知, 存在多项式 $u(x)$, $v(x)\in\mathbf{Q}[x]$, 使得

$$f(x)u(x)+g(x)v(x)=1. \tag{5.3.2}$$

由于 $f(a)=f(\sqrt[3]{2})=0$, 所以

$$g(a)v(a)=f(a)u(a)+g(a)v(a)=1.$$

于是, $v(a)$ 是 $g(a)$ 的逆.

由辗转相除法可得

$$u(x)=-\frac{1}{89}(50+3x),\quad v(x)=\frac{1}{89}(-11+16x+x^2).$$

于是,

$$\frac{1}{1+2\sqrt[3]{2}+3\sqrt[3]{4}}=\frac{1}{89}(-11+16\sqrt[3]{2}+\sqrt[3]{4}). \tag{5.3.3}$$

解 2 用待定系数法. 设 $\dfrac{1}{1+2a+3a^2}=x+ya+za^2$, 其中 $x,y,z\in\mathbf{Q}$, 则

$$(1+2a+3a^2)(x+ya+za^2)=1. \tag{5.3.4}$$

展开 (5.3.4) 式并将等式 $a^3=2$ 代入. 注意到 1, a, a^2 在 $\mathbf{Q}$ 上线性无关, 有

$$\begin{cases}x+6y+4z=1,\\ 2x+y+6z=0,\\ 3x+2y+z=0.\end{cases}$$

解上述线性方程组得

$$x=-\frac{11}{89},\quad y=\frac{16}{89},\quad z=\frac{1}{89}.$$

从而得 (5.3.3) 式.

解 3 设 $\alpha=1+2\sqrt[3]{2}+3\sqrt[3]{4}$, 则

$$\begin{cases}\alpha\cdot 1=1+2\sqrt[3]{2}+3\sqrt[3]{4},\\ \alpha\cdot\sqrt[3]{2}=6+\sqrt[3]{2}+2\sqrt[3]{4},\\ \alpha\cdot\sqrt[3]{4}=4+6\sqrt[3]{2}+\sqrt[3]{4}.\end{cases}\tag{5.3.5}$$

在上式右边消去 $\sqrt[3]{4}$ 得

$$\begin{cases}\alpha\cdot(1-3\sqrt[3]{4})=-11-16\sqrt[3]{2},\\ \alpha\cdot(\sqrt[3]{2}-2\sqrt[3]{4})=-2\quad-11\sqrt[3]{2}.\end{cases}$$

再在右边消去 $\sqrt[3]{2}$ 得

$$\alpha(11-16\sqrt[3]{2}-\sqrt[3]{4})=-89.$$

由此得 (5.3.3) 式.

解 4 由 (5.3.5) 式知, $\frac{1}{\alpha}$, $\frac{\sqrt[3]{2}}{\alpha}$, $\frac{\sqrt[3]{4}}{\alpha}$ 是线性方程组

$$\begin{cases}x+2y+3z=1,\\ 6x+y+2z=\sqrt[3]{2},\\ 4x+6y+z=\sqrt[3]{4}\end{cases}$$

的解, 从而由线性代数中的克拉默法则知

$$\frac{1}{\alpha}=x=\frac{\begin{vmatrix}1&2&3\\ \sqrt[3]{2}&1&2\\ \sqrt[3]{4}&6&1\end{vmatrix}}{\begin{vmatrix}1&2&3\\ 6&1&2\\ 4&6&1\end{vmatrix}}=\frac{-11+16\sqrt[3]{2}+\sqrt[3]{4}}{89}.$$

将 $\frac{1}{1+2\sqrt[3]{2}+3\sqrt[3]{4}}$ 表为 1, $\sqrt[3]{2}$, $\sqrt[3]{4}$ 的 $\mathbf{Q}$ 线性组合, 实际上就是将 $\frac{1}{1+2\sqrt[3]{2}+3\sqrt[3]{4}}$

分母有理化. 上面介绍了四种不同的方法, 相比较而言, 后两种解法计算量较少. 建议读者自己去发现更多的解法.

例 7 设 a 为 x^3-x+1 的根. 在 $\mathbf{Q}[a]$ 中, 将 $\dfrac{1}{a^2-6a+8}$ 表为 $1, a, a^2$ 的 $\mathbf{Q}$ 线性组合.

解 1 由于 ±1 不是 $f(x)=x^3-x+1$ 的根, 所以 $f(x)$ 在 $\mathbf{Q}$ 上不可约. 如例 6, 设 $g(x)=x^2-6x+8$, 则 $f(x)$ 与 $g(x)$ 互素. 经计算, 若取

$$u(x)=\frac{1}{427}(115-27x),\quad v(x)=\frac{1}{427}(39+47x+27x^2),$$

则有

$$f(x)u(x)+g(x)v(x)=1.$$

于是, 如例 6, 有

$$\frac{1}{a^2-6a+8}=\frac{1}{427}(39+47a+27a^2).$$

解 2 由 $a^3-a+1=0$, 得 $a^3=a-1$. 设 $\alpha=a^2-6a+8$, 则

$$\begin{cases}\alpha\cdot 1=8-6a+a^2,\\ \alpha\cdot a=8a-6a^2+a^3=-1+9a-6a^2,\\ \alpha\cdot a^2=-a+9a^2-6a^3=6-7a+9a^2.\end{cases}$$

类似于例 6 的解 4, 得

$$\frac{1}{a^2-6a+8}=\frac{\begin{vmatrix}1&-6&1\\a&9&-6\\a^2&-7&9\end{vmatrix}}{\begin{vmatrix}8&-6&1\\-1&9&-6\\6&-7&9\end{vmatrix}}=\frac{39+47a+27a^2}{8\cdot39+47\cdot(-1)+27\cdot6}=\frac{1}{427}(39+47a+27a^2).$$

由定理 5.3.2, 可进一步推出下述推论.

推论 2 设 $a_1,a_2,\cdots,a_s$ 都是 F 上的代数元, 则

(1) $F(a_1,a_2,\cdots,a_s)=F[a_1,a_2,\cdots,a_s]$;

(2) $F(a_1,a_2,\cdots,a_s)$ 是 F 的有限扩张, 且

$$[F(a_1,a_2,\cdots,a_s):F]\leqslant[F(a_1):F][F(a_2):F]\cdots[F(a_s):F].$$

这个推论的证明作为练习 (见本节习题 12).

下面的几个例子告诉我们如何来应用定理 5.2.2, 定理 5.3.2 及推论 2.

例 8 证明: $\mathbf{Q}(\sqrt{2},\sqrt{3})=\mathbf{Q}(\sqrt{2}+\sqrt{3})$.

证明 首先, 由 5.2 节例 9, $[\mathbf{Q}(\sqrt{2},\sqrt{3}):\mathbf{Q}]=4$, 又由例 3 及定理 5.3.2 知, $[\mathbf{Q}(\sqrt{2}+\sqrt{3}):\mathbf{Q}]=4$. 又显然有 $\mathbf{Q}(\sqrt{2}+\sqrt{3})\subseteq\mathbf{Q}(\sqrt{2},\sqrt{3})$, 从而

$$\begin{aligned}[\mathbf{Q}(\sqrt{2},\sqrt{3}):\mathbf{Q}]&=[\mathbf{Q}(\sqrt{2},\sqrt{3}):\mathbf{Q}(\sqrt{2}+\sqrt{3})][\mathbf{Q}(\sqrt{2}+\sqrt{3}):\mathbf{Q}]\\&=[\mathbf{Q}(\sqrt{2},\sqrt{3}):\mathbf{Q}(\sqrt{2}+\sqrt{3})]\cdot 4=4,\end{aligned}$$

所以

$$[\mathbf{Q}(\sqrt{2},\sqrt{3}):\mathbf{Q}(\sqrt{2}+\sqrt{3})]=1.$$

由此得 $\mathbf{Q}(\sqrt{2},\sqrt{3})=\mathbf{Q}(\sqrt{2}+\sqrt{3})$. □

例 9 试求扩张次数 $[\mathbf{Q}(\sqrt[3]{2},\sqrt[4]{5}):\mathbf{Q}]$.

解 因为 $\sqrt[3]{2}$ 和 $\sqrt[4]{5}$ 在 $\mathbf{Q}$ 上的极小多项式分别是 x^3-2 和 x^4-5, 所以 $[\mathbf{Q}(\sqrt[3]{2}):\mathbf{Q}]=3$, $[\mathbf{Q}(\sqrt[4]{5}):\mathbf{Q}]=4$. 又由等式

$$[\mathbf{Q}(\sqrt[3]{2},\sqrt[4]{5}):\mathbf{Q}]=[\mathbf{Q}(\sqrt[3]{2},\sqrt[4]{5}):\mathbf{Q}(\sqrt[3]{2})][\mathbf{Q}(\sqrt[3]{2}):\mathbf{Q}]$$

和

$$[\mathbf{Q}(\sqrt[3]{2},\sqrt[4]{5}):\mathbf{Q}]=[\mathbf{Q}(\sqrt[3]{2},\sqrt[4]{5}):\mathbf{Q}(\sqrt[4]{5})][\mathbf{Q}(\sqrt[4]{5}):\mathbf{Q}]$$

知 3 和 4 都能整除 $[\mathbf{Q}(\sqrt[3]{2},\sqrt[4]{5}):\mathbf{Q}]$. 于是,

$$[\mathbf{Q}(\sqrt[3]{2},\sqrt[4]{5}):\mathbf{Q}]\geqslant 12.$$

另一方面, 由推论 2,

$$[\mathbf{Q}(\sqrt[3]{2},\sqrt[4]{5}):\mathbf{Q}]\leqslant[\mathbf{Q}(\sqrt[3]{2}):\mathbf{Q}][\mathbf{Q}(\sqrt[4]{5}):\mathbf{Q}]=3\times 4=12.$$

从而

$$[\mathbf{Q}(\sqrt[3]{2},\sqrt[4]{5}):\mathbf{Q}]=12.$$

定理 5.2.2, 定理 5.3.2 及推论 2 有时还可用来证明一个域中不包含某一个特定的元素.

例 10 设 $f(x)=2x^4-5x^2+15x-10\in\mathbf{Q}[x]$, 则由艾森斯坦判别法知 $f(x)$ 在 $\mathbf{Q}$ 上不可约. 设 β 是 $f(x)$ 在 $\mathbf{Q}$ 的某个扩域中的根. 尽管不知道 β 究竟是什么, 但是仍可证明 $\sqrt[3]{2}$ 不是 $\mathbf{Q}(\beta)$ 中的元素. 证明如下:

假设 $\sqrt[3]{2}\in\mathbf{Q}(\beta)$, 则 $\mathbf{Q}\subseteq\mathbf{Q}(\sqrt[3]{2})\subseteq\mathbf{Q}(\beta)$, 所以

$$4=[\mathbf{Q}(\beta):\mathbf{Q}]=[\mathbf{Q}(\beta):\mathbf{Q}(\sqrt[3]{2})][\mathbf{Q}(\sqrt[3]{2}):\mathbf{Q}],$$

于是 3 整除 4, 矛盾! 因此, $\sqrt[3]{2} \notin \mathbf{Q}(\beta)$. 但注意, 利用这一方法并不能证明 $\sqrt{2}$ 不包括在 $\mathbf{Q}(\beta)$ 之中.

定理 5.3.3　如果 E 是 F 的有限扩域, 那么 E 是 F 的代数扩张.

证明　假设 $[E:F]=n$, $a\in E$, 那么 $1, a, \cdots, a^n$ 在 F 上线性相关, 即存在 F 中不全为零的元素 $c_0, c_1, \cdots, c_n$, 使得

$$c_n a^n + c_{n-1}a^{n-1} + \cdots + c_1 a + c_0 = 0.$$

于是, a 是非零多项式

$$f(x) = c_n x^n + c_{n-1}x^{n-1} + \cdots + c_1 x + c_0$$

的根, 因而是 F 上的代数元. 由 a 的任意性知 E 为 F 的代数扩域. □

定理 5.3.3 的逆命题不成立, 因为不然的话, F 上的每个代数扩张 E 中的元素的次数就将是有界的. 但是 $\mathbf{Q}(\sqrt{2}, \sqrt[3]{2}, \sqrt[4]{2}, \cdots)$ 是 $\mathbf{Q}$ 上的代数扩张, 可它包含了 $\mathbf{Q}$ 上每个次数的元素 (见本节习题 14).

将定理 5.3.3 与定理 5.3.2 及推论 2 结合起来, 立即可得下述推论.

推论 3　设 $a, a_1, a_2, \cdots, a_s$ 都是 F 上的代数元, 则 $F(a)$ 与 $F(a_1, a_2, \cdots, a_s)$ 都是 F 上的代数扩张.

特别地, 对 F 上的任意两个代数元 a 和 b, $F(a,b)$ 是 F 的代数扩张, 而 $a+b, a-b, ab, \dfrac{a}{b}(b\neq 0)$ 都是 $F(a,b)$ 中的元素, 因此都是 F 上的代数元, 由此得如下推论.

推论 4　设 a, b 是 F 上的代数元. 那么 $a+b$, $a-b$, $a\cdot b$ 以及 $\dfrac{a}{b}$ $(b\neq 0)$ 都是 F 上的代数元.

定理 5.3.4　设 K 是 E 的代数扩张, E 是 F 的代数扩张, 则 K 是 F 的代数扩张.

证明　设 $a\in K$, 则存在 E 上的非零多项式

$$f(x) = a_n x^n + a_{n-1}x^{n-1} + \cdots + a_1 x + a_0$$

使 $f(a)=0$. 因为 E 是 F 的代数扩域, 所以 $a_0, a_1, \cdots, a_n$ 都是 F 上的代数元, 由推论 2, F 的扩域

$$L = F(a_0, a_1, \cdots, a_n)$$

是 F 的有限扩张.

又显然有 $f(x)\in L[x]$, 所以 a 是 L 上的代数元, 从而 $L(a)$ 是 L 的有限扩张. 而 L 又是 F 的有限扩张, 于是由定理 5.2.2 知, $L(a)$ 是 F 的有限扩张, 从而是 F 的代数扩张. 因此, a 是 F 上的一个代数元. 由 a 的任意性知定理得证. □

设 E 是 F 的扩域, E 中由所有 F 上的代数元组成的子域称为 F 在 E 中的代数闭包. 一个域如果没有真的代数扩张, 则称之为**代数闭域**. 施泰尼茨 (Ernst Steinitz) 在 1910 年证明了每个域 (在同构的意义下) 有唯一的代数扩张, 使得该扩张是代数闭域 [1]. 1799 年, 22 岁的高斯证明了 $\mathbf{C}$ 是代数闭域. 这一结论在当时被认为是如此重要, 以致被称为"代数基本定理". 此后高斯又给出了该定理的另外三个证明. 今天, 有关该定理的证明已超过 100 个.

习 题 5-3

1. 指出下列各数哪些是代数数, 哪些是超越数, 并说明理由:

$$\sqrt{13},\quad \sqrt[3]{7},\quad \mathrm{e}^2,\quad \pi+5,\quad 2\mathrm{i}+3\sqrt{5},\quad \mathrm{e}^{\pi\mathrm{i}/100}.$$

2. 证明: a 是域 F 上的代数元当且仅当 a^2 是 F 上的代数元.

3. 分别求下列元素在 $\mathbf{Q}$ 上的极小多项式:

(1) $\sqrt{-3}+\sqrt{2}$; (2) $\sqrt[4]{3}+\sqrt{3}$; (3) $\sqrt[3]{2}-\sqrt[3]{4}$; (4) $\sqrt[3]{2}+\mathrm{i}$.

4. 设 a 是 x^3-2x+2 的根, 求 a^2-1 在 $\mathbf{Q}$ 上的极小多项式.

5. 设 a 在 $\mathbf{Q}$ 上的极小多项式为 x^4+2x^2+2, 求 $\dfrac{a+1}{a}$ 在 $\mathbf{Q}$ 上的极小多项式.

6. 求首一多项式 $p(x)\in\mathbf{Q}[x]$, 使得 $\mathbf{Q}(\sqrt{1+\sqrt{5}})$ 同构于 $\mathbf{Q}[x]/\langle p(x)\rangle$.

7. 设 x^n-a 在 F 上不可约, a 是 x^n-a 的根, $m|n$. 证明: a^m 在 F 上的次数为 $\dfrac{n}{m}$, 并求 a^m 在 F 上的极小多项式.

8. 在 $\mathbf{Q}(\sqrt[3]{2})$ 中, 试将 $\dfrac{1}{1-\sqrt[3]{2}-\sqrt[3]{4}}$, $\dfrac{1}{2-\sqrt[3]{2}+3\sqrt[3]{4}}$ 表为 1, $\sqrt[3]{2}$, $\sqrt[3]{4}$ 的线性组合.

9. 设 a 是 $x^3+x+1\in\mathbf{Q}[x]$ 的一个根. 在 $\mathbf{Q}(a)$ 中, 将 a^4, a^{-2}, $3a^5-a^4+1$, $\dfrac{1}{a-1}$, $\dfrac{1}{a^2+1}$, $\dfrac{1}{a^2+2a+3}$ 表为 $1,a,a^2$ 的线性组合.

10. 设 $x^3+x+1\in\mathbf{Z}_2[x]$, a 是 x^3+x+1 的一个根. 在 $\mathbf{Z}_2(a)$ 中, 将 a^5, a^{-2}, a^{100}, $\dfrac{1}{a+1}$, $\dfrac{1}{a^2+a+1}$ 表为 $c_0+c_1a+c_2a^2$ 的形式 $(c_0,c_1,c_2\in\mathbf{Z}_2)$.

11. 证明推论 1.

12. 证明推论 2.

13. 求 $\mathbf{Q}(\sqrt{3},\sqrt[3]{3},\sqrt[4]{3})$ 在 $\mathbf{Q}$ 上的次数和基.

14. 证明: $\mathbf{Q}(\sqrt{2},\sqrt[3]{2},\sqrt[4]{2},\cdots)$ 是 $\mathbf{Q}$ 上的代数扩张, 但不是有限扩张.

15. 设 β 是 $f(x)=x^5+2x+4$ 根. 证明: $\sqrt{2}$, $\sqrt[3]{2}$, $\sqrt[4]{2}$ 均不属于 $\mathbf{Q}(\beta)$.

16. 证明: $\mathbf{Q}(\sqrt{2},\sqrt[3]{3})\neq\mathbf{Q}(\sqrt[6]{6})$.

17. 设 F 是域. 证明: 如果 $F[x]$ 中每个不可约多项式都是一次的, 则 F 是代数闭域.

18. 设 E 为 F 的有限扩域, $a\in E$. 证明: 如果 a 是 F 上的 n 次代数元, 则 $n|[E:F]$.

19. 设 $a\in E$ 为 F 上的 n 次代数元. 证明: 如果 n 为奇数, 则 $F(a)=F(a^2)$.

20. 设 a, b 分别是 F 上的 m,n 次代数元. 证明: 如果 $(m,n)=1$, 则 $[F(a,b):F]=mn$.

21. 试找一个域 F 以及其扩域中的元素 a, b, 使得 $F(a,b) \neq F(a)$, $F(a,b) \neq F(b)$, 且 $[F(a,b):F] < [F(a):F][F(b):F]$.

22. 设 $f(x)$ 与 $g(x)$ 是域 F 上的两个不可约多项式, a, b 分别是 $f(x)$ 与 $g(x)$ 在 F 的某个扩域 E 中的根. 证明: $f(x)$ 在 $F(b)$ 上可约当且仅当 $g(x)$ 在 $F(a)$ 上可约.

参考文献及阅读材料

[1] Walker E A. Introduction to Abstract Algebra. New York: Random House, 1987.

[2] Roth R L. On extensions of **Q** by square roots. American Methematical Monthly, 1971, 78: 392~393.

文中证明了如果 $p_1, p_2, \cdots, p_n$ 是不同的素数, 则

$$[\mathbf{Q}(\sqrt{p_1}, \sqrt{p_2}, \cdots, \sqrt{p_n}) : \mathbf{Q}] = 2^n.$$

[3] Yale P B. Automorphisms of the complex numbers. Mathematics Magazine, 1966, 39: 135~141.

该获奖科普性论文主要讲述了有关复数域的自同构的各种各样结果.

施泰尼茨 小传

施泰尼茨 (Ernst Steinitz), 德国数学家. 1871 年 6 月 13 日生于德国西里西亚 (今属波兰). 1890 年进入布雷劳斯大学学习. 1891 年来到柏林学习数学. 1894 年获得博士学位. 1910~1920 年任教于布雷劳斯工业学院, 以后在基尔大学任教 (1920~1928). 他对抽象域进行了研究, 著有《域的代数理论》(1910). 在文中, 他引入了域论中的许多重要概念, 如素域、可分元、扩域的超越次数等. 他证明了每个域都有一个代数闭域作为其扩域这一重要定理. 此外, 利用整数对通过等价类构造有理数的标准做法 (见 4.2 节) 也是在该文中给出的. 施泰尼茨还研究了伽罗瓦方程理论在域中的有效性问题.

施泰尼茨于 1928 年 9 月 29 日卒于德国基尔.

5.4 多项式的分裂域

我们知道, 复数域上任一非常数多项式都可以分解为一次因式的乘积, 而在 $\mathbf{Q}$ 上, 却不能将 x^2+1 分解为一次因式的乘积, 但仍可以找到 $\mathbf{Q}$ 的一个代数扩域 E, 如 $E = \mathbf{Q}[\mathrm{i}]$, 使 x^2+1 在其上分解为一次因式的乘积. 再看 5.2 节例 10 中的

域. 为书写方便, 在 $\mathbf{Q}[x]/\langle x^2+1\rangle$ 中, 记 $\alpha = x+\langle x^2+1\rangle$, 则因为 α 和 $-\alpha$ 都是 x^2+1 的根, 所以应该有 $x^2+1=(x-\alpha)(x+\alpha)$. 下面验证一下. 首先

$$(x-\alpha)(x+\alpha)=x^2-\alpha^2=x^2-(x^2+\langle x^2+1\rangle).$$

同时,

$$x^2+\langle x^2+1\rangle=-1+\langle x^2+1\rangle,$$

但已经将 -1 与 $-1+\langle x^2+1\rangle$ 等同, 所以

$$(x-\alpha)(x+\alpha)=x^2-(-1)=x^2+1.$$

这就说明 x^2+1 在 $\mathbf{Q}$ 的另一个扩域 (不是前面所提到的 $\mathbf{Q}[\mathrm{i}]$) 中也能写成一次因式的乘积, 但这对 5.2 节例 11 中给出的多项式来讲问题就难多了. 那么, 是否也存在 $\mathbf{Z}_3$ 的某个扩域, 使该多项式也能写成一次因式的乘积? 更一般地, 对于给定的域 F 上的任意一个非常数多项式 $f(x)$, 能否找到 F 的一个扩域 E, 使 $f(x)$ 在 E 上可以分解为一次因式的乘积呢? 答案是肯定的. 为证明这一结论, 先给出下面的定义.

定义 5.4.1 设 E 是 F 的扩域. $f(x)$ 为 F 上的一个非常数多项式. 如果 $f(x)$ 能分解成 $E[x]$ 中一次因式的乘积, 则称 $f(x)$ 在 E 上是**分裂**的. 如果 $f(x)$ 在 E 上是分裂的, 但 $f(x)$ 在 E 的任一包含 F 的真子域上都不分裂, 则称 E 为多项式 $f(x)$ 在 F 上的**分裂域** (splitting field).

例 1 仍考虑前面提到的多项式 $f(x)=x^2+1\in\mathbf{Q}[x]$. 因为 $x^2+1=(x+\mathrm{i})(x-\mathrm{i})$, 所以 $f(x)$ 在 $\mathbf{C}$ 中是分裂的, 但它在 $\mathbf{Q}$ 上的分裂域却是 $\mathbf{Q}(\mathrm{i})=\mathbf{Q}[\mathrm{i}]$, 而 x^2+1 在 $\mathbf{R}$ 上的分裂域是 $\mathbf{C}$. 又如 $x^2-3\in\mathbf{Q}[x]$ 在 $\mathbf{R}$ 上是分裂的, 但它在 $\mathbf{Q}$ 上的分裂域却是 $\mathbf{Q}(\sqrt{3})=\mathbf{Q}[\sqrt{3}]$.

这个例子说明, 多项式在域上的分裂域不仅依赖于该多项式, 还依赖于域. 这一点与不可约多项式有相似之处. 就像说 "$f(x)$ 是不可约的" 没有意义一样, 说 "E 是 $f(x)$ 的分裂域" 也同样是没有意义的. 在上述两种情况中都必须指明基域, 即必须说 "$f(x)$ 在 F 上不可约" 和 "E 是 $f(x)$ 在 F 上的分裂域".

注意到, 如果 $f(x)\in F[x]$, 且 $f(x)$ 在 F 的某个扩域 E 上有如下分解:

$$f(x)=b(x-a_1)(x-a_2)\cdots(x-a_n),\quad b\neq 0,$$

而 $f(x)$ 在 F 上的分裂域是使 $f(x)$ 分裂的 F 的最小扩域, 所以 $F(a_1,a_2,\cdots,a_n)$ 就是 $f(x)$ 在 F 上的分裂域, 这就证明了下述定理.

定理 5.4.1 设 $f(x)\in F[x]$, E 是 F 的扩域, 且在 E 上有

$$f(x)=b(x-a_1)(x-a_2)\cdots(x-a_n),\quad b\neq 0,$$

则 E 为 $f(x)$ 在 F 上的分裂域的充分必要条件是

$$E=F(a_1,a_2,\cdots,a_n).$$

例 2 试求多项式 x^3-2 在 $\mathbf{Q}$ 上的分裂域 E, 并求 $[E:\mathbf{Q}]$.

解 令 $\omega=-\dfrac{1}{2}+\dfrac{\sqrt{3}}{2}\mathrm{i}$, 则在 $\mathbf{Q}(\sqrt[3]{2},\omega)$ 上有

$$x^3-2=(x-\sqrt[3]{2})(x-\sqrt[3]{2}\omega)(x-\sqrt[3]{2}\omega^2),$$

所以 x^3-2 在 $\mathbf{Q}(\sqrt[3]{2},\omega)$ 上分裂. 而

$$\mathbf{Q}(\sqrt[3]{2},\sqrt[3]{2}\omega,\sqrt[3]{2}\omega^2)=\mathbf{Q}(\sqrt[3]{2},\omega),$$

所以

$$E=\mathbf{Q}(\sqrt[3]{2},\omega)$$

就是 $x^3-2=0$ 在 $\mathbf{Q}$ 上的分裂域, 并且

$$[E:\mathbf{Q}]=[\mathbf{Q}(\sqrt[3]{2},\omega):\mathbf{Q}(\omega)][\mathbf{Q}(\omega):\mathbf{Q}]=3\cdot 2=6.$$

下面给出分裂域的存在定理.

定理 5.4.2 设 $f(x)$ 为域 F 上的一个非常数多项式, 则存在 F 的扩域 E, 使 E 为 $f(x)$ 在 F 上的分裂域.

证明 对 $n=\deg(f(x))$ 应用数学归纳法.

如果 $n=1$, 那么 $f(x)$ 已经是一次的, 所以 F 本身就是 $f(x)$ 在其上的分裂域. 假设对所有的域及所有次数小于 n 的多项式结论都成立, 则由定理 5.2.3, 存在 F 的扩域 E', 使 $f(x)$ 在 E' 中至少有一个根, 设为 a_1, 则在 $E'[x]$ 中有 $f(x)=(x-a_1)g(x)$, $g(x)\in E'[x]$. 因为 $\deg g(x)<\deg f(x)$, 由归纳假设知, 存在多项式 $g(x)$ 在 E' 上的分裂域 K, 使在 $K[x]$ 中有

$$g(x)=b(x-a_2)(x-a_3)\cdots(x-a_n),\quad b\neq 0.$$

令

$$E=F(a_1,a_2,\cdots,a_n),$$

则由定理 5.4.1 知 E 就是 $f(x)$ 在 F 上的分裂域. 由数学归纳法知结论成立. □

例 3 由

$$f(x)=x^4-x^2-2=(x^2-2)(x^2+1)\in\mathbf{Q}[x]$$

可得 $f(x)$ 的根是 $\pm\sqrt{2}$ 和 $\pm\mathrm{i}$, 所以 $f(x)$ 在 $\mathbf{Q}$ 上的分裂域是

$$\mathbf{Q}(\sqrt{2},\mathrm{i})=\mathbf{Q}[\sqrt{2},\mathrm{i}]=\{a+b\sqrt{2}+c\mathrm{i}+d\sqrt{2}\,\mathrm{i}\mid a,b,c,d\in\mathbf{Q}\}.$$

例 4 考虑 $\mathbf{Z}_3[x]$ 中的不可约多项式 $f(x)=x^2+x+2$. 由于在 $\mathbf{Z}_3[\mathrm{i}]=\{a+b\mathrm{i}\mid a,b\in\mathbf{Z}_3\}$(见习题 3-2 的 14 题) 上有

$$f(x)=[x-(1+\mathrm{i})][x-(1-\mathrm{i})],$$

所以 $\mathbf{Z}_3[\mathrm{i}]$ 就是 $f(x)$ 在 $\mathbf{Z}_3$ 上的分裂域. 另一方面, 由定理 5.2.3 的证明知 $E=\mathbf{Z}_3[x]/\langle x^2+x+2\rangle$ 中的元素 $x+\langle x^2+x+2\rangle$ 是 $f(x)$ 的根. 因为 $f(x)$ 是 2 次的, 所以 $f(x)$ 的另一个根也在 E 内. 于是 $f(x)$ 在 E 中分裂. 又因为 E 只有九个元素, 可得 $[E:\mathbf{Z}_3]=2$, 所以 E 也是 $f(x)$ 在 $\mathbf{Z}_3$ 上的分裂域. 于是找到了 $f(x)$ 在 $\mathbf{Z}_3$ 上的两个分裂域, 一个是 $\mathbf{Z}_3[\mathrm{i}]$, 另一个是 $\mathbf{Z}_3[x]/\langle x^2+x+2\rangle$. 下面来看 $f(x)$ 在 E 上是怎样分解的. 为了避免记号的混乱, 将陪集 $1+\langle x^2+x+2\rangle$ 与 $\mathbf{Z}_3$ 中的 1 等同, 并将陪集 $x+\langle x^2+x+2\rangle$ 记作 β. 于是,

$$E=\{0,1,2,\beta,2\beta,\beta+1,2\beta+1,\beta+2,2\beta+2\}.$$

这些元素间的加和乘与多项式的运算是一样的. 由 $x^2+x+2+\langle x^2+x+2\rangle=0$ 知 $\beta^2+\beta+2=0$, 因此 $\beta^2=-\beta-2=2\beta+1$. 因为

$$\beta(2\beta+2)=2\beta^2+2\beta=2(2\beta+1)+2\beta=\beta+2+2\beta=2,$$

所以

$$x^2+x+2=(x-\beta)[x-(2\beta+2)]=(x-\beta)(x+\beta+1).$$

在例 4 中构造了多项式 x^2+x+2 在 $\mathbf{Z}_3$ 上的两个分裂域, 那么这两个看上去不同的分裂域在代数结构上是否真的不同呢? 事实上, 分裂域在同构的意义下是唯一的. 为证明这一结论, 先来证明一个更一般的结论.

首先注意到如果 ϕ 是域 F 到 F' 的同构, 那么 ϕ 可自然扩张成 $F[x]$ 到 $F'[x]$ 的环同构

$$c_nx^n+c_{n-1}x^{n-1}+\cdots+c_1x+c_0\longmapsto\phi(c_n)x^n+\phi(c_{n-1})x^{n-1}+\cdots+\phi(c_1)x+\phi(c_0).$$

由于该映射在 F 上与 ϕ 一致, 为了方便起见仍将这一映射记为 ϕ.

引理 1 设 F 是域, $p(x)$ 是 F 上的一个不可约多项式, a 是 $p(x)$ 在 F 的某个扩域中的根. 如果 ϕ 是从 F 到域 F' 的域同构, b 是 $\phi(p(x))$ 在 F' 的某个扩域中的根, 那么存在 $F(a)$ 到 $F'(b)$ 的同构, 它在 F 上与 ϕ 相同, 且将 a 映到 b.

证明 首先, 由于 $p(x)$ 在 F 上不可约, 因此 $\phi(p(x))$ 在 F' 上也不可约. 直接验证可知

$$f(x)+\langle p(x)\rangle \longmapsto \phi(f(x))+\langle \phi(p(x))\rangle$$

是从 $F[x]/\langle p(x)\rangle$ 到 $F'[x]/\langle \phi(p(x))\rangle$ 的域同构, 仍记该映射为 ϕ. 由定理 5.3.1 的 (2), 存在从 $F(a)$ 到 $F[x]/\langle p(x)\rangle$ 的同构 σ, 它在 F 上是恒等的, 且将 a 映到 $x+\langle p(x)\rangle$. 类似地, 存在从 $F'[x]/\langle \phi(p(x))\rangle$ 到 $F'(b)$ 的同构 ρ, 它在 F' 上是恒等的, 且将 $x+\langle \phi(p(x))\rangle$ 映为 b. 于是从 $F(a)$ 到 $F'(b)$ 的映射 $\rho\phi\sigma$ 就是所要的同构. □

在引理 1 中, 如果取 $F'=F$, ϕ 为恒等映射, a 与 b 分别是 $p(x)$ 在 F 的两个扩域中的根, 则有下述推论.

推论 1 设 F 是域, $p(x)$ 是 F 上的不可约多项式. 如果 a 是 $p(x)$ 在 F 的某个扩域中的根, b 是 $p(x)$ 在 F 的另一个扩域中的根, 那么域 $F(a)$ 与 $F(b)$ 同构.

下面证明分裂域的同构唯一性.

定理 5.4.3 设 ϕ 是域 F 到 F' 的同构, $f(x)$ 是 F 上的非常数多项式. 如果 E 是 $f(x)$ 在 F 上的分裂域, E' 是 $\phi(f(x))$ 在 F' 上的分裂域, 那么存在从 E 到 E' 的同构, 且该同构在 F 上与 ϕ 一致.

证明 对 $\deg f(x)$ 应用数学归纳法. 当 $\deg f(x)=1$ 时, $E=F$ 且 $E'=F'$, 所以 ϕ 本身就是所要的映射. 当 $\deg f(x)>1$ 时, 设 $p(x)$ 是 $f(x)$ 的一个不可约因式, a 是 $p(x)$ 在 E 中的根, b 是 $\phi(p(x))$ 在 E' 中的根, 则由引理 1, 存在同构 ρ: $F(a)\to F'(b)$, 使得 ρ 限制在 F 上与 ϕ 一致, 且将 a 映到 b. 设 $f(x)=(x-a)g(x)$, 这里 $g(x)\in F(a)[x]$, 则 E 是 $g(x)$ 在 $F(a)$ 上的分裂域, E' 是 $\rho(g(x))$ 在 $F'(b)$ 上的分裂域. 因为 $\deg g(x)<\deg f(x)$, 由归纳假设, 存在从 E 到 E' 的同构, 且它在 $F(a)$ 上的限制等同于 ρ, 因此在 F 上的限制等同于 ϕ. □

由定理 5.4.3 立即可得下述推论.

推论 2 设 F 是域, $f(x)\in F[x]$, 那么 $f(x)$ 在 F 上的任何两个分裂域都是同构的.

证明 假设 E 和 E' 都是 $f(x)$ 在 F 上的分裂域, 则在定理 5.4.3 中取 ϕ 为 F 的恒等映射即得结果. □

例 5 求 x^n-a 在 $\mathbf{Q}$ 上的分裂域, 这里 a 是任一正有理数.

解 设 $\omega=\cos\dfrac{2\pi}{n}+\mathrm{i}\sin\dfrac{2\pi}{n}$ 是 n 次本原单位根, 那么

$$a^{1/n},\omega a^{1/n},\omega^2 a^{1/n},\cdots,\omega^{n-1}a^{1/n}$$

中的每一个都是 x^n-a 在 $\mathbf{Q}(\sqrt[n]{a},\omega)$ 中的根, 因此 x^n-a 在 $\mathbf{Q}(\sqrt[n]{a},\omega)$ 中分裂. 设有域 E, 使得 $\mathbf{Q}\subseteq E\subseteq \mathbf{Q}(\sqrt[n]{a},\omega)$, 且 x^n-a 在 E 上分裂, 则 $a^{1/n},\omega a^{1/n}\in E$.

从而 $\omega = (\omega a^{1/n})/a^{1/n} \in E$, 于是 $\mathbf{Q}(\sqrt[n]{a}, \omega) \subseteq E$, 因而 $E = \mathbf{Q}(\sqrt[n]{a}, \omega)$. 由分裂域的定义知 $\mathbf{Q}(\sqrt[n]{a}, \omega)$ 是 $x^n - a$ 在 $\mathbf{Q}$ 上的分裂域.

下面讨论不可约多项式的根. 我们已经知道域上的每个非常数多项式在某个扩域中是分裂的, 所以自然会问不可约多项式是以何种方式分裂的? 对于数域的情况, 在高等代数课程中借用微积分中的工具已经对此进行了讨论. 这里的讨论与这类似, 所得结果在域的特征为 0 时与数域的情况一致, 但对域的特征为素数 p 时有些不同.

定义 5.4.2 设 $f(x) = a_n x^n + a_{n-1}x^{n-1} + \cdots + a_1 x + a_0 \in F[x]$. 称多项式

$$na_n x^{n-1} + (n-1)a_{n-1}x^{n-2} + \cdots + a_1 \in F[x]$$

为 $f(x)$ 的**导数** (derivative), 记作 $f'(x)$.

注意到这里的定义不涉及极限, 仅是一种公理化的定义, 但它仍满足微积分中关于导数的下列运算法则.

定理 5.4.4 设 $f(x), g(x) \in F[x]$, $a \in F$, 则

(1) $(f(x) + g(x))' = f'(x) + g'(x)$;

(2) $(af(x))' = af'(x)$;

(3) $(f(x)g(x))' = f'(x)g(x) + f(x)g'(x)$.

先利用导数建立一个重根的判别定理. 所谓重根就是重数大于 1 的根.

定理 5.4.5 域 F 上的多项式 $f(x)$ 在 F 的某个扩域 E 上有重根的充要条件是 $f(x)$ 和 $f'(x)$ 在 $F[x]$ 中有正次数的公因式.

证明 如果 a 是 $f(x)$ 在 F 的某个扩域 E 中的重根, 那么存在 $g(x) \in E[x]$, 使得 $f(x) = (x-a)^2 g(x)$. 因为 $f'(x) = (x-a)^2 g'(x) + 2(x-a)g(x)$, 所以 $f'(a) = 0$, 于是 $x - a$ 是 $f(x)$ 和 $f'(x)$ 在 F 的扩域 E 上的公因式. 如果 $f(x)$ 和 $f'(x)$ 在 $F[x]$ 中没有正次数的公因式, 那么存在 $u(x), v(x) \in F[x]$, 使得 $u(x)f(x) + v(x)f'(x) = 1$, 于是在 $E[x]$ 中, 得 $x - a \mid 1$, 矛盾! 所以 $f(x)$ 和 $f'(x)$ 在 $F[x]$ 中必有正次数的公因式.

反之, 假设 $f(x)$ 和 $f'(x)$ 有正次数的公因式. 设 a 是公因式中的根, 那么 a 是 $f(x)$ 和 $f'(x)$ 的公共根. 因为 a 是 $f(x)$ 的根, 所以存在多项式 $q(x)$, 使得 $f(x) = (x-a)q(x)$. 于是, $f'(x) = (x-a)q'(x) + q(x)$, 且 $0 = f'(a) = q(a)$. 因此, $x - a$ 是 $q(x)$ 的因式, 从而 a 是 $f(x)$ 的重根. □

定理 5.4.6 设 $f(x)$ 是域 F 上的不可约多项式. 如果 F 的特征为 0, 那么 $f(x)$ 没有重根. 如果 F 的特征为 $p \neq 0$, 那么仅当存在 F 上的某个多项式 $g(x)$, 使得 $f(x) = g(x^p)$ 时 $f(x)$ 有重根.

证明 如果 $f(x)$ 有重根, 则由定理 5.4.5, $f(x)$ 和 $f'(x)$ 在 $F[x]$ 中有正次数的公因式. 因为 $f(x)$ 在 $F[x]$ 中的仅有的正次数因式只有 $f(x)$ 本身 (可差一个非零常数倍), 所以 $f(x) \mid f'(x)$. 又因为域上的多项式不能整除次数比其低的多项式, 所以 $f'(x) = 0$.

$f'(x) = 0$ 是什么意思呢? 如果

$$f(x) = a_n x^n + a_{n-1}x^{n-1} + \cdots + a_1 x + a_0,$$

则

$$f'(x) = na_n x^{n-1} + (n-1)a_{n-1}x^{n-2} + \cdots + 2a_2 x + a_1.$$

于是 $f'(x) = 0$ 意味着 $ka_k = 0, k = 1, 2, \cdots, n$.

当 $\mathrm{Char}\, F = 0$ 时有 $f(x) = a_0$, 但这不是不可约多项式, 矛盾! 这说明 $f(x)$ 没有重根.

当 $\mathrm{Char}\, F = p \neq 0$ 时, 如果 p 不能整除 k, 那么 $a_k = 0$, 于是出现在和式 $a_n x^n + a_{n-1}x^{n-1} + \cdots + a_1 x + a_0$ 中的 x 的幂只有 $x^{pi} = (x^p)^i$ 的形式. 从而存在某个 $g(x) \in F[x]$, 使得 $f(x) = g(x^p)$(例如, 若 $f(x) = x^{4p} + 5x^{3p} + x^p + 1$, 那么 $g(x) = x^4 + 5x^3 + x + 1$). □

定理 5.4.6 证明了特征为 0 的域上的不可约多项式没有重根, 那么有没有其他的域也有这一性质呢? 为讨论这一问题, 引入以下的定义.

定义 5.4.3 如果域 F 的特征为 0 或 F 的特征为 p 且 $F^p = \{a^p \mid a \in F\} = F$, 则称 F 为**完备域** (perfect field).

最重要的一类特征 p 的完备域是有限域.

定理 5.4.7 每个有限域都是完备域.

证明 设 F 是特征为 p 的有限域. 定义 F 到 F 的映射 ϕ: $a \mapsto a^p, a \in F$. 可证 ϕ 是 F 的一个域自同构.

首先, $\phi(ab) = (ab)^p = a^p b^p = \phi(a)\phi(b)$. 又由于

$$\phi(a+b) = (a+b)^p = a^p + b^p,$$

(参见 3.6 节例 3), 因此, ϕ 是 F 上的自同态.

最后, 如果 $a \neq 0$, 则 $a^p \neq 0$, 所以 $\mathrm{Ker}\, \phi = 0$. 于是 ϕ 是单射. 由于 F 是有限集, ϕ 是单射意味着 ϕ 也是满射, 于是 ϕ 是自同构, 这就证明了 $F^p = F$. □

定理 5.4.8 如果 $f(x)$ 是完备域上的不可约多项式, 那么 $f(x)$ 没有重根.

证明 F 是特征 0 的情形已经证明. 现假设 $f(x)$ 是特征为 p 的完备域 F 上的不可约多项式, 而 $f(x)$ 有重根. 由定理 5.4.6 知存在 $g(x) \in F[x]$, 使得 $f(x) = g(x^p)$. 设

$$g(x) = a_n x^n + a_{n-1}x^{n-1} + \cdots + a_1 x + a_0.$$

因为 $F^p = F$, 所以存在 $b_i \in F$, 使得 $a_i = b_i^p$, $i = 0, 1, 2, \cdots, n$, 于是

$$\begin{aligned} f(x) = g(x^p) &= b_n^p x^{pn} + b_{n-1}^p x^{p(n-1)} + \cdots + b_1^p x^p + b_0^p \\ &= (b_n x^n + b_{n-1}x^{n-1} + \cdots + b_1 x + b_0)^p \\ &= (h(x))^p, \end{aligned}$$

其中 $h(x) \in F[x]$, 但这样 $f(x)$ 就不是不可约多项式了. □

定理 5.4.9 设 $f(x)$ 是域 F 上的不可约多项式, E 是 $f(x)$ 在 F 上的分裂域, 那么 $f(x)$ 在 E 中的所有根都有相同的重数.

证明 设 a, b 是 $f(x)$ 在 E 中的不同根. 如果 a 的重数是 m, 则有 $f(x) = (x-a)^m g(x)$. 由引理 1 和定理 5.4.3, 存在 E 上的域自同构 ϕ, 使得 ϕ 在 F 上的作用为恒等映射, 且将 a 映到 b. 于是

$$f(x) = \phi(f(x)) = (x-b)^m \phi(g(x)),$$

所以 b 的重数大于等于 a 的重数. 由 a 和 b 的对称性可知, a 的重数也大于等于 b 的重数. 于是 a 和 b 有相同的重数. □

作为定理 5.4.9 的推论, 有如下的结论.

推论 3 设 $f(x)$ 是域 F 上的不可约多项式, E 是 $f(x)$ 的分裂域, 那么 $f(x)$ 可分解成如下形式:

$$a(x-a_1)^n(x-a_2)^n \cdots (x-a_t)^n,$$

其中 $a \in F$, $a_1, a_2, \cdots, a_t$ 是 E 中不同的元素.

例 6 设 $F = \mathbf{Z}_2(t)$ 是多项式环 $\mathbf{Z}_2[t]$ 的商域, 考虑 $f(x) = x^2 - t \in F[x]$. 要说明 $f(x)$ 在 F 上不可约只要证明它在 F 上没有根. 假设 $h(t)/g(t)$ 是 $f(x)$ 的根, 那么 $(h(t)/g(t))^2 = t$, 所以 $(h(t))^2 = t(g(t))^2$, 于是 $h(t^2) = tg(t^2)$. 但是, $\deg h(t^2)$ 是偶数, $\deg tg(t^2)$ 是奇数, 矛盾! 所以 $f(x)$ 在 F 上不可约.

最后, 因为 t 是 $F[x]$ 中的常数, 且 F 的特征等于 2, 所以 $f'(x) = 0$, 因此 $f(x)$ 和 $f'(x)$ 以 $f(x)$ 作为公因式. 于是, 由定理 5.4.5, $f(x)$ 在 F 的某个扩域中有重根 (事实上, 它在 $K = F[x]/\langle x^2 - t\rangle$ 中有一个重数为 2 的根).

回忆 5.3 节例 8, 有 $\mathbf{Q}(\sqrt{2}, \sqrt{3}) = \mathbf{Q}(\sqrt{2} + \sqrt{3})$. 这说明, 添加两个元素到某个域所得到的扩域有时可能是单扩域. 利用多项式的分裂域及有关多项式根的结论, 可以证明在某种情况下这一结论确实是正确的.

定理 5.4.10(施泰尼茨 (Steinitz), 1910) 设 F 是特征为 0 的域, a, b 是 F 上的代数元, 则存在 $c \in F(a, b)$, 使得 $F(a, b) = F(c)$.

证明 设 $p(x)$ 和 $q(x)$ 分别是 a 和 b 在 F 上的极小多项式. 在 F 的某个扩域 K 中, 设 $a = a_1, a_2, \cdots, a_m$, $b = b_1, b_2, \cdots, b_n$ 分别是 $p(x)$ 和 $q(x)$ 的所有不同根. 在 F 的无限多个元素中, 选取一元素 d, 使得对所有 $i \geqslant 1$ 和所有 $j > 1$, $d \neq (a_i - a)/(b - b_j)$. 特别地, $a_i \neq a + d(b - b_j)$, $j > 1$.

下面来证明, 对 $c = a + db$, 有 $F(a, b) = F(c)$. 显然, $F(c) \subseteq F(a, b)$. 为证明 $F(a, b) \subseteq F(c)$, 只要证明 $b \in F(c)$ 就够了. 因为那样的话, b, c, d 都属于 $F(c)$, 从而 $a = c - db$ 也属于 $F(c)$. 考虑 $F(c)$ 上的多项式 $q(x)$ 和 $r(x) = p(c - dx)$. 因为 $q(b) = 0$, $r(b) = p(c - db) = p(a) = 0$, 所以 $q(x)$ 和 $r(x)$ 都能被 b 在 $F(c)$ 上的极小多项式 $m(x)$ 整除 (见 5.3 节推论 1). 因为 $m(x) \in F(c)[x]$, 所以若能证明 $m(x) = x - b$, 则就完成了证明. 由于 $m(x)$ 是 $q(x)$ 和 $r(x)$ 的公因式, 因此 $m(x)$ 在 K 中所有可能的根都是 $q(x)$ 及 $r(x)$ 的根. 但是

$$r(b_j) = p(c - db_j) = p(a + db - db_j) = p(a + d(b - b_j)),$$

且由 d 的选取知 $a + d(b - b_j) \neq a_i$, $j > 1$. 从而 b 是 $m(x)$ 在 K 中仅有的根, 所以 $m(x) = (x - b)^u$. 又因为 $m(x)$ 在 $F(c)$ 上不可约, 且 F 的特征为 0(从而 $F(c)$ 的特征也为 0), 所以由定理 5.4.6 知 $u = 1$. □

推论 4 特征 0 的域的任何有限扩域都是单扩域.

一个具有性质 $E = F(a)$ 的元素 a 称为 E 的**本原元**.

习 题 5-4

1. 求 $x^3 - 1$ 在 $\mathbf{Q}$ 上的分裂域.
2. 求 $x^4 + 1$ 在 $\mathbf{Q}$ 上的分裂域.
3. 求多项式

$$x^4 + x^2 + 1 = (x^2 + x + 1)(x^2 - x + 1)$$

在 $\mathbf{Q}$ 上的分裂域.

4. 将 $x^3 + 2x + 1 \in \mathbf{Z}_3[x]$ 写成 $\mathbf{Z}_3$ 的某个扩域中的一次因式的乘积.
5. 求 $x^4 - x^2 + 1$ 在 $\mathbf{Z}_3$ 上的分裂域.
6. 求 $x^3 + x + 1$ 在 $\mathbf{Z}_2$ 上的分裂域, 并将 $f(x)$ 在该分裂域上分解为一次因式的乘积.
7. 设 E 是 F 的代数扩张. 证明: 如果 $F[x]$ 中的每个多项式在 E 中都分裂, 则 E 是代数闭域.
8. 求域 $\mathbf{Q}(\sqrt[3]{5})$ 的所有自同构.
9. 设 F 是特征为 p 的域, $f(x) = x^p - a \in F[x]$. 证明: $f(x)$ 在 F 中不可约或 $f(x)$ 在 F 中分裂.
10. 设 $f(x) \in F[x]$, $a \in F$. 证明: $f(x)$ 和 $f(x + a)$ 在 F 上有相同的分裂域.

11. 对任何素数 p, 求一个特征为 p 的不完备的域.

参考文献及阅读材料

[1] Wiles A. Modular elliptic curves and Fermat's last theorem. Annals of Mathematics, 1995, 142: 443~551.

本文包括怀尔斯对谷山–志村猜想和费马大定理的证明的主要部分.

[2] Taylor R, Wiles A. Ring-theoretic properties of certain Hecke algebras. Annals of Mathematics, 1995, 142: 553~572.

本文克服了怀尔斯 1993 年证明中出现的缺陷.

[3] 西蒙 · 辛格. 费马大定理. 薛密, 译. 上海: 上海译文出版社, 1997.

怀尔斯 小传

1993 年普林斯顿的安德鲁 · 怀尔斯 (Andrew J. Wiles) 由于宣布他经过七年的努力完成了费马大定理的证明而成为整个数学界关注的焦点. 他的长达 200 页的论文大量地依赖于环论和群论的结果. 由于他的良好声誉, 更由于他的论文是建立在对此问题有深入刻画的结果基础上, 同行专家相信怀尔斯已经打开了许多人无法打开的成功之门. 怀尔斯的事迹随之通过报纸杂志被新闻界广为宣传.《纽约时报》甚至还将他的故事搬到了报纸的头版.

但是好景不长, 专家们在经过仔细审阅怀尔斯的手稿之后, 发现了一些问题. 到 12 月, 怀尔斯向外界发布了一份声明, 表示他正在修补证明中的一些缺陷. 终于到 1994 年 9 月, 他与他以前的学生泰勒 (R. Taylor) 合作完成了一篇论文, 文中修补了原来论文中的一些漏洞. 之后, 许多专家审查了论文, 再没有发现错误. 随后这两篇文章于 1995 年 5 月在《数学年刊》杂志上的发表 (见文献 [1], [2]), 同时向世人宣告, 一个困惑了世间智者长达 358 年的谜终于解开了.

怀尔斯 1953 年 4 月 11 日生于英国剑桥. 从牛津大学毕业后, 于 1980 年在剑桥大学获博士学位. 之后移居美国, 先在哈佛大学任教, 1982 年起任普林斯顿大学教授. 由于怀尔斯的巨大贡献, 他于 1996 年荣获沃尔夫奖, 1998 年获国际数学家大会特别贡献奖.

有关怀尔斯攻克费马大定理的详细经过, 以及历代数学家前仆后继攀登这座数学高峰的艰苦历程, 请阅读文献 [3].

5.5 有 限 域

本节要介绍抽象代数中最优美, 也是非常重要的内容——有限域. 有限域最早是由伽罗瓦在 1830 年证明一般五次方程不可解时引入的. 到今天, 有限域上的矩阵群已经成为一类重要的有限群 (见习题 5-1 的 20 题和 21 题). 在过去的 50 年中, 有限域在计算机科学、编码理论、信息论以及密码学中都有重要的应用. 首先来考虑有限域的元素个数.

定理 5.5.1 有限域的阶是一个素数的方幂.

证明 设 F 是有限域, 则 F 的特征是一个素数, 设为 p. F 关于加法构成一个交换群. 由于对每个 $x \in F$, 有 $px = 0$, 故 F 中每个非零元的阶数都是素数 p. 如果 F 的阶不是 p 的方幂, 则 $|F|$ 中必有素因数 $q \neq p$, 因此由 2.2 节例 13 知 F 中必含有阶为 q 的元, 矛盾! 所以 F 的阶是 p 的一个方幂. □

注 利用素域的概念, 可以给出定理 5.5.1 的另一种证明 (见本节习题 1).

从定理 5.5.1 知道, 有限域的阶有很强的限制, 它一定是素数的方幂, 那么反过来, 任一素数的方幂是否也一定是某个有限域的阶呢? 回答是肯定的.

定理 5.5.2 对每个素数 p 和每个正整数 n, 在同构的意义下存在唯一的 p^n 阶的有限域.

证明 考虑 $f(x) = x^{p^n} - x$ 在 $\mathbf{Z}_p$ 上的分裂域 E. 下面来证明 $|E| = p^n$. 因为 $f(x)$ 在 E 中分裂, 所以 $f(x)$ 在 E 中恰有 p^n 个根 (重根按重数计算), 并且, 由定理 5.4.5, $f(x)$ 的每个根都是单根. 于是 $f(x)$ 在 E 中有 p^n 个不同的根. 另一方面, $f(x)$ 在 E 中的所有根的集合关于加、减、乘、除 (除数非零) 封闭 (见本节习题 2), 于是根集就等于 E. 因此, $|E| = p^n$.

下面证明唯一性. 假设 K 是任一 p^n 阶的域, 则 K 有一个同构于 $\mathbf{Z}_p$ 的素域 (见定理 3.6.5). 因为 K 的非零元全体构成一个 $p^n - 1$ 阶的乘法群, 所以 K 中每个元都是 $f(x) = x^{p^n} - x$ 的根. 于是 K 一定是 $f(x)$ 在 $\mathbf{Z}_p$ 上的分裂域. 由定理 5.4.3 的推论 2, 在同构意义下这样的域是唯一的. □

上述定理的存在性部分出现在伽罗瓦和高斯的论著中, 而后半部分的唯一性是由美国数学家穆尔 (E. H. Moore) 在 1893 年的一篇涉及有限群的论文中证明的.

因为对每个素数幂 p^n 仅存在一个 p^n 阶的域, 所以可将此域记作 $\mathrm{GF}(p^n)$(以纪念伽罗瓦), 并称之为 p^n 阶的**伽罗瓦域**.

下面来讨论 p^n 阶域的结构.

定理 5.5.3 $\mathrm{GF}(p^n)$ 作为加法群同构于

$$\underbrace{\mathbf{Z}_p \oplus \mathbf{Z}_p \oplus \cdots \oplus \mathbf{Z}_p}_{n\text{个}}.$$

GF(p^n) 的全体非零元的集合关于乘法构成的群是一个 p^n-1 阶的循环群.

证明 GF(p^n) 关于加法的结构是简单的 (见本节习题 3), 但乘法结构的证明要复杂一点, 略去不证. 详细证明可参见文献 [1] 的 5.5 节. □

推论 1 有限域 E 是它的素子域的一个单扩域.

推论 2 $[\mathrm{GF}(p^n):\mathrm{GF}(p)]=n$.

推论 3 设 a 是 GF(p^n) 的非零元乘法群的生成元, 则 a 是 GF(p) 上的 n 次代数元.

证明 这是因为 $[\mathrm{GF}(p)(a):\mathrm{GF}(p)]=[\mathrm{GF}(p^n):\mathrm{GF}(p)]=n$. □

由上述定理可知, 素域 $\mathbf{Z}_p$ 的乘法群 $\mathbf{Z}_p^*$ 也是一个循环群. 设 $0<a<p$, 使 $\mathbf{Z}_p^*=\langle\overline{a}\rangle$, 这样的正整数 a 称为模 p 的一个**原根**.

例 1 设 $p=41$, 则 $|\mathbf{Z}_p^*|=40=2^3\times 5$, 故 a 是模 41 的原根的充分必要条件是

$$\overline{a}^8\neq\overline{1},\quad \overline{a}^{20}\neq\overline{1}.$$

由于

$$\overline{1}^8=\overline{1},\quad \overline{2}^{20}=\overline{1},\quad \overline{3}^8=\overline{1},\quad \overline{4}^{20}=\overline{1},\quad \overline{5}^{20}=\overline{1},$$

但是

$$\overline{6}^8=\overline{10}\neq\overline{1},\quad \overline{6}^{20}=\overline{40}\neq\overline{1}.$$

故 6 是模 41 的原根, 又因为 1, 2, 3, 4, 5 都不是原根, 所以 6 也是模 41 的最小原根, $\mathbf{Z}_{41}^*=\langle\overline{6}\rangle$.

确定模 p 的最小原根是数论中的一个重要课题. 4000 以下素数及其最小原根表见文献 [2] 中的附录.

例 2 多项式 $f(x)=x^3+x^2+1$ 是 $\mathbf{Z}_2$ 上的不可约多项式. 下面来考虑如何将 $f(x)$ 写成 $\mathbf{Z}_2[x]/\langle f(x)\rangle$ 中的一次因式的乘积. 设 $F=\mathbf{Z}_2[x]/\langle f(x)\rangle$, 则 F 是个域, $|F|=8$, $|F^*|=7$. 设 a 是 $f(x)$ 在 F 上的根, 则由群的拉格朗日定理知 a 在乘法群 F^* 中的阶 $\mathrm{ord}\,a=7$. 由定理 5.3.2,

$$\begin{aligned}F&=\{0,1,a,a^2,a^3,a^4,a^5,a^6\}\\&=\{0,1,a,a+1,a^2,a^2+1,a^2+a,a^2+a+1\}.\end{aligned}$$

我们知道, a 是 $f(x)$ 的一个根, 要检验 F 中其他元素是否是根, 可以利用等式 $a^3+a^2+1=0$ 来简化计算, 以列出 F 中上述两种表法的对应关系. 由于 $\mathrm{Char}\,F=2$, 所以 $a^3=a^2+1$, 则

$$a^4=a^3+a=(a^2+1)+a=a^2+a+1,$$

$$\begin{aligned}a^5 &= a^3 + a^2 + a = (a^2+1) + a^2 + a = a + 1,\\ a^6 &= a^2 + a,\\ a^7 &= 1.\end{aligned}$$

现在来检验 a^2 是否为 $f(x)$ 的根.

$$\begin{aligned}f(a^2) &= (a^2)^3 + (a^2)^2 + 1 = a^6 + a^4 + 1\\ &= (a^2+a) + (a^2+a+1) + 1 = 0,\end{aligned}$$

因此, a^2 是根. 而

$$\begin{aligned}f(a^3) &= (a^3)^3 + (a^3)^2 + 1 = a^9 + a^6 + 1\\ &= a^2 + (a^2+a) + 1 = a + 1 \neq 0,\end{aligned}$$

故 a^3 不是. 类似可得 $f(a^4) = 0$, 所以

$$f(x) = (x-a)(x-a^2)(x-a^4).$$

下面来考虑一个有限域中究竟有哪些子域. 可以发现, 所得结果与有限循环群的结果相类似.

定理 5.5.4 对 n 的每个正因数 m, $\mathrm{GF}(p^n)$ 中存在唯一的 p^m 阶的子域, 并且这些是 $\mathrm{GF}(p^n)$ 中仅有的子域.

证明 先证存在性. 设 $m \mid n$. 因为

$$p^n - 1 = (p^m - 1)(p^{n-m} + p^{n-2m} + \cdots + p^m + 1),$$

所以, $p^m - 1 \mid p^n - 1$. 从而在 $\mathbf{Z}_p[x]$ 中 $x^{p^m-1} - 1 \mid x^{p^n-1} - 1$. 于是 $x(x^{p^m-1}-1)$ 中的每个根也是 $x(x^{p^n-1}-1)$ 的根, 但是在定理 5.5.2 的证明中已知 $x(x^{p^m-1}-1)$ 的根集是 $\mathrm{GF}(p^m)$, $x(x^{p^n-1}-1)$ 在 $\mathrm{GF}(p^n)$ 中的根集是 $\mathrm{GF}(p^n)$. 因此, 只要 $m \mid n$, 则 $\mathrm{GF}(p^m)$ 就是 $\mathrm{GF}(p^n)$ 的子域.

如果 $\mathrm{GF}(p^n)$ 中有两个不同的 p^m 阶子域, 那么多项式 $x^{p^m} - x$ 在 $\mathrm{GF}(p^n)$ 中就有多于 p^m 个的根, 但域上的 p^m 次多项式最多只有 p^m 个根, 这就推出矛盾.

最后, 假设 F 是 $\mathrm{GF}(p^n)$ 的子域, 存在正整数 m, 使 F 同构于 $\mathrm{GF}(p^m)$. 由定理 5.2.2,

$$\begin{aligned}n &= [\mathrm{GF}(p^n) : \mathrm{GF}(p)]\\ &= [\mathrm{GF}(p^n) : \mathrm{GF}(p^m)][\mathrm{GF}(p^m) : \mathrm{GF}(p)]\\ &= [\mathrm{GF}(p^n) : \mathrm{GF}(p^m)] \cdot m,\end{aligned}$$

于是, $m \mid n$. □

例 3 设 $F = \mathrm{GF}(3^6)$, α 是 F^* 的生成元, 则 $\operatorname{ord}\alpha = 3^6 - 1 = 728$. 由于 6 的正因数为 1, 2, 3, 6, 且

$$3^6 - 1 = (3^6 - 1) \cdot 1 = (3^3 - 1) \cdot 28 = (3^2 - 1) \cdot 91 = (3 - 1) \cdot 364,$$

所以

$$\begin{aligned} \operatorname{ord}\alpha^{364} &= \operatorname{ord}\alpha^{728/2} = 2 = 3^1 - 1; \\ \operatorname{ord}\alpha^{91} &= \operatorname{ord}\alpha^{728/8} = 8 = 3^2 - 1; \\ \operatorname{ord}\alpha^{28} &= \operatorname{ord}\alpha^{728/26} = 26 = 3^3 - 1. \end{aligned}$$

因此, F 的所有子域为

$$\begin{aligned} \mathrm{GF}(3) &= \{0\} \cup \langle \alpha^{364} \rangle = \{0, 1, 2\}, \\ \mathrm{GF}(9) &= \{0\} \cup \langle \alpha^{91} \rangle, \\ \mathrm{GF}(27) &= \{0\} \cup \langle \alpha^{28} \rangle, \\ \mathrm{GF}(729) &= \{0\} \cup \langle \alpha \rangle. \end{aligned}$$

习 题 5-5

1. 设 F 是有限域, 则 F 有一个同构于 $\mathbf{Z}_p$ 的素子域 K. 从而 F 是 K 上的有限维向量空间. 证明: 存在正整数 n, 使得 $|F| = p^n$.

2. 设 E 是 $f(x) = x^{p^n} - x$ 在 $\mathbf{Z}_p$ 上的分裂域. 证明: $f(x)$ 在 E 中的根集关于加、减、乘、除 (除数不等于 0) 封闭.

3. 若 F 是素幂阶的加法群 (设 $|F| = p^n$), 且每个非零元的阶都是 p. 证明: F 同构于 n 个 p 阶循环群 $\mathbf{Z}_p$ 的直和

$$F \cong \underbrace{\mathbf{Z}_p \oplus \mathbf{Z}_p \oplus \cdots \oplus \mathbf{Z}_p}_{n\text{个}}.$$

4. 设 E 为有限域, F 为 E 的子域. 证明: $[E : F] = \log_{|F|} |E|$.

5. 求 $[\mathrm{GF}(729) : \mathrm{GF}(27)]$ 以及 $[\mathrm{GF}(512) : \mathrm{GF}(8)]$.

6. 循环群 $\mathrm{GF}(81)^*$ 中有多少个生成元?

7. 设 $f(x)$ 是 $\mathbf{Z}_2$ 上的三次不可约多项式. 证明: $f(x)$ 在 $\mathbf{Z}_2$ 上的分裂域是 8 阶域.

8. 将 $x^8 - x$ 在 $\mathbf{Z}_2$ 上分解为不可约因式的乘积.

9. 证明: $x^{p^n} - x$ 在 $\mathbf{Z}_p$ 上的不可约因式的最大次数是 n.

10. 假设 $\alpha, \beta \in \mathrm{GF}(81)^*$, 且 $\operatorname{ord}\alpha = 5$, $\operatorname{ord}\beta = 16$. 证明: $\alpha\beta$ 是 $\mathrm{GF}(81)^*$ 的生成元.

11. 对于习题 3-2 的 14 题中的 9 个元素的域 $F = \mathbf{Z}_3[\mathrm{i}]$, 求 F^* 的生成元. 并仿照例 2, 写出 F 中元两种表法的对应关系.

12. 如果 $g(x)$ 是 $\mathrm{GF}(p)$ 上的不可约多项式, 且 $g(x)$ 整除 $x^{p^n} - x$. 证明: $\deg g(x)$ 整除 n.

13. 用纯群论的方法证明如果 F 是 p^n 阶的域, 则 F 中的每个元素都是 $x^{p^n}-x$ 的根.

14. 求域 GF(9) 的所有自同构.

15. 假设 F 是 125 阶域, $F^*=\langle\alpha\rangle$. 证明: $\alpha^{62}=-1$.

16. 假设 F 是 1024 阶的域. $F^*=\langle\alpha\rangle$. 列出 F 的每个子域中的元素.

*17. 假设 L 和 K 都是 GF(p^n) 的子域. 如果 L 有 p^s 个元素, K 有 p^t 个元素, 问 $L\cap K$ 中有多少个元素?

参考文献及阅读材料

[1] 张禾瑞. 近世代数基础. 北京: 高等教育出版社, 1978.
[2] 闵嗣鹤, 严士健. 初等数论. 北京: 高等教育出版社, 1957.
[3] Feit W, Thompson J G. Solvability of groups of odd order. Pacific Journal of Mathematics, 1963, 13: 775～1029.

汤普森 小传

汤普森 (John Griggs Thompson), 美国数学家. 1932 年 10 月 13 日生于堪萨斯州的渥太华. 1951 年作为神学专业学生进入耶鲁大学, 但二年级时转为数学专业. 1955 年起到芝加哥大学攻读博士, 四年后获博士学位. 在哈佛任教了一年之后, 1962 年回到芝加哥大学任教授. 1970 年到英国剑桥大学工作. 1971 年被选为美国全国科学院院士, 1979 年被选为英国皇家学会会员, 1993 年起任佛罗里达大学教授.

1959 年, 汤普森在他的博士论文中证明了一个有 50 年历史的有关有限群的自同构的弗罗贝尼乌斯猜想, 并用该论文中的方法在 1963 年与费特 (W. Feit) 合作证明了有限群的伯恩塞德猜想: 有限非阿贝尔单群必为偶数阶的, 或等价地说, 每一个奇数阶群都是可解群. 发表这一成果的论文长达 225 页, 占了《太平洋数学杂志》整整一期 [3]. 这一结果标志着有限单群分类的重大突破. 他所获得的结果以及证明中所用到的新方法在 20 世纪 60 年代和 70 年代被许多数学家应用和推广, 最终导致了 80 年代有限单群分类问题的彻底解决.

70 年代后期, 汤普森还在编码理论、有限射影平面理论以及模函数论中有过重要的贡献. 他最近有关伽罗瓦群的工作被认为是域论中最重要的工作之一. 他曾荣获美国数学会科尔代数奖 (1966), 菲尔兹奖 (1970), 沃尔夫奖 (1992), 法国科学院授予的庞加莱金质奖章 (1992)(他是到目前为止获此奖的第三人) 以及美国国

家科学奖 (2000). 2008 年, 他又与法国数学家蒂次 (Tits) 因他们对代数学, 特别是群论所作出的杰出贡献而共同荣获有数学诺贝尔奖美誉的阿贝尔奖.

*5.6 几何作图

几何作图问题最早可追溯到古希腊时代. 传说古德利安人 (Delians) 为了摆脱某种时疫, 前往神庙请求神给予喻示. 于是阿波罗 (Appolo) 对他们说, 必须把他的祭坛的体积扩大一倍, 而不改变它的形状. 德利安人自己不能解决这个问题, 于是他们把这个问题提交给了柏拉图 (Plato). 柏拉图又把这个问题交给了当时著名的几何学家欧多克斯 (Eudoxos) 和他的学生梅纳科莫斯 (Menaechmos).

由于祭坛的形状是立方体, 所以用现代的说法, 就是要构作一个体积等于原立方体体积两倍的立方体. 这实际上就是要作一立方体, 使该立方体的边长是原立方体边长的 $\sqrt[3]{2}$ 倍. 这就是古希腊著名的三大几何作图问题之一的立方倍积问题. 古希腊另外两个著名的几何作图问题是三等分任意角和化圆为方. 对于这三个问题的探索, 给古希腊几何学以巨大的影响, 导致了大量的发现和研究. 例如, 圆锥曲线, 一些二次和三次曲线以及某些超越曲线就是由此而发现并加以研究的. 为解决这三个古代著名的问题, 许多数学家和数学爱好者作出了努力和贡献, 在这一过程中, 新的数学理论不断被发展起来, 新的方法不断被引入数学, 新的工具不断被创造出来. 这一切, 都对数学的发展起到了巨大的促进作用.

现在知道, 这三个问题如果只用直尺和圆规来求解, 是不可能的. 这一点, 直到 19 世纪才被证明, 而这已经是在第一次提出这三个问题的两千年之后了. 这对于古德利安人 (如果他们地下有知的话) 确实不是什么好消息. 他们把希望寄托于神, 而神却给他们开了个千年的大玩笑.

这一节的主要目的, 就是用前面所学到的有关域的扩张理论, 讨论尺规作图的问题.

1. 什么是尺规作图

要弄清这个问题, 首先必须弄清什么是直尺和圆规. 欧几里得几何中所说的直尺和圆规, 与通常所见的直尺和圆规是有区别的. 这里所说的直尺, 是没有刻度的, 它的作用是过平面上给定的不同两点作一条直线. 而圆规的作用也仅仅是以平面上给定两点中的任一点为圆心, 以这两点之间的距离为半径作圆. 因为用直尺和圆规只能画直线和圆, 而且一个图形必须在有限步内完成, 所以, 一个可以用直尺和圆规作出的平面图形, 只能由有限个点、直线 (或线段、射线) 和圆 (或圆弧) 所构成. 而每一条直线或圆弧都对应了二个或三个点, 所以, 所谓用直尺和圆规作图, 就是从平面上给定的点出发, 用直尺和圆规作直线或圆, 由这些直线或圆得到交点,再由这些新得到的点和原有的点, 去作出新的直线和新的圆, 得到新的交点, 如此反复, 最后得到所需要的点, 再由这些点用直尺和圆规作出所求的平面图形.

由此知道, 一个平面图形是否可以用直尺和圆规构作, 其充分必要条件是构成这个平面图形的点, 以及构成这个平面图形的直线 (或线段、射线) 和圆 (或弧) 所依赖的点都是可以构作的. 所以问题就转化为给定平面上若干个点, 究竟哪些点可以用圆规和直尺作出? 如果平面上仅给出一个点, 显然不能由这一个点确定出直线和圆. 如果平面上给定了两个点 A, B, 则可以作出直线 AB, 以及分别以 A, B 两点为圆心, 以 $|AB|$ 为半径作圆 A 和圆 B. 由这两个圆和直线 AB 可以得到 4 个交点. 于是由两个点得到了 6 个点, 再由这 6 个点, 用类似的方法, 又可以得到更多的点. 一般地, 如果在平面上给定了 $s+2$ $(s \geqslant 0)$ 个点 P_0, P_1, $\cdots$, P_{s+1}, 下面用归纳法来定出全体可由直尺和圆规所构作的点的集合.

令 $S_0=\{P_0, P_1, \cdots, P_{s+1}\}$.

S_1 是由下列 4 类点全体所组成的集合:

(1) S_0 的点;

(2) 过 S_0 的任何两点的直线之间的交点;

(3) 过 S_0 的任何两点的直线与以 S_0 的任一点为圆心, 以这点到 S_0 的另一点的距离为半径的圆的交点;

(4) 以 S_0 的任一点为圆心, 以这点到 S_0 的另一点的距离为半径的圆之间的交点.

假定已经作出集合 S_k, 则 S_{k+1} 是由下列 4 类点全体所组成的集合:

(1) S_k 的点;

(2) 过 S_k 的任何两点的直线之间的交点;

(3) 过 S_k 的任何两点的直线与以 S_k 的任一点为圆心, 以这点到 S_k 的另一点的距离为半径的圆的交点;

(4) 以 S_k 的任一点为圆心, 以这点到 S_k 的另一点的距离为半径的圆之间的交点.

由此, 得到集合链

$$S_0 \subseteq S_1 \subseteq \cdots \subseteq S_k \subseteq \cdots.$$

因为每个 S_k 的点可由 S_{k-1} 的点直接作出, 所以, 每个 S_k 的点可由 P_0, $P_1, \cdots, P_{s+1}$ 作出. 反之, 如果点 P 可由 P_0, P_1, $\cdots$, P_{s+1} 经 n 步作出, 则第一步所得出的点必属于 S_1, 第二步所得出的点必属于 S_2, $\cdots$, 第 n 步所得出的点必属于 S_n, 因此 P 必属于 S_n. 由此, 得到如下定理.

定理 5.6.1 设 $P_0, P_1, \cdots, P_{s+1}$ 为平面上 $s+2$ 个点, 则由这些点用直尺和

圆规可作出的点的集合为

$$S=\bigcup_{i=0}^{\infty}S_i.$$

2. 充分必要条件

为了用代数方法来讨论集合 S, 先建立直角坐标系.

过 P_0,P_1 两点作直线 P_0P_1, 过 P_0 作 P_0P_1 的垂线 BP_0 (这是用直尺和圆规可以完成的), 以 $|P_0P_1|$ 作为单位长度, P_0 为原点 O, P_0P_1 为 x 轴, BP_0 为 y 轴, 这样就建立了直角坐标系, 平面上每一点就对应了一个有序实数对. 如果把平面看作复平面, 则平面上每一个点就唯一对应了一个复数, 点 $P(a,b)$ 所对应的复数是 $a+b\mathrm{i}$. 因此, 平面上的点, 既可以用一个有序实数对来表示, 又可以用一个复数来表示. 以后将不加区别地使用这两种表示, 也就是说, 当说到一个点时, 可以认为这是一个复数, 当说到一个复数时, 又可以认为这是平面上的一个点. 显然, P_0 对应的复数为0, P_1 对应的复数为1, 设 $P_2,P_3,\cdots,P_{s+1}$ 所对应的复数分别为 $z_1,z_2,\cdots,z_s$. 记 S_k 所对应的复数的集合为 C_k. 设 S 所对应的复数的集合为 C, 则

$$C=\bigcup_{i=0}^{\infty}C_i.$$

显然, $P(a,b)$ 可由直尺和圆规作出的充分必要条件是 $a+b\mathrm{i}\in C$.

关于集合 C, 有下述引理.

引理 1 $\mathrm{i}\in C$.

证明 以 O 为圆心, 1 为半径作圆, 交正半 y 轴于 I, 则 I 点所对应的复数就是 i. □

引理 2 $z=a+b\mathrm{i}\in C$ 当且仅当 $a,b\in C$.

证明作为练习 (见本节习题 1).

引理 3 设实数 $a,b\in C$, 则 $a\pm b, ab, \dfrac{a}{b}\ (b\neq 0)\in C$.

证明 仅证 $ab\in C$, 其余的作为练习 (见本节习题 2).

不妨设 $a,b>0$, 因 $1,a,b\in C$, 所以 $1+a, b\mathrm{i}\in C$. 在直角坐标系中, 连接点 $A(1,0)$ 与 $B(0,b)$, 过点 $D(1+a,0)$ 作 AB 的平行线交 y 轴于 E, 则 $|EB|=ab$, 所以 $ab\in C$ (图 5.6.1). □

引理 4 设实数 $a\in C$, 则 $\sqrt{a}\in C$.

证明 不妨设 $a>0$, 以点 $A\left(\dfrac{a-1}{2},0\right)$ 为圆心, $\dfrac{1+a}{2}$ 为半径作圆, 交 y 轴于 B, 则点 $|OB|=\sqrt{a}$ (图 5.6.2). □

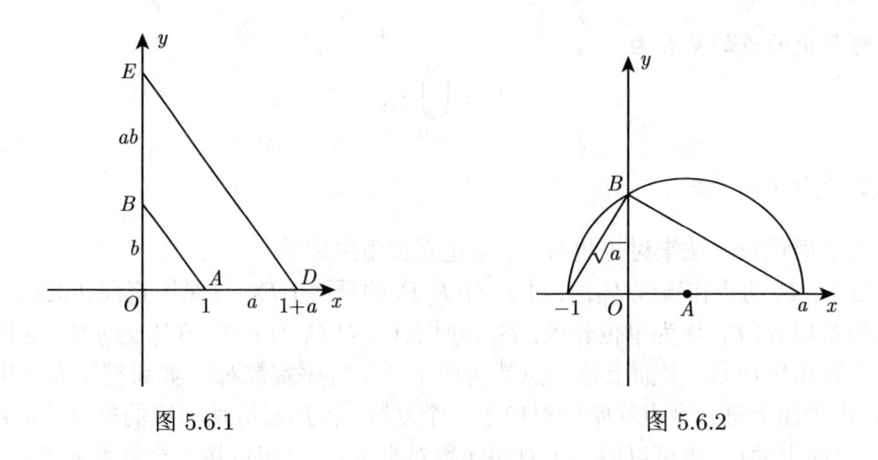

图 5.6.1　　图 5.6.2

引理 5　$z \in C$ 当且仅当 $\overline{z} \in C$.

证明　设 $z = a + b\mathrm{i} \in C$, 则 $a, b \in C$, 从而 $b\mathrm{i} \in C$, 所以 $a - b\mathrm{i} \in C$. □

引理 6　如果 $w, z \in C$, 则 $w \pm z, wz, \dfrac{w}{z}\ (z \neq 0), \sqrt{w} \in C$.

证明　设 $w = a + b\mathrm{i}, z = x + y\mathrm{i}$, 则 $a, b, x, y \in C$, 所以

$$
\begin{aligned}
&w \pm z = (a \pm x) + (b \pm y)\mathrm{i},\\
&wz = (ax - by) + (ay + bx)\mathrm{i},\\
&\frac{w}{z} = \frac{ax + by}{x^2 + y^2} + \frac{-ay + bx}{x^2 + y^2}\mathrm{i},\\
&\sqrt{w} = \pm\left(\sqrt{\frac{a + \sqrt{a^2 + b^2}}{2}} + \mathrm{sgn}(b)\sqrt{\frac{\sqrt{a^2 + b^2} - a}{2}}\mathrm{i}\right)
\end{aligned}
$$

都属于 C. □

设 $z_1 = a + b\mathrm{i}, z_2 = x + y\mathrm{i} \in C$, 以下, 以 $P(z_1, z_2)$ 表示过点 $A(a, b)$ 和 $B(x, y)$ 的直线 AB, 以 $C(z_1, z_2)$ 表示以 $A(a, b)$ 为圆心以 $|AB|$ 为半径的圆.

引理 7　设 F 是 $\mathbf{C}$ 的包含 i 及关于共轭运算封闭的子域, 则

$$z = a + b\mathrm{i} \in F \Longleftrightarrow a, b \in F.$$

证明作为练习 (见本节习题 3).

引理 8　设 F 是 $\mathbf{C}$ 的关于开平方和共轭运算封闭的子域, 如果实数 $a, b, c \in F$, 则方程 $ax^2 + bx + c = 0$ 的根也属于 F.

证明作为练习 (见本节习题 4).

引理 9 设 F 是 $\mathbf{C}$ 的包含 i 及关于共轭运算封闭的子域, $w, z \in F$ $(w \neq z)$, 如果直线 $P(w,z)$ 的方程为 $y = mx + b$ 或 $x = b$, 则 $m, b \in F$.

证明 设 $w = a_1 + b_1\mathrm{i}, z = a_2 + b_2\mathrm{i}$.

(1) 如果 $a_1 = a_2$, 则 $P(w,z)$ 垂直于 x 轴, 所以直线 $P(w,z)$ 的方程为 $x = a_1$, 所以 $b = a_1 \in F$;

(2) 如果 $a_1 \neq a_2$, 则

$$m = \frac{b_2 - b_1}{a_2 - a_1}, \quad b = \frac{b_1a_2 - b_1a_2}{a_2 - a_1} \in F. \qquad \square$$

引理 10 F 是 $\mathbf{C}$ 的包含 i 及共轭运算封闭的子域, $w, z \in F$ $(w \neq z)$, 如果圆 $C(w, z)$ 的方程为 $(x-a)^2 + (y-b)^2 = r^2$, 则 $a, b, r^2 \in F$.

证明 设 $w = a_1 + b_1\mathrm{i}$, $z = a_2 + b_2\mathrm{i}$, 则

$$a = a_1, \quad b = b_1, \quad r = \sqrt{(a_2 - a_1)^2 + (b_2 - b_1)^2} \in F. \qquad \square$$

引理 11 F 是 $\mathbf{C}$ 的包含 i 及关于共轭运算封闭的子域, $u, v, w, z \in F$, $\alpha = a + b\mathrm{i} \in \mathbf{C}$, 如果 α 满足下列条件之一:

(1) $\alpha \in P(u,v) \cap P(w,z)$ $(P(u,v) \neq P(w,z))$;

(2) $\alpha \in P(u,v) \cap C(w,z)$;

(3) $\alpha \in C(u,v) \cap C(w,z)$ $(C(u,v) \neq C(w,z))$,

则 $[F(\alpha):F] \leqslant 2$, 且 $F(\alpha)$ 也是关于共轭运算封闭的.

证明 因为 $u, v, w, z \in F$, 所以 $P(u,v)$, $P(w,z)$, $C(u,v)$, $C(w,z)$ 的系数都属于 F.

(1) 如 $\alpha \in P(u,v) \cap P(w,z)$, 则 a, b 可由 $P(u,v)$ 与 $P(w,z)$ 的系数经四则运算而得到, 所以 $a, b \in F$, 从而 $\alpha \in F$, 因此

$$[F(\alpha):F] = 1 \leqslant 2.$$

又显然有 $\overline{\alpha} \in F(\alpha)$, 所以 $\overline{F(\alpha)} = F(\alpha)$.

(2) 如果 $\alpha \in P(u,v) \cap C(w,z)$, 设 $P(u,v)$ 的方程为 $y = mx + c$, 或 $x = c$, $C(w,z)$ 的方程为 $(x-d)^2 + (y-e)^2 = r^2$, 则 $m, c, d, e, r^2 \in F$.

如果 $P(u,v)$ 的方程为 $x = c$, 则 $a = c \in F$, 而 b 为二次方程

$$(c-d)^2 + (y-e)^2 = r^2, \quad \text{即}\, y^2 - 2ey + (c-d)^2 + e^2 - r^2 = 0 \tag{5.6.1}$$

的一个根. 因为 $c, d, e, r^2 \in F$, 所以 (5.6.1) 式的系数全属于 F, 从而 $[F(b):F] \leqslant 2$. 又因为 $a \in F$, 所以 $\alpha, \overline{\alpha} \in F(b)$, 故 $[F(\alpha):F] \leqslant 2$.

又如果 $[F(\alpha):F]=1$, 则 $\overline{F(\alpha)}=\overline{F}=F=F(\alpha)$; 如果 $[F(\alpha):F]=2$, 则 $F(\alpha)=F(b)$, 所以 $\overline{F(\alpha)}=\overline{F(b)}=F(b)=F(\alpha)$.

如果 $P(u,v)$ 的方程为 $y=mx+c$, 则 a 为二次方程

$$(x-d)^2+(mx+c-e)^2=r^2,$$

即

$$(m^2+1)x^2+(2mc-2me-2d)x+d^2+(c-e)^2-r^2=0 \tag{5.6.2}$$

的一个根. 因为 $m,c,d,e,r^2\in F$, 所以 (5.6.2) 式的系数全属于 F, 从而 $[F(a):F]\leqslant 2$. 又因为 $b=ma+c\in F(a)$, 所以 $\alpha\in F(a)$, 故 $[F(\alpha):F]\leqslant 2$.

又如果 $[F(\alpha):F]=1$, 则 $\overline{F(\alpha)}=\overline{F}=F=F(\alpha)$; 如果 $[F(\alpha):F]=2$, 则 $F(\alpha)=F(a)$, 所以 $\overline{F(\alpha)}=\overline{F(a)}=F(a)=F(\alpha)$.

(3) 如果 $\alpha\in C(u,v)\cap C(w,z)$, 设 $C(u,v)$ 与 $C(w,z)$ 的方程分别为

$$(x-c)^2+(y-d)^2=r^2 \tag{5.6.3}$$

与

$$(x-e)^2+(y-f)^2=t^2. \tag{5.6.4}$$

(5.6.3) – (5.6.4) 得

$$(2e-2c)x+(2f-2d)y+(c^2+d^2-r^2-e^2-f^2+t^2)=0. \tag{5.6.5}$$

如果 $2e-2c\neq 0$, 则由 (5.6.3) 和 (5.6.5) 可消去 x, 得一关于 y 的方程

$$py^2+qy+s=0, \tag{5.6.6}$$

且 b 为方程 (5.6.6) 的一个根.

因为 (5.6.3), (5.6.4) 两式的系数全属于 F, 所以 (5.6.6) 式的系数也属于 F, 从而 $[F(b):F]\leqslant 2$.

又 a 为方程

$$(2e-2c)x+(2f-2d)b+(c^2+d^2-r^2-e^2-f^2+t^2)=0$$

的根, 所以 $a\in F(b)$, 从而 $\alpha\in F(b)$, 故 $[F(\alpha):F]\leqslant 2$.

又如果 $[F(\alpha):F]=1$, 则 $F(\alpha)=F$, 所以 $\overline{F(\alpha)}=\overline{F}=F=F(\alpha)$; 如果 $[F(\alpha):F]=2$, 则 $F(\alpha)=F(b)$, 所以 $\overline{F(\alpha)}=\overline{F(b)}=F(b)=F(\alpha)$.

如果 $2e-2c=0$, 则由同样的方法可得, $[F(a):F]\leqslant 2$, 进而得 $[F(\alpha):F]\leqslant 2$, 且 $F(\alpha)$ 关于共轭运算封闭. □

定理 5.6.2 *C 是 $\mathbf{C}$ 的包含 i 及 $z_1,z_2,\cdots,z_s$ 的关于开平方和共轭运算封闭的最小子域.*

证明 由 C 的定义及引理 1 ~ 引理 6 知, C 是 $\mathbf{C}$ 的包含 i 以及 $z_1, z_2, \cdots, z_s$ 的关于开平方和共轭运算封闭的子域. 下面证最小性.

设 F 是任一 $\mathbf{C}$ 的包含 i 以及 $z_1, z_2, \cdots, z_s$ 的关于开平方和共轭运算封闭的子域, 显然 $C_0 \subseteq F$. 假定 $C_k \subseteq F$, 考察 C_{k+1}, 设 $P(x,y) \in S_{k+1}$.

(1) 如果 $P \in S_k$, 则 $x + y\mathrm{i} \in F$;

(2) 如果 P 是两条不同直线 $P(u_1, u_2)$ 与 $P(u_3, u_4)$ 的交点, 且 $u_1, u_2, u_3, u_4 \in C_k$, 则 $u_1, u_2, u_3, u_4 \in F$, 所以直线 $P(u_1, u_2)$, $P(u_3, u_4)$ 的系数都属于 F. 因点 P 的坐标 (x, y) 可由直线 $P(u_1, u_2)$ 与 $P(u_3, u_4)$ 的系数经四则运算而得到, 所以 $x + y\mathrm{i} \in F$.

(3) 如果 P 是直线 $P(u_1, u_2)$ 与圆 $C(u_3, u_4)$ 的一个交点, 且 $z_i \in C_k$, $i = 1, 2, 3, 4$, 则 $z_i \in F$, $i = 1, 2, 3, 4$, 所以直线 $P(u_1, u_2)$ 与圆 $C(u_3, u_4)$ 的系数都属于 F. 因点 P 的坐标 (x, y) 可由直线 $P(u_1, u_2)$ 与圆 $C(u_3, u_4)$ 的系数经四则运算和开平方运算而得到, 所以 $x + y\mathrm{i} \in F$.

(4) 如果 P 是圆 $C(u_1, u_2)$ 与圆 $C(u_3, u_4)$ 的一个交点, 且 $u_1, u_2, u_3, u_4 \in C_k$, 则 $u_1, u_2, u_3, u_4 \in F$, 所以圆 $P(u_1, u_2)$ 与圆 $C(u_3, u_4)$ 的系数都属于 F. 因点 P 的坐标 (x, y) 可由圆 $C(u_1, u_2)$ 与圆 $C(u_3, u_4)$ 的系数经四则运算和开平方运算而得到, 所以 $x + y\mathrm{i} \in F$.

由此知 $C_{k+1} \subseteq F$, 从而由数学归纳法知, $C_i \subseteq F$, $i = 0, 1, 2, \cdots$, 由此推出 $C \subset F$. 这就证明了 C 的最小性. □

定理 5.6.3 设 $K_0 = \mathbf{Q}(\mathrm{i}, z_1, z_2, \cdots, z_s, \overline{z}_1, \overline{z}_2, \cdots, \overline{z}_s)$, 则 $z \in C$ 的充分必要条件是存在扩域链

$$K_0 \subseteq K_1 \subseteq \cdots \subseteq K_n,$$

使 $z \in K_n$, 且 $[K_{i+1} : K_i] \leqslant 2$.

证明 仅证必要性, 充分性的证明作为练习 (见本节习题 5).

设 $z \in C$, 则存在 $k \in \mathbf{N}$, 使 $z \in C_k$. 令 $A = \bigcup\limits_{i=1}^{k} C_i$, 则 A 为有限集. 设 $A = \{u_1, u_2, \cdots, u_n\}$, 其中 u_i 的编号满足如果 u_i 最先出现在 C_{k_i} 中, u_j 最先出现在 C_{k_j} 中, 而 $i \geqslant j$, 则 $k_i \geqslant k_j$.

令

$$K_1 = K_0(u_1), \quad K_2 = K_1(u_2), \quad \cdots, \quad K_n = K_{n-1}(u_n),$$

则 $z \in K_n$.

由定义知, $\mathrm{i} \in K_0$ 且 K_0 关于共轭运算封闭. 假定 K_k 关于共轭运算封闭, 设 u_{k+1} 最先属于 C_l, 则存在 $u, v, w, z \in \mathbf{C}_{l-1}$, 使 u_{k+1} 满足下列条件之一:

(1) $u_{k+1} \in P(u, v) \cap P(w, z)$, $P(u, v) \neq P(w, z)$;

(2) $u_{k+1} \in P(u,v) \cap C(w,z)$;

(3) $u_{k+1} \in C(u,v) \cap C(w,z)$, $C(u,v) \neq C(w,z)$.

因为 $u_{k+1} \in K_{k+1}$, 所以 $C_{l-1} \subseteq K_k$, 而 $\mathrm{i} \in K_k$, 从而由引理 11, $[K_k(u_{k+1}) : K_k] \leqslant 2$, 即 $[K_{k+1} : K_k] \leqslant 2$. 从而由归纳法知结论成立. □

在定理 5.6.3 的扩域链中, 如果去掉平凡的扩张, 则可以把定理改写成如下定理.

定理 5.6.4 设 $K_0 = \mathbf{Q}(\mathrm{i}, z_1, z_2, \cdots, z_s, \overline{z}_1, \overline{z}_2, \cdots, \overline{z}_s)$, 则 $z \in C$ 的充分必要条件是存在扩域链

$$K_0 \subseteq K_1 \subseteq \cdots \subseteq K_n$$

使 $z \in K_n$, 且 $[K_{i+1} : K_i] = 2$.

定理 5.6.5 设 α 为 $\mathbf{Q}$ 上的代数元, 如果 α 可用直尺和圆规作出, 则存在 $m \in \mathbf{N}$, 使 $\deg(\alpha) = 2^m$.

证明 令 $F_1 = \mathbf{Q}(\mathrm{i})$, 于是 α 可用直尺和圆规作出, 就意味着 α 可由 $p(0,0)$ 与 $p(1,0)$ 用直尺和圆规作出, 由定理 5.6.4, 存在扩域链

$$F = F_1 \subseteq F_2 \subseteq \cdots \subseteq F_n$$

使 $\alpha \in F_n$ 且 $[F_{i+1} : F_i] = 2$. 因 $[F : \mathbf{Q}] = 2$, 所以 $[F_n : \mathbf{Q}] = 2^n$. 而 $[F_n : \mathbf{Q}] = [F_n : \mathbf{Q}(\alpha)][\mathbf{Q}(\alpha) : \mathbf{Q}]$, 所以 $[\mathbf{Q}(\alpha) : \mathbf{Q}] = 2^m$, 从而 $\deg(\alpha) = 2^m$. □

注 定理 5.6.5 的逆是不成立的 (见本节习题 6).

3. 应用举例

例 1 立方倍积问题.

设原立方体的体积为 1, 则所求立方体的体积为 2, 从而所求的边长为 $\sqrt[3]{2}$. 因 $\sqrt[3]{2}$ 为 $x^3 - 2 = 0$ 的根, 而 $x^3 - 2$ 在 $\mathbf{Q}$ 上不可约, 所以 $\deg(\sqrt[3]{2}) = 3$, 从而由定理 5.6.5, $\sqrt[3]{2}$ 不能由直尺和圆规作出.

例 2 三等分角问题.

设所给角为 60°, 则所求角等于 20°. 如果 20° 的角可用直尺和圆规作出, 则 $\cos 20^\circ$ 可用直尺和圆规作出. 由三倍角公式

$$\cos 3\alpha = 4\cos^3 \alpha - 3\cos \alpha,$$

取 $\alpha = 20^\circ$, 则 $\cos 3\alpha = \dfrac{1}{2}$, 从而 $a = \cos 20^\circ$ 是方程 $4x^2 - 3x - \dfrac{1}{2} = 0$ 的根. 易知 $4x^2 - 3x - \dfrac{1}{2}$ 在 $\mathbf{Q}$ 上不可约, 所以 $\deg \alpha = 3$, 由定理 5.6.5, $\cos 20^\circ$ 不能由直尺和圆规作出, 所以用直尺和圆规不能将 60° 的角三等分.

例 3 化圆为方问题.

设所给圆的半径为 1, 则圆的面积为 π, 从而所求正方形的边长为 $\sqrt{\pi}$. 因 π 是超越数, 所以 $\sqrt{\pi}$ 也是超越数, 从而 $\deg(\sqrt{\pi}) \neq 2^m, \forall m \in \mathbf{N}$.

例 1、例 2、例 3 说明, 古希腊三大几何作图问题用直尺和圆规是不可解的.

例 4 用直尺和圆规作正多边形.

早在欧几里得时代, 就已经得到了用直尺和圆规作正三、四、五、六和十五边形的方法, 通过连续地二等分角, 就可以用直尺和圆规作出具有 $2^n, 3\cdot 2^n, 5\cdot 2^n$ 和 $15\cdot 2^n$ 边的正多边形. 这一记录一直保持了两千多年, 直到 1796 年, 才由年轻的高斯加以改变. 这一年的三月, 在他差一个月满十九岁的时候, 高斯发现了下述定理.

定理 5.6.6 一个具有素数条边的正多边形可用直尺和圆规作出的充分必要条件是其边数为形如 $2^{2^n}+1$ 的素数.

高斯还具体给出了正十七边形的作法. 这一发现促使高斯最终决定献身于数学. 据说高斯为他的这一发现而自豪, 以至要求将正十七边形刻在他的墓碑上. 虽然这一要求未被满足, 但在高斯的出生地不伦瑞克为他建立的纪念塔上却刻有一颗有十七个角的星, 因为雕刻工人认为正十七边形刻出来后几乎和圆一模一样.

形如 $2^{2^n}+1$ 的素数称为**费马素数** (Fermat prime), 目前所知道的费马素数仅有

$$3, \quad 5, \quad 17, \quad 257, \quad 65537.$$

定理 5.6.7 正 n 边形可用直尺和圆规作出的充分必要条件是 n 可分解为 2 的幂和不同的费马素数的乘积.

这两个定理的完整证明需要用到伽罗瓦理论, 这里就不证了.

习 题 5-6

1. 证明引理 2.
2. 完成引理 3 的证明.
3. 证明引理 7.
4. 证明引理 8.
5. 证明定理 5.6.3 的充分性.
6. 设 α 为多项式 $x^4+x-1\in\mathbf{Q}[x]$ 的根. 证明: 在 $\mathbf{Q}$ 与 $\mathbf{Q}(\alpha)$ 之间没有中间扩域. 据此说明, 定理 5.6.5 的逆不成立.
7. 具体给出用直尺和圆规作出正五边形的方法.
8. 用直尺和圆规将角 $\alpha=\arccos\dfrac{11}{16}$ 三等分.
9. 证明: 正九边形不能用直尺和圆规作出.